基礎と実習
バイオインフォマティクス

［CD-ROM付］

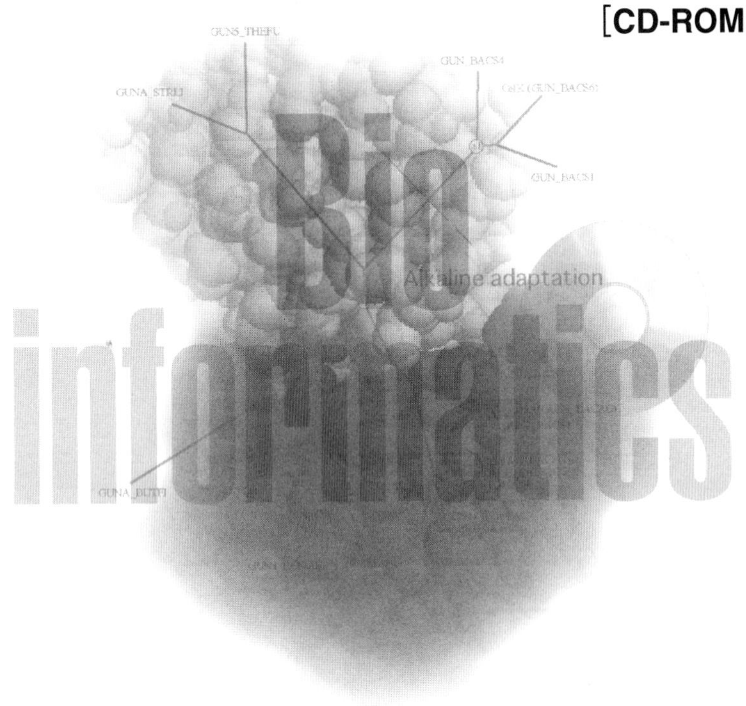

郷　通子・高橋健一　編集

共立出版

著者紹介（執筆順）

高橋 健一	（第1章）	長浜バイオ大学バイオサイエンス学部バイオサイエンス学科
塩生 真史	（第1章） （第5章）	長浜バイオ大学バイオサイエンス学部バイオサイエンス学科
杉浦 保子	（第2章）	タカラバイオ株式会社ドラゴンジェノミクスセンター
山下 英俊	（第2章）	タカラバイオ株式会社ドラゴンジェノミクスセンター
美宅 成樹	（第3章）	名古屋大学大学院工学研究科
辻 敏之	（第3章）	名古屋大学大学院工学研究科
朝川 直行	（第3章）	名古屋大学大学院工学研究科
白井 剛	（第4章）	長浜バイオ大学バイオサイエンス学部バイオサイエンス学科
郷 通子	（第5章）	お茶の水女子大学 学長 長浜バイオ大学バイオサイエンス学部バイオサイエンス学科
土方 敦司	（第5章）	理化学研究所 横浜研究所 免疫・アレルギー科学総合研究センター 免疫ゲノミクス研究グループ
由良 敬	（第6章）	日本原子力研究所 計算科学技術推進センター 量子生命情報解析 グループ
依田 隆夫	（第7章）	長浜バイオ大学バイオサイエンス学部バイオサイエンス学科
近藤 鋭治	（第8章）	株式会社中電シーティーアイ テクノロジーソリューション事業部 科学技術部ライフサイエンス推進グループ

まえがき

2003年4月，ヒトゲノムの配列解読が日本を含む国際協力による研究成果として報告され，哺乳動物，植物などの真核生物ゲノムの解析が急速に進んでいる．生命科学はゲノム情報を始めとする各種情報を基盤として，21世紀の飛躍に向けて新しいステップを踏み出した．ゲノム情報などのデータとコンピュータ，さらにそれを自在に使いこなす科学者・技術者の存在なしに，生命科学の研究や技術開発を進めることはできない時代になった．

バイオインフォマティクスは生物科学の一分野である．情報科学の生物科学への単なる応用ではなく，生物学上の重要な問題を解決するために，常に発展を迫られている．この点は，科学研究の多くの分野と同様である．しかし，バイオインフォマティクの中ですでに確立した一部分を，テクノロジーと見なすこともできる．本書では，テクノロジーの側面も解説しているが，むしろ，バイオインフォマティクスが研究のどのような場面で必要となり，研究の進展に直結するかを，具体的に提示することを目的にしている．したがって，ゲノムの配列情報はもとより，生命のダイナミズムを構成するタンパク質の機能予測，人工デザイン，相互作用予測にも手を広げている．

本書の主な内容をかいつまんで紹介する．第1章「UNIX・プログラミング基礎」ではバイオインフォマティクスへの出発，第2章「ゲノム配列解析」では配列決定にはじまり，遺伝子予測，相同性検索などのソフトウェアの使い方，第3章「類似性によらない機能予測」では未解決の問題の整理と解決への方向を示し，膜タンパク質予測システムSOSUIによる解析実習を行い，第4章「タンパク質の進化とデザイン」では，タンパク質の進化をさぐるための分子系統樹推定法のあらましと，この推定法の実践的な側面として，タンパク質の機能をデザインするための利用法の紹介，第5章「ホモロジーモデリングと機能予測」では，タンパク質の立体構造をモデリングすることで可能になる機能予測の具体例を実習し，第6章「データベースの構築と活用」ではデータベースの作り方と活用法を学び，第7章「タンパク質の物理化学」では，相互作用を扱うための基礎となるエネルギー極小化，分子動力学計算などの実際，第8章「タンパク質相互作用の解析・予測」では，タンパク質間相互作用の計算の原理を学び，付録のオリジナルソフトウェアを使用して相互作用予測の実習を行う．

本書の特色として次の3点があげられる．

(1) タイトルの「基礎と実習」の2部構成にしてある．

(2) 実習はすべてインターネット上のデータベースや無料のソフト（非商用利用）および添付CD-ROMに収録のソフトと実習用データを使って，家庭のパソコンで実行できることを，執筆者でも編集者でもない第三者が確認した．

(3)　バイオインフォマティクスを最先端の生物学研究にどのように使うのか？具体例を示すことに努めた．

2003年度の経済産業省プロジェクト「バイオインフォマティクス技術者育成プログラム」に，開学初年度の長浜バイオ大学が採択され，学部卒以上の社会人を対象に，集中型の講義と実習を実施した．この人材育成用にテキストを作成した．それが，この単行本の原型である．それに改訂を加えて本書ができ上がった．

編者らの所属する長浜バイオ大学バイオサイエンス学部では，1回生前期から3回生前期まで，生命情報科学の実習が全員の必修科目となっている．2回生後期および3回生前期での生命情報系の実習では，本書を教科書として使用する予定である．

ちょうど本書が出版される頃，日本で初めてバイオインフォマティクスの技術者検定が実施される (http://www.jbic.or.jp/bicert/)．バイオインフォマティクスを学ぶ者にとって資格の獲得は，自分が身に付けた技術を客観的に評価できるまたとない好機である．

本書の特徴である実習部分の動作を確認するに際して，中原 拓（北大），平島義紀（名大），辻 敏之（名大），朝川直行（名大），塩生真史（横浜市大），土方敦司（理研）諸氏には，自分の執筆担当部分を外して，本書の内容の実習部分を自宅のパソコンで丁寧に検証していただいた．本書の執筆にあたり，共立出版編集部の信沢孝一さんに，最初から最後まで，大変お世話になり，あたたかく励ましていただいた．心からお礼申し上げたい．

2004年9月

長浜バイオ大学バイオサイエンス学部
郷　通子
高橋　健一

目　　次

第1章　UNIX・プログラミング基礎

高橋健一・塩生真史

Point

バイオインフォマティクスに関する研究や作業を行っていく際のコンピュータ環境として，UNIX はたいへんに便利である．UNIX には，大量のデータの管理やプログラミングの環境として優れた点がたくさんある．バイオインフォマティクスがらみのデータは文字データが多いが，UNIX には文字を扱う仕組みも充実している．ぜひ UNIX を使えるようになろう．

バイオインフォマティクスの解析を行っていくうえで，たとえ人の作ったプログラムを利用する場合でも，自分でごく簡単なプログラミングができると効率よく仕事を進められることが多い．大量のデータに対して同じ処理を行いたいときや，複数のプログラムを組み合わせて使いたいときなどに役に立つ．UNIX のシェルスクリプトや Perl は，そのようなプログラミングに適している．Perl は，また，文字データの扱いにも秀でており，バイオインフォマティクスのデータ処理にはたいへん役に立つプログラミング言語である．ぜひ，シェルスクリプトや Perl を身につけよう．

1.1　基　礎

1.1.1　なぜ UNIX か

UNIX は OS（オペレーティングシステム）である．OS とは，基本的にはファイルやプログラムにアクセスするためのシステムソフトウェアであり，OS のおかげでコンピュータのハードウェアを簡単に利用することができるようになっている．

OS には大きく分けて 2 種類ある．コンピュータに指示（ファイルを移動したり，プログラムを実行したりという指示）を出す時にマウスだけで操作できるタイプのものと，キーボードからコマンドを打ち込むタイプのものである．前者のマウスで操作できる仕組みを GUI（グラフィカル・ユーザ・インターフェース）という．Windows や Mac OS はこのタイプの OS であり，操作が直

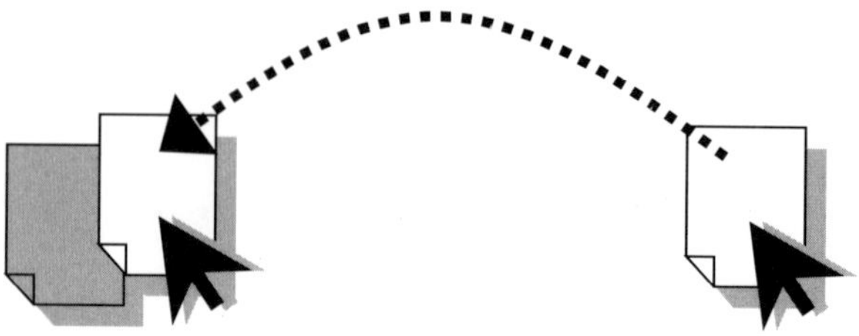

図 1.1　マウスでアイコンを重ね合わせてプログラム実行
このマウス操作を何百回もやる気はしない．

感的でわかりやすいため，たいへんよく普及している．一方，今はUNIXでもGUIが使える場合が多いが，もともとUNIXは，コマンドを打ち込むタイプのOSである．

わかりやすいという点でGUIは優れているが，実は，扱うデータが増えてくると操作が面倒になってくる．たとえば，あるデータをあるプログラムに入れて処理したいとき，GUIでは単にあるデータファイルのアイコンをプログラムのアイコンに重ね合わせるだけで，意図したことができるようになっているとする（**図 1.1**）．データが10個くらいなら，1つ1つマウスでアイコンの重ね合わせの作業を行うことも可能である．しかしデータが100個のオーダーより多くなると，そのような手作業は現実的でなくなる．

コマンドを打ち込む操作にしても，1つのデータにつき1つのコマンドを打ち込んでいたのではたいへんだが，UNIXにはコマンドを打ち込む操作をプログラミングにより省力化する機能があり，大量のデータを処理する際に大変に便利である．同様に異なる処理を連続して実行したいときにも，処理の手順をプログラミングすることで，途中で人手を介さずに一連の処理を最後まで実行させることができる．これらのことは，GUIベースのOSやWebページでの作業ではまねできないUNIXの優れた点である．

UNIXにはまた，文字データを扱う基本的なコマンドがそろっている．さらに，UNIX上で開発された，文字データの扱いに優れたプログラミング言語，Perlを利用することで，ふつう扱いの煩雑となりがちな文字データ処理も，楽に行えるようになる．これらの特徴は，文字列データの多いバイオインフォマティクスにおいて非常に役に立つ．

その他，UNIXの優れた特徴として，以下のことがあげられる．UNIXのファイルシステムは階層的なディレクトリ構造をとっており，データのファイルを階層的に整理して保管することができる．ワイルドカードを利用することで，一貫した名前をつけた複数のファイルをまとめて表現・操作することができる．リダイレクションやパイプを使って，データの入出力先を切り替えることができ，ファイルの入出力がやりやすく，また，プログラム間の連携がしやすい．マルチタスクであり，1つのジョブの終了を待たずに別のジョブを同時に実行でき，またジョブ制御の仕組みがある．ソフト開発のための環境が整っている．UNIX上で開発されたバイオインフォマティクス関連のソフトが多く，ソースが公開されていることも多いため，多くの有用なソフトを利用できる．

1.1.2　UNIX入門

それでは，1つ1つUNIXの特徴や使い方について理解していこう．

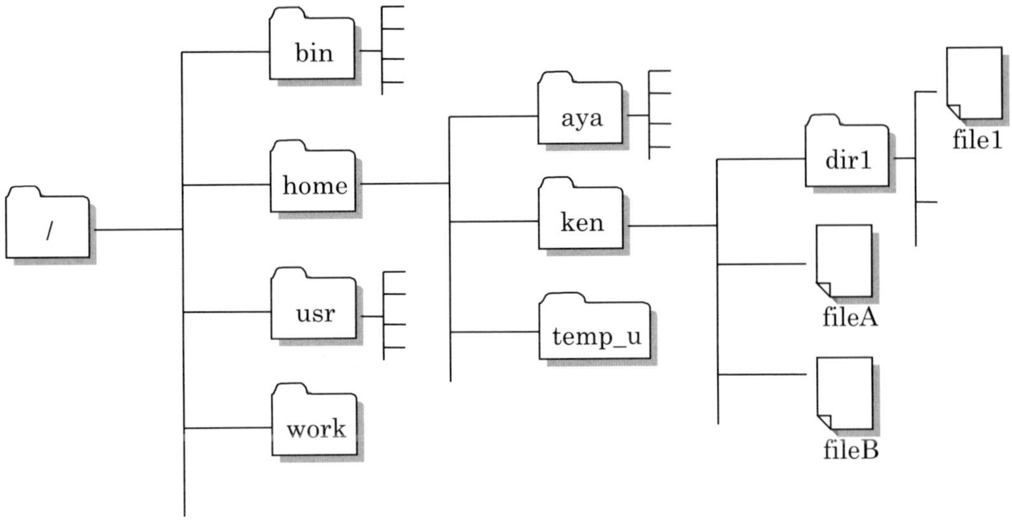

図 1.2　UNIX のファイルシステムの概念
階層的にファイルを保管できる.

(1)　ファイルシステム

ディレクトリ（フォルダ）を階層的に配置することで，ファイル（データ）を階層的に整理して保管できる（**図 1.2**）．一番根元のディレクトリ名は/である．特定のファイルを指定するには，たとえば

```
/home/ken/dir1/file1
```

というように，根元の/から途中のディレクトリをすべて/でつないで表現する（絶対パス表示という）．根元の/から home ディレクトリの中にある ken ディレクトリの中にある dir1 ディレクトリの中にある file1 という意味になる．特定のディレクトリの中へ移動（cd コマンドにより移動）して，そこを基点としてそこから特定のファイルを指定するやり方もある．たとえば，今，/home/ken の中に移動したとすると，そこを基点として，

```
dir1/file1
```

と表現する（相対パス表示という）．1 つ上のディレクトリは .. と表現する．たとえば，/home/ken を基点として temp_u にアクセスしたいときは，

```
../temp_u
```

と表現する．

(2)　ユーザの管理

UNIX では複数のユーザに別々の作業ディレクトリを用意している．たとえば ken というユーザ名で UNIX に入る（login する）と，はじめから/home/ken の中に入っている（pwd コマンドに

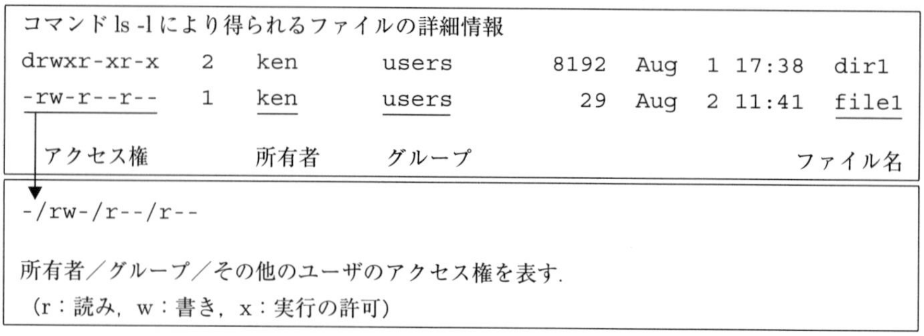
コマンド ls -l により得られるファイルの詳細情報
drwxr-xr-x 2 ken users 8192 Aug 1 17:38 dir1
-rw-r--r-- 1 ken users 29 Aug 2 11:41 file1
アクセス権
所有者
グループ
ファイル名
-/rw-/r--/r--
所有者／グループ／その他のユーザのアクセス権を表す.
(r：読み，w：書き，x：実行の許可)

図 1.3　ファイルには所有権・アクセス権がある

より今どのディレクトリに入っているか確認できる). そこがユーザ ken の作業ディレクトリであり，ken のホームディレクトリという.

データを守る仕組みとして，UNIX に login するにはパスワードが必要である. また，UNIX のファイルには所有権があり，自分や他のユーザからのアクセス（読み・書き・実行の許可）を制御できる（ls -l コマンドにより所有権・アクセス権を確認できる).

図 1.3 の例では，file1 の所有者は ken であり，所有グループは users である. またアクセス権は，所有者なら読み・書きが可能 (rw-)，所有グループに属するユーザは読みのみ可能 (r--)，その他のユーザは読みのみ可能 (r--) という設定になっている.

(3)　上手なファイルの命名法

UNIX においてファイルを指定する際に，ワイルドカード (*) という記法が使える. たとえば，file1，file2，...，file100 という複数のファイルをまとめて file* と表現できる. * は任意の文字（/ 以外）に対応する. これにより，コマンドを実行する際にも複数のファイルを一括して処理できる. たとえばファイルを消すコマンド rm を

```
rm file*
```

として実行すると，file1，file2，...，file100 という複数のファイルがすべて消去できる (file, fileA，fileB，なども存在すれば消去される). * の仲間として，

? (任意の 1 文字にマッチ)
[list] (list 中の 1 文字にマッチ)
[0-9] (0～9 の範囲の 1 文字にマッチ)
[a-z] (a～z の範囲の 1 文字にマッチ)

などの記法もある. この便利な記法を最大限利用できるように，一貫したファイル名をつけるべきである. たとえば，ID0001.dat，ID0002.dat とか，actin.human.seq，actin.mouse.seq とか. また，ディレクトリを作成して，まとまった仕事ごとに関連するファイルをすべて 1 つのディレクトリに入れておくと，データの管理がやりやすい.

なお，ファイルやディレクトリの名前をつけるときに使用してよい文字は，大小のアルファベット文字（A～Z，a～z），数字（0～9），ハイフン（-），アンダーバー（_），ドット（.）である．その他の文字は特殊な意味をもたせてあり（上述の * のように），使ってはいけない．

(4) コマンドの使い方の基本形

UNIX のコマンドは使用方法がだいたい統一されており，以下が基本形である．

コマンド名 (オプション) (引数) . . . (&)

オプションや引数は場合によって必要だったり不要だったりする．最後に記号 & をつけると，バックグラウンドで実行される．ディレクトリの中身を表示するコマンド ls を以下に例にあげる．

例：
```
ls            (コマンド名 ls だけで実行する例)
ls -l         (オプション -l をつけて実行する例)
ls -l dir1    (さらに引数 dir1 をつけて実行する例)
```

UNIX にはディレクトリ・ファイルの操作，文字データの操作，リソース・ジョブの管理など，様々なコマンドが用意されている．主なコマンドについては，実習でとりあげる．

(5) 標準入出力とその切り替え

コンピュータに指示やデータを与える手段は，キーボードによる文字の入力である．これを標準入力という．コンピュータからの返事やコマンドの結果を見る手段は，ディスプレイへの文字の表示である．これを標準出力という．エラーを通知するのもディスプレイが使われ，標準エラー出力という．これらの入出力があって，初めてコンピュータと人がやりとりできる．

UNIX では標準入出力に送られるデータを簡単に特定のファイルへ振り向けることができる．たとえば，ls -l を実行すると，実行結果（ファイルの詳細情報）はディスプレイ（標準出力先）に表示される．これを以下のように記号>を使って，

```
ls -l > files.info
```

と実行すると，ディスプレイには何も表示されなくなり，代わりに実行結果はファイル files.info の中に収められる．ファイルに収めることにより，結果を保存でき，後でそのファイルに別の処理をほどこすこともできる．>の代わりに>>を使うと，既存のファイルに追加書きすることになる．標準エラー出力も同じファイルに保存したいときは，>&や>>&を使う．たとえば，

```
ls -l >& files.info
```

同様に，標準入力を切り替えることもできる．たとえば，wc -l（行数を数えるコマンド）を実行すると，キーボード（標準入力）からの入力待ちとなるので，適当に

```
1 aaa
2 bbb
3 ccc
```

と打ち込み，最後に^d（ctrl キーと d を同時に押す．入力終了のしるしである）を入力すると，3（行数）が回答として出る．これを次のように記号<を用いて，

```
wc -l < files.info
```

と実行すると，files.info の内容が wc への入力として扱われ，即座に回答（files.info の行数）がディスプレイに出る．

コマンドの出力を別のコマンドへ振り向ける機能もある．|（パイプと呼ぶ）という記号を使う．たとえば，

```
ls -l | wc -l
```

とすると，ls -l の結果が即 wc -l にわたされ，ls -l の結果の行数だけがディスプレイに表示される．これは上で，ls -l > files.info と wc -l < files.info の二段階で行ったことを一気に行ったことになっている．

1.1.3 プログラミング入門

プログラミングとはあらかじめ作業の手順を一々記述することであり，それがあると後で一括して一連の作業をまとめて実行することができるというものである．変な例であるが，以下は手順を一々記述した例である．

1: 冷蔵庫を開ける
2: 缶ジュースを取り出す
3: 缶ジュースをテーブルに置く
4: 冷蔵庫を閉める

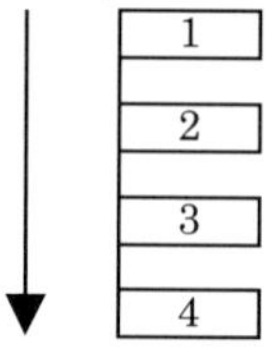

図 1.4　プログラムの例 1

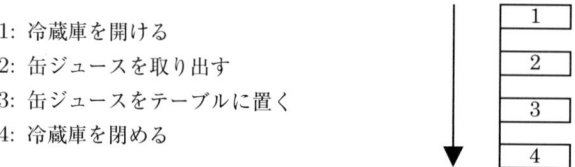

基本的に上から下へ書いた順番に実行される．さて，手順は必ずしも一本道ではなく，条件判定によって枝分かれすることもある．

1: 冷蔵庫を開ける
2: 缶ジュースを探す
3: 見つかったか？
　　Yes なら　→　4: 取り出す
　　　　　　　　　5: テーブルに置く
　　No なら　→　6: 何も取り出さない
7: 冷蔵庫を閉める

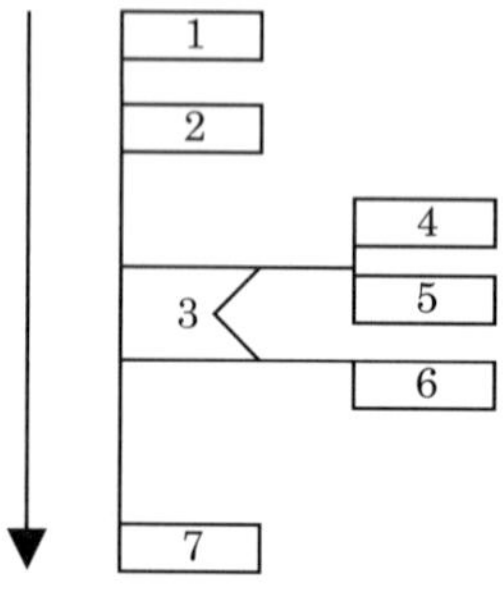

図 1.5　プログラムの例 2

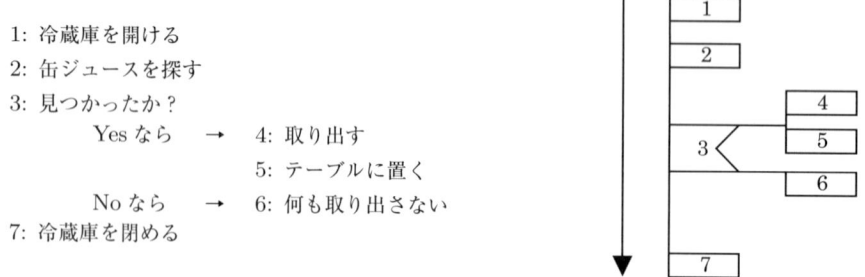

この場合，基本的流れは 1 → 2 → 3 → 7 であるが，3 の処理で 2 つに分岐している．冷蔵庫に缶ジュースが入っていれば，1 → 2 → 3 → **4** → **5** → 7 と進む．入っていなければ，1 → 2 → 3 → **6** → 7 と進む．次に，手順として何度か繰り返すという道筋をとることもある．

1: 冷蔵庫を開ける
2: 庫内の 1，2，3 段目を順番に見ながら，
　　3: 缶ジュースを探す
　　4: 見つかったか？
　　　Yes なら　→　5: 取り出す
　　　　　　　　　　6: テーブルに置く
　　　No なら　→　7: 何も取り出さない
8: 冷蔵庫を閉める

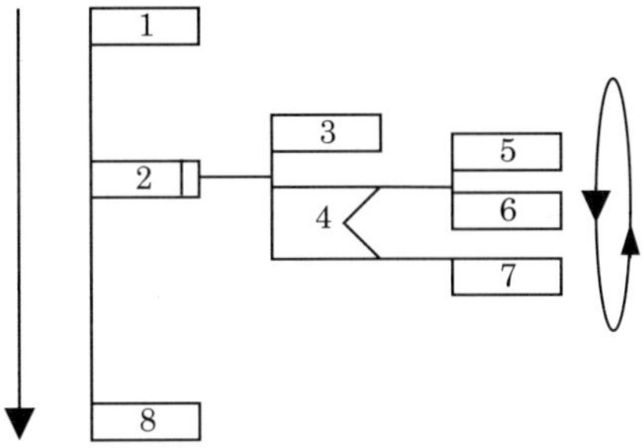

図 1.6　プログラムの例 3

この場合，大筋は 1 → 2 → 8 と進み，2 の処理で 3 回，3 → 4 の処理を繰り返す．繰り返すごとに順番に冷蔵庫内の 1，2，3 段目を見るように進めていく必要があるが，それは処理 2 のところで制御している．この制御には以下で述べるが，変数が必要である．

プログラミングでもう 1 つ大事な概念が変数である．変数というのは，具体的な数や文字などを入れるための箱のようなものと考えるとわかりやすいかもしれない．

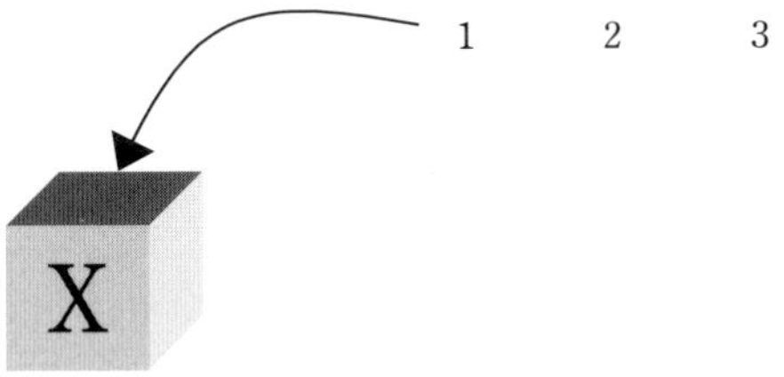

図 1.7　変数 X に数字を入れる

上の冷蔵庫の例（**図 1.6**）で，変数 X を用いて，冷蔵庫の第 X 段目と表現することにする．X には順番に 1，2，3 の数字を入れながら，繰り返しのループを実行する．まず X に 1 を入れループを 1 回まわす．次に X に 2 を入れまたループを 1 回まわす．次に X に 3 を入れまたループを 1 回まわす．次はもう X に入れる数字がないので，ループには入らずに，ループの後の処理（処理 8）へ進む．繰り返しのループの中では，変数 X を使うことにより，「冷蔵庫の第 X 段目に缶ジュースがないか探す」と表現できる．

1.1.4　C シェルスクリプト入門

プログラミングとは何なのかがわかったところで，次に簡単なプログラミングができる C シェルスクリプトについて，例を用いて入門的な説明をする．

(1)　簡単な例

```
1: #!/bin/csh -f
2: ls -l > files.info
3: wc files.info
```

1 行目はおまじないである（初めは意味がわからなくてもいいので，とにかく書いておく）．2 行

目以下は，単にUNIXのコマンドを書き並べただけである．この3行をファイル（例：ファイル名test.csh）に書き込んで（ただし，行番号1: などは記述不要である），実行する (csh test.csh) と，単純に書いてある順にUNIXコマンドを実行する．UNIXコマンドやUNIX上で実行可能なソフトウェアの実行手順をプログラミングできるのがシェルスクリプトである．

(2) 変数

```
1: #!/bin/csh -f
2: set x = 1
3: set w = "word"
4: echo $x $w
```

変数の記述の仕方であるが，変数に値を入れる時はx，変数の値を見る時は$x，または，${x}と表記する．2行目は変数xへ数字の1を入れる例である．setというコマンドを使う．3行目は変数wへ文字列wordを入れる例である．4行目は変数の値（数字や文字列）を見る例である．echoというコマンドを使う．

(3) 条件判定

```
1: #!/bin/csh -f
2: if ( -e juice ) then
3:     ls -l juice
4: else
5:     echo "No juice"
6: endif
```

2行目の括弧内 (-e juice) が条件を表している．「もしjuiceという名前のファイルが存在すれば」という意味になる．条件に合致すると，3行目が実行され，合致しないと5行目が実行される．

(4) 繰り返し

```
1: #!/bin/csh -f
2: foreach x (1 2 3)
3:     ls -l /reizoko/${x}_dan > contents_$x.dat
4: end
```

2行目がループの開始点であり，変数 $x に順番に1，2，3を入れつつ，4行目のループの終了点までを3回繰り返す．結局以下のコマンドを実行したのと同じ結果となる．

```
ls -l /reizoko/1_dan > contents_1.dat
ls -l /reizoko/2_dan > contents_2.dat
ls -l /reizoko/3_dan > contents_3.dat
```

応用として，foreach x (*.seq) とすると，今入っているディレクトリ（カレントディレクトリという）のファイルの中から，*.seqにマッチするものをすべてリストアップして，そのファイル名を1つ1つ変数 $x に入れながらループを回すことになる．

ここではシェルスクリプトのさわりを述べたにすぎないが，なぜ GUI でなくコマンドを打ち込むタイプの OS が便利なのか，そのポイントは理解できると思う．詳細な使用方法については章末にあげる文献 [3] などを参照してほしい．

1.1.5 Perl 入門

Perl は，C や FORTRAN などと並び，バイオインフォマティクスでよく使われるプログラム言語の 1 つである．Perl の特徴としては，次のような点があげられる．

① 文法が比較的平易であり，自由度が高い．

② 文字列を操作するための方法が豊富である．

③ C や FORTRAN のように，書いたプログラムをコンピュータの理解できる形式に翻訳する（コンパイルする）必要がなく，Perl のインタプリタ（プログラム名は perl）により，書いたプログラムが直接実行される．ただし，C や FORTRAN で書かれたプログラムに比べると実行速度が遅い．

Perl は，シェルスクリプトで実行するには複雑だが，かといって，C や FORTRAN を使って書くほどではないプログラムを作成するのに適した言語である．文法の自由度が高いため，慣れてしまえば，短くて効率のよいプログラムを短時間に作成できる．また，Perl は，C や FORTRAN に比べて，文字列の検索や処理が簡便にできる手段が整っており，塩基配列やアミノ酸配列の加工を伴った処理をしやすい．さらに，シェルスクリプトのように，他のいろいろなプログラムの実行を Perl プログラムの中から行えるため，あるプログラムの出力結果を加工し，それに基づいて他のプログラムを実行する使い方ができる．また，perl がインストールされていれば，Perl 言語で書かれたプログラムの多くが，大きな変更なしに様々なプラットホームで実行できる（たとえば，UNIX 系 OS，Windows，Mac OS など）．そのため，自分の使い慣れたプログラムを他のコンピュータへ移植することが容易である．一方，実行速度の面から考えると，大量の数値計算を伴うようなプログラムは（作成することは可能であるが）Perl 言語には適していない．また，文法の自由度が高いために，処理内容を（作成者自身でも）把握しにくいプログラムを作成しがちなので注意が必要である．

使用方法の詳細は以下の実習編において，具体例をあげながら説明する．

1.2 実 習

1.2.1 UNIX

UNIX の基本的なコマンドを以下にまとめる．それぞれ使用方法に従ってコマンドの実行を試してみて，使い方に慣れてほしい．

1) UNIX に login する．

   コンピュータを起動すると，ログイン画面が現れるので，ユーザー名とパスワードを入力する．

2) パスワードを変更する．

passwd パスワードを変更する

使用方法： `passwd`

指示に従って，元のパスワードと新しいパスワードを入力する

《ディレクトリの操作》

3) 今どのディレクトリに入っているか確認する．

pwd 今どのディレクトリに入っているか（カレントディレクトリ名）を表示

使用方法： `pwd`

4) ディレクトリの中身を表示する．

ls ディレクトリの中に，どういう名前のファイルやディレクトリがあるかを表示

使用方法： `ls （オプション） （ディレクトリ名）`

ディレクトリ名が省略されると，カレントディレクトリについて表示する．

ls の主なオプション：

-a 隠しファイル（名前の頭に．のつくファイル）も含めて表示

-l ファイルの詳細情報を含めて表示

-t ファイルの最終更新時間の順番で表示

-r 逆順で表示

5) 別のディレクトリへ移動する．

cd ディレクトリを移動

使用方法： `cd （ディレクトリ名）`

ディレクトリ名は絶対パス表示 (/home/ken/dir1)，相対パス表示 (dir1)，どちらでも可．ディレクトリ名を省略すると，ホームディレクトリへ移動する．

6) ディレクトリを作る／消す．

mkdir ディレクトリを作る

使用方法： `mkdir （-p） ディレクトリ名`

オプションの -p をつけると，ディレクトリ名のパス中に現れるディレクトリも，もし存在しなければ作られる．mkdir -p dir1/dir2 と打ち込むと，dir1 の下に dir2 が作られるが，dir1 が存在しなければ，あらかじめ dir1 も作成される．

rmdir ディレクトリを消す（中にファイルの入っていない空のディレクトリを消す）

使用方法： `rmdir ディレクトリ名`

《ファイルの操作》

7) ファイルをコピーする．

cp ファイルをコピーする

使用方法： `cp ファイル名 別のファイル名かディレクトリ名`

使用方法： `cp -R ディレクトリ名 別のディレクトリ名`

（-R をつけるとディレクトリの中身をすべてコピーする）

8) ファイルのアクセス権を変える．

chmod ファイルのアクセス権を変える

使用方法： `chmod 設定内容 ファイル名かディレクトリ名`

設定内容の表記方法の例： u=rwx,g=rx,o=

（rwxr-xr--と設定される）

9) ファイルを移動する．

mv ファイルを移動する（名前を変える）

使用方法： mv ファイル名 別のファイル名かディレクトリ名

10) ファイルを削除する．

rm ファイルを消去する

使用方法： rm ファイル名

使用方法： rm -r ディレクトリ名

（-r をつけるとディレクトリごと，中身をすべて消去する）

《ファイルの中身を扱う（文字データの操作）》

11) ファイルの中身を見る．

cat ファイルの中身を見る

使用方法： cat （ファイル名）

使用方法： cat > ファイル名

（標準入力の内容をファイルへ入れる）

使用方法： cat ファイル名 > 別のファイル名

（ファイル（複数でも可）の内容を別のファイルへ入れる）

more ファイルの中身を 1 ページずつ表示する

使用方法： more ファイル名

スペースキーで 1 ページずつ進み，リターンキーで 1 行ずつ進む．

q のキーを押すと終了する．

head ファイルのはじめの何行かを表示

使用方法： head （-数字） ファイル名

オプションを，-30 と指定すると，はじめの 30 行が表示される．

tail ファイルの終わりの何行かを表示

使用方法： tail （-数字） ファイル名

オプションを，-30 と指定すると，終わりの 30 行が表示される．

12) ファイルを印刷する．

lpr ファイルを印刷する

使用方法： lpr （-P プリンタ名） ファイル名

13) ファイルの中の行数などを調べる．

wc ファイルの行数，単語数，文字数を表示

使用方法： wc （オプション） ファイル名

wc の主なオプション：

-l 行数のみ表示

-w 単語数のみ表示

-c 文字数のみ表示

14) ファイルを行単位でソートする.

sort ファイルの中身を行単位でソート（アルファベット順）して表示

使用方法： `sort （オプション） ファイル名`

sortの主なオプション：

-n 数値の順にソートする

+数字 各行の1+数字の個数の欄（空白で区切られた文字列）以降をソートする

-t 文字 欄を空白でなく文字で区切って定義する

15) ファイルを比較する.

diff 2つのファイルを行単位で比較し，違う行を表示

使用方法： `diff ファイル名1 ファイル名2`

使用方法： `diff ファイル名 ディレクトリ名`

（diff ファイル名 ディレクトリ名/ファイル名と同じこと）

16) 特定の文字列を含む行を抜き出す.

grep ファイルから行ごとに文字列パターンを検索し，あればその行を表示

使用方法： `grep （オプション） パターン ファイル名`

grepの主なオプション：

-n パターンに一致した行と行番号を表示

-c パターンに一致した行の数のみ表示

-v パターンに一致しない行を表示

《リソース管理》

17) ディスクの空容量を確認する.

df ディスクの使用状況を確認する

使用方法： `df （-k）`

オプションの -k をつけると，キロバイト単位で表示．普通はブロック単位.

18) 自分のディスク使用量を確認する.

du 自分のディスク使用量を確認する

使用方法： `du （オプション） ディレクトリ名`

duの主なオプション：

-k キロバイト単位で表示．普通はブロック単位.

-s 合計だけ表示.

《ジョブ制御》

19) 自分の実行しているジョブを確認する.

ps 実行中のプロセスを確認する（プロセスIDを調べる）

使用方法： `ps （オプション）`

psの主なオプション：

-l 詳細情報を表示

-e すべてのプロセスを表示

kill 実行中のプロセスを終了させる

使用方法： `kill (-9) プロセスID`

オプションの -9 をつけると強制終了させる．

20) オンラインマニュアルを見る

man コマンドの説明を表示する

使用方法： `man (-k) コマンド名`

オプションの -k をつけると，関連する項目も表示される

ここにあげるもの以外に，使用方法やオプションなどはもっといろいろあり，コマンド自身ももっといろいろある [4]．マニュアルや man コマンドなどを眺めて，自分に役立つものを見つけてほしい．

1.2.2 Perl

この実習では，Perl 言語を使って作成したプログラム例を解説することで Perl 言語の構文や命令の紹介を行う．その後，プログラム例を目的に合わせて改変する．これらを通して，Perl 言語で簡単なプログラミングができるようになることを目的とする．

まず準備として，これから作業するディレクトリを作成する．

```
% mkdir Chap1
```

ここで % は UNIX のコマンドラインのプロンプト（入力待ちのしるし）であり，この % を入力する必要はない（以降も同じ）．作成したディレクトリの中へ移動する．

```
% cd Chap1
```

(1) BLAST の結果から情報を取り出す

BLAST は相同性検索によく用いられるプログラムである（BLAST の詳細については文献 [7] を参照してほしい）．様々な OS に対応した BLAST が ftp://ftp.ncbi.nlm.nih.gov/blast/executables/ よりダウンロードできる．BLAST にはいろいろな種類があるが，これ以降に述べる BLAST はタンパク質対タンパク質の相同性検索を行う blastp を指すことにする．BLAST の出力結果には様々な情報が記載されているが，自分の知りたい情報は出力結果の一部分であることが多い．ここでは，下記に示す BLAST の出力結果から，query（クエリ）としたアミノ酸配列と配列類似性が見られたエントリーの ID および annotation（アノテーション）を抜き出したい場合を考える．なお，下記の出力結果は，実際の BLAST の出力結果の前半部分のみである．

```
BLASTP 2.2.5 [Nov-16-2002]

Reference: Altschul, Stephen F., Thomas L. Madden, Alejandro A. Schaffer,
Jinghui Zhang, Zheng Zhang, Webb Miller, and David J. Lipman (1997),
"Gapped BLAST and PSI-BLAST: a new generation of protein database search
programs",  Nucleic Acids Res. 25:3389-3402.

Query= gnl|ddbjsw|AB028630a (AB028630) Clostridium perfringens hyp27,
bacH,
         (144 letters)
```

```
Database: DB/pdb
           14,563 sequences; 3,222,056 total letters

Searching..............................done

                                                                   Score    E
Sequences producing significant alignments:                        (bits) Value

pdb|1VHB|A Chain A, Bacterial Dimeric Hemoglobin From Vitreoscil...   195   2e-51
pdb|1CQX|A Chain A, Crystal Structure Of The Flavohemoglobin Fro...   149   1e-37
pdb|1GVH|A Chain A, The X-Ray Structure Of Ferric Escherichia Co...   133   1e-32
pdb|1LH1|  Leghemoglobin (Acetate,Met) >gi|230121|pdb|1LH2|  Le...    48   4e-07

>pdb|1VHB|A Chain A, Bacterial Dimeric Hemoglobin From Vitreoscilla Stercoraria
 pdb|1VHB|B Chain B, Bacterial Dimeric Hemoglobin From Vitreoscilla Stercoraria
 pdb|2VHB|A Chain A, Azide Adduct Of The Bacterial Hemoglobin From Vitreoscilla
          Stercoraria
 pdb|2VHB|B Chain B, Azide Adduct Of The Bacterial Hemoglobin From Vitreoscilla
          Stercoraria
 pdb|3VHB|A Chain A, Imidazole Adduct Of The Bacterial Hemoglobin From
          Vitreoscilla Sp.
 pdb|3VHB|B Chain B, Imidazole Adduct Of The Bacterial Hemoglobin From
          Vitreoscilla Sp.
 pdb|4VHB|A Chain A, Thiocyanate Adduct Of The Bacterial Hemoglobin From
          Vitreoscilla Sp.
 pdb|4VHB|B Chain B, Thiocyanate Adduct Of The Bacterial Hemoglobin From
          Vitreoscilla Sp
         Length = 146

 Score =  195 bits (495), Expect = 2e-51
 Identities = 95/142 (66%), Positives = 116/142 (81%)

Query: 1   MLDQKTIDIIKSTVPVLKSNGLEITKTFYKNMFEQNPEVKPLFNMNKQESEEQPKALAMA 60
            MLDQ+TI+IIK+TVPVLK +G+ IT TFYKN+F ++PEV+PLF+M +QES EQPKALAM
Sbjct: 1   MLDQQTINIIKATVPVLKEHGVTITTTFYKNLFAKHPEVRPLFDMGRQESLEQPKALAMT 60

Query: 61  ILAVAQNIDNLEAIKPVVNRIGVIHCNAKVQPEHYPIVGKHLLGAIKEVLGDGATEDIIN 120
            +LA AQNI+NL AI P V +I V HC A V   HYPIVG+ LLGAIKEVLGD AT+DI++
Sbjct: 61  VLAAAQNIENLPAILPAVKKIAVKHCQAGVAAAHYPIVGQELLGAIKEVLGDAATDDILD 120

Query: 121 AWAKTYGVIAEVFINNEKEMYA 142
            AW K YGVIA+VFI  E ++YA
Sbjct: 121 AWGKAYGVIADVFIQVEADLYA 142
```

このBLASTの出力結果（添付のCDのChapter1の中にもAB028630a.blpというファイル名で収録してある）は，核酸データベースDDBJ (DNA Data Bank of Japan) に登録されているエントリーAB028630において，2番目のORFにコードされているbacterial hemoglobinのアミノ酸配列（*Clostridium perfringens* 由来）をqueryとし，タンパク質立体構造データベースPDB (Protein Data Bank) をもとにしてNCBI (National Center for Biotechnology Information) によって作成されたアミノ酸配列データベースに対して相同性検索した結果である．なお，PDBから作成されたアミノ酸配列のデータベースは，NCBIにより，同一配列をもつPDBエントリーが1つのアミノ酸配列エントリーにまとめられている．

BLAST では，配列類似性が見られたエントリーの ID，annotation の一部，score，e-value をまとめた行が，出力の前半に存在する．この例では ID と annotation の一部がまとめてある行が必ず「pdb」で始まっているため，「pdb」を目印にすれば ID と annotation を抜き出せる．また，ID は「pdb」から始まる行の 5 文字目から 4 文字，annotation は 12 文字目から 58 文字なので，その部分を切り出して出力するようにする．以下にプログラムの例を示す（添付の CD の Chapter1 の中にも example1.pl という名前で収録している）．なお，プログラムの先頭にある数字は，説明のための行番号であり，実際のプログラムには記入しない．

```
1:  #!/usr/bin/perl -w
2:
3:  while ( <> ) {
4:      if ( $_ =~ /^pdb/ ) {
5:          $id = substr( $_, 4, 4 );
6:          $annotation = substr( $_, 11, 58 );
7:          print "$id $annotation\n";
8:      }
9:  }
```

《プログラムの解説》

1 行目　`#!/usr/bin/perl -w`

Perl プログラムを，プログラム名を直接指定して実行するために必要な記述である．「`#!/usr/bin/perl`」は perl がインストールされている場所に応じて変える必要がある．たとえば，perl が/usr/local/bin にインストールされている場合は，「`#/usr/local/bin/perl`」とする．perl がインストールされている場所を知るには，コマンドラインにおいて，

```
% which perl
```

と入力すると表示される．1 行目の最後にある「-w」は，警告メッセージを出力するために必要な記述である．アルゴリズムの間違いを発見する際に有効である場合が多いので，この記述は必ずつけたほうがよいだろう．

なお，「#」は一般にはコメントを示し，「#」から改行までの文字列はプログラムとして解釈されない．

2 行目　空行

Perl では，スペースや改行を自由に入れてもかまわない（ただし，単語や引用符で囲まれた部分を分割してしまう場合を除く）．プログラムが読みやすいように，インデントや改行を使って書式を整えたほうがよい．

3 行目　`while ( <> ) {`

コマンドラインで指定したすべてのファイル内のそれぞれの行に対して {} 内の命令を実行する．

while 文を使うことで，() 内の条件式が成り立つ間，{} 内の命令を繰り返すことができる．また，「<>」は，コマンドラインで指定されたすべてのファイルから 1 行 1 行を読み込む特殊記号である．読み込まれた 1 行は自動的にスカラー変数（後述）`$_`に代入される．「<>」により読み込まれる行がなくなると，while は終了する．

4行目　`if ( $_ =~ /^pdb/ ) {`

スカラー変数$_の先頭に「pdb」という文字列が存在するかを調べ，存在する場合は{}内の命令を実行する．

if文を使うことにより，()内の条件式が成り立つ場合のみに，{}内の命令を実行するようにできる．()内の条件式が成り立たない場合に実行させたい命令がある場合は，

```
if ( A ) {
    命令1
} else {
    命令2
}
```

とする．この場合，条件式Aが成り立てば命令1が実行され，成り立たなければ命令2が実行される．複数の条件式がある場合は，

```
if ( A ) {
    命令1
} elsif ( B ) {
    命令2
} else {
    命令3
}
```

とする．この場合，条件式Aが成り立てば命令1が実行され，条件式Aが成り立たず，条件式Bが成り立てば命令2が実行される．条件式Aと条件式Bの両方が成り立たない場合は命令3が実行される．

「`=~ //`」は，左辺にあるスカラー変数もしくは文字列中に`//`内に書かれたパターン（正規表現と呼ばれる形式で記述する）が存在するかを調べる表現である．`//`内の`^`は，文字列の先頭を意味する正規表現である．

`=~ //`の使用例

A)　`if ( $sequence =~ /AUG/ )`　　$sequenceの中に文字列AUGが存在するか？

B)　`if ( $sequence =~ /UA(A|G)/ )`　　$sequenceの中に文字列UAAまたはUAGが存在するか？

C)　`if ( $sequence =~ /(A|G)....GK(S|T)/ )`　　$sequenceの中にATP/GTP結合部位であるP-loopの配列モチーフが存在するか？

5行目　`$id = substr( $_, 4, 4 );`

6行目　`$annotation = substr( $_, 11, 58 );`

$_に納められた文字列の5文字目から4文字分をスカラー変数`$id`に代入し，12文字目から58文字分をスカラー変数`$annotation`に代入する．

Perlには，スカラー変数と呼ばれる変数が用意してある．スカラー変数には必ず変数名の前に「$」をつける．スカラー変数には，1つの文字列（長さは特に制限なし）もしくは，数字（整数，および浮動小数）を格納できる．

スカラー変数に文字列を代入する場合は，代入したい文字列を引用符（"または'）で囲み，「=」

の右側に書く（この時の「=」は，「等しい」という意味ではなく，「代入」という意味である）．また，数字を代入する場合は，「=」の右側に数字だけ書けばよい．

スカラー変数への代入の例

A) `$base = "ATCCG";`　$base に文字列「ATCCG」を代入

B) `$number = 12.5;`　$number に数字「12.5」を代入

C) `$x = $x + 5;`　$x に$x の中身に 5 を足したものを代入（つまり$x に 5 を足すという意味）

D) `$base_all = "AGGTA$base";`　$base_all に，文字列「AGGTA」の後ろに$base の中身をつけたものを代入．$base の中身が「ATCCG」の場合，$base_all は「AGGTAATCCG」となる．これは「"」で囲まれた文字列の中にスカラー変数がある場合，そのスカラー変数の中身が解釈されるためである．なお，「'」で囲まれた文字列の中にスカラー変数があっても中身は解釈されない．

なお，スカラー変数に文字列として数字を代入した場合（たとえば，`$number="12.5"`），代入値は文字列として扱うことができるだけでなく，プログラムの文脈によって，数字として扱うこともできる．

substr を使うことにより文字列の一部を切り取ることができる．

```
substr( 文字列, 場所, 文字数 )
```

の形で使い，「文字列」の「場所」文字目から「文字数」分を切り取る．ただし，「場所」は文字列の先頭を 0 文字目と数えた時の数字である．

8 行目 `print "$id $annotation\n";`

$id と$annotation の内容，および改行を出力する．

print を使うことで，文字列や変数の内容を出力することができる．`print" "`と書くことで，`" "`で囲まれた文字列や変数の内容を出力する．また，「\n」は改行を意味する．「\」は「¥」と表示される場合もある．

《プログラムの実行》

テキストエディタを使って上記のプログラムを記述し，「example1.pl」というファイル名を付けて保存する．あるいは添付の CD にもこのプログラムを収録しているので，

```
cp /CDの場所のパス名/Chapter1/example1.pl .
```

のように今入っているディレクトリにコピーする．CD の場所のパス名は OS によって異なる．Linux の場合，/mnt/cdrom/であるので，以下のようにしてコピーする．

```
% cp /mnt/cdrom/Chapter1/example1.pl .
```

次にデータを今入っているディレクトリにコピーする．Linux の場合は

```
% cp /mnt/cdrom/Chapter1/AB028630a.blp .
```

とする．

実行するために，まず，example1.pl に実行できる権利を設定する．

```
% chmod u=rwx example1.pl
```

その後，実行するには，

```
% ./example1.pl AB028630a.blp
```

と入力する．すると下記のような出力が得られる．

```
% ./example.pl AB028630a.blp
1VHB Chain A, Bacterial Dimeric Hemoglobin From Vitreoscil...
1CQX Chain A, Crystal Structure Of The Flavohemoglobin Fro...
1GVH Chain A, The X-Ray Structure Of Ferric Escherichia Co...
1LH1 Leghemoglobin (Acetate,Met) >gi|230121|pdb|1LH2| Le...
```

《練習》

1. query に対して配列類似性が見られたエントリーの ID，score，e-value を表示するプログラムを作成せよ．
2. score の値が 100 以上で得られたエントリーのみについて，ID と annotation を出力するプログラムを作成せよ．

（解答例を添付の CD の Chapter1 の中にそれぞれ exercise1.pl，exercise2.pl という名前で収録している．）

(2) BLAST の結果を用いたマルチプルアラインメントの作成

BLAST を実行すると，query としたアミノ酸配列と配列類似性の見られるタンパク質が複数得られる場合が多い．それらのアミノ酸配列のマルチプルアラインメントは，保存残基の情報など，機能部位推定などの重要な基礎情報となる．しかし，BLAST によって得られるアラインメントは，基本的には query としたアミノ酸配列と配列類似性のあるアミノ酸配列のペアのアラインメントである．そこで，BLAST の結果を入力として，配列類似性の見られたタンパク質のマルチプルアラインメントを作成するプログラムが存在すれば，相同性検索以降の解析にとって有用なツールとなる．マルチプルアラインメントを作成するプログラムは多数開発されているが，ここでは，様々な配列解析でよく用いられており，入手も容易な ClustalW [8] を使うことにする（ftp://ftp.ebi.ac.uk/pub/software/unix/clustalw よりダウンロードできる）．前節で用いた BLAST の出力結果から，配列類似性の見られたタンパク質の情報を取り出し，それらのアミノ酸配列を ClustalW に渡すプログラムの例を下記に示す（添付の CD の Chapter1 の中にも example2.pl という名前で収録している）．

```
#!/usr/bin/perl -w

while ( <> ) {
    if ( $_ =~ /^pdb/ ) {
        push( @id, substr( $_, 4, 4 ) );
    }
```

```
 7:  }
 8:
 9:  open( FILE, ">seq.fa" ) or die "Cannot open seq.fa\n";
10:  foreach $id ( @id ) {
11:      @fasta = `fastacmd -s $id -d DB/pdb`;
12:      chomp $fasta[0];
13:      @entry = split( / >gi/, $fasta[0] );
14:      $fasta[0] = "$entry[0]\n";
15:      foreach $fasta ( @fasta ) {
16:          print FILE "$fasta";
17:      }
18:  }
19:  close( FILE );
20:
21:  !system( "clustalw seq.fa" ) or warn "Error occurred\n";
```

《プログラムの解説》

5行目　`push( @id, substr( $_, 4, 4 ) );`

スカラー配列 $_ に格納されている文字列の 5 文字目から 4 文字を，配列変数@id の一番最後の要素として追加する．

Perl に用意されている変数には，スカラー変数のほかに配列変数（変数名の頭に@がつく）とハッシュ（変数名の頭に%がつく）がある．配列変数は，複数の文字列もしくは数字を順番に並べて格納するための変数である（文字列と数字が混在していてもかまわない）．@array という配列変数がある場合，@array の 1 番目の要素には $array[0]，2 番目の要素には $array[1]，3 番目の要素には $array[2]... としてアクセスする．添字は 0 から始まることに注意してほしい．また，ハッシュは，任意の文字列をキーとして，そのキーに対応する値を格納するための変数である．今回の実習におけるプログラムの実例ではハッシュは出てこないため，代入例のみを示す（詳細については章末の参考図書を参照してほしい）．

なお，同じ変数名をもつスカラー変数と配列変数，およびハッシュが 1 つのプログラム中に存在しても，まったく別の変数として扱われる．

配列変数およびハッシュへの代入例

A)　`@seq = ( "ATG", "GT" );`　　$seq[0] は「ATG」，$seq[1] は「GT」となる．

B)　`@seq2 = ( "G", @seq, "AAG" );`　　$seq[0] は「G」，$seq[1] は「ATG」，$seq[2] は「GT」，$seq[3] は「AAG」となる．

C)　`%codon = ( TTT => Phe, TTC => Phe, TTA => Leu, TTG => Leu );`
$codon{ TTT } は「Phe」，$codon{ TTC} は「Phe」，$codon{ TTA} は「Leu」，$codon{ TTG} は「Leu」となる．

push は，配列変数の一番最後に要素をつけ加える時に用いる．この他に配列変数の一番最後もしくは一番最初の要素を扱う命令として，pop，unshift，shift がある．pop は配列変数の一番最後の要素を取り出す．unshift は配列変数の一番最初に要素をつけ加える．shift は配列変数の一番最初の要素を取り出す．

pop，shift，unshift の用例

A）`@seq = ( "ATG", "GT" );`　　$seq[0] は「ATG」，$seq[1] は「GT」．

B）`$base = pop( @seq );`　　$base に「GT」が代入され，@seq は「ATG」の要素のみとなる

C）`unshift( @seq, $base );`　　$seq[0] は「GT」，$seq[1] は「ATG」となる．

D）`$base2 = shift( @seq );`　　$base2 に「GT」が代入され，@seq は「ATG」の要素のみとなる．

9 行目　`open( FILE, ">seq.fa" ) or die "Cannot open seq.fa\n";`

「seq.fa」という名前のファイルを，FILE というファイルハンドルで，書き込み形式で開く．もし何かの理由で開けなかったら，「`Cannot open seq.fa`」と出力してプログラムを終了する．

open はファイルの読み書きをする際に用いる．open には 2 つ要素を必要とし，1 番目にはファイルハンドル，カンマで区切って 2 番目に開くファイル名を書く．ファイルハンドルは，ファイル出入力を Perl 内部で扱うための名札のようなものであり，普通大文字で記述する．開いたファイルは，ファイルハンドルをもとにして読み書きされる．ファイル名のところには，読み込み形式で開くならばファイル名のみ，書き込み形式で開くならばファイル名の前に「>」を書く．また，追加書き込み形式で開くならば「>>」を書く．

open の使用例

A）`open( SEQ, "nr" );`　　「nr」という名前のファイルを，SEQ というファイルハンドルで，読み込み形式で開く．

B）`open( AMINO, ">>$file" );`　　$file に格納されている文字列を名前にもつファイルを，AMINO というファイルハンドルで，追加書き込み形式で開く．

die は，その直後にある文字列を表示してプログラムを終了するためのものである．また，open と die を or でつなぐことにより，open に失敗したら die を実行せよという意味となる．

10 行目　`foreach $id ( @id ) {`

配列変数@id に格納されている要素を，順番にスカラー変数$id に代入し，各$id に対して {} 内の命令を実行する．

foreach は ( ) 内に書かれた配列の要素を，() の左側に書かれたスカラー変数に代入し，{} 内の命令を実行する．代入と {} 内の命令の実行は，すべての配列の要素が代入されるまで繰り返される．なお，foreach 文が終了すると，スカラー変数は foreach 文が始まる前の値に戻される．

同じような繰り返しの構文として for 文がある．for 文は，

```
for ( 式A; 条件式B; 式C ) {
    命令
}
```

という形式で書かれ，for が始まるとまず式 A を実行する．次に条件式 B が判定される．条件式 B が成り立てば {} 内の命令を実行し，最後に式 C が実行される．再び，条件式 B が判定され，条件式 B が成り立つ間 {} 内の命令と式 C が実行される．

forの使用例

```
$seq = "ATGGCC";
for ( $i = 0; $i < 6; $i = $i+3 ) {
    print substr( $seq, $i, 3 ), "\n";
}
```

まず，$iに0が代入される．$iの値が6よりも小さいので，$seqの1文字目から3文字（ATG）と改行が出力され，$iに3が足される．再び条件式が成り立つので（$iの値 $3 < 6$），$seqの4文字目から3文字（GCC）と改行が出力され，$iに3が足される．今度は条件式が成り立たない（$iの値 $6 = 6$）ので，for文が終了する．

11行目 `@fasta = `fastacmd -s $id -d DB/pdb`;`

配列を取り出すプログラムであるfastacmdを実行し，スカラー変数$idに格納された文字列に対応するエントリーをデータベースDB/pdb（添付のCDのChapter1に収録している）から取り出す．その出力結果の各行を配列変数@fastaの各要素に代入する．

バッククォート「`」で囲まれた文字列は，シェルに渡されて実行され，その出力がプログラムに戻される．戻された値を配列変数で受けた場合は，出力結果の各行が配列変数の各要素となる．スカラー変数で受けた場合は，すべての出力が1つのスカラー変数に代入される．

fastacmdは，BLASTにバンドルされているプログラムであり，BLAST検索用のデータベースから，指定したエントリーを取り出すことができる．

fastacmdの基本的な使い方

```
% fastacmd -s エントリーのID -d データベース
```

12行目 `chomp $fasta[0];`

配列変数@fastaの1つ目の要素から，末尾にある改行を取り除く．

chompと同様の命令として，chopがある．chompが末尾にある改行のみを取り除くのに対し（末尾に改行がなければ何もしない），chopは末尾にある任意の1文字を取り除く．

13行目 `@entry = split( / >gi/, $fasta[0] );`

14行目 `$fasta[0] = "$entry[0]\n";`

13行目は，配列変数@fastaの1番目の要素を，「>gi」という文字列を目印として分割し，分割されたそれぞれの要素を配列変数@entryに代入する．次に14行目で，配列変数@entryの1番目の要素を配列変数@fastaの1番目の要素に代入する．

splitは，スカラー値を任意の文字列を目印として分割する命令である．splitは2つの要素を必要とし，1番目の要素は目印とするパターン，2番目の要素は分割するスカラー値である．パターンは正規表現を使って表す．

splitの例

A) `split( / /, "Perl for Bioinformatics" );`　「Perl」,「for」,「Bioinformatics」に分割される．

B) `split( /GT.+?AG/, "ATGTCTAAGTCACGTTTAGCG" );`　「AT」,「TCAC」,「CG」に分割される．

前述したように，NCBIで作られているPDBをもとにしたアミノ酸配列のデータベースは，同一配列をもつPDBエントリーを1つのアミノ酸配列エントリーにまとめてある．まとめられたPDBエントリーのPDBIDや説明は，すべて「>」で始まる行に書かれている．「>」で始まる行を「>gi」を目印にして分割することにより，それぞれのPDBエントリーごとのPDBIDと説明に分割することができる．このサンプルプログラムでは，「>」で始まる行（$fasta[0]に代入されている）の最初に書かれているPDBエントリーを代表として抜き出している．

16行目　`print FILE "$fasta";`

スカラー変数$fastaに格納されている値を，ファイルハンドル「FILE」で扱われるファイルに対して出力する．

書き込み形式で開いたファイルハンドルに対して値を出力する場合は，

```
print ファイルハンドル 値;
```

とする．ファイルハンドルの前後にカンマ（,）は書かない．

19行目　`close( FILE );`

ファイルハンドル「FILE」を閉じる．

Perlではファイルハンドルを自動的に閉じてくれるため，省略することも可能である．

21行目　`!system( "clustalw seq.fa" ) or warn "Error occurred\n";`

シェルにおいて「clustalw seq.fa」を実行し，なんらかの理由でclustalwの実行に失敗したら「Error occured」と出力する．

systemは「`」と同じように，文字列をシェルに渡して実行させる．ただし，「`」と違い，その出力結果はプログラムに戻されない．また，warnはdieとほぼ同じ命令だが，プログラムを終了させない点が異なる．!systemとwarnをorで結んだ記述は，systemを実行し，実行に失敗したらwarnを実行するという意味である（同様の構文を用いたopenの場合と比べて，「!」がsystemの前につくことに注意してほしい）．

「clustalw seq.fa」の実行により，「seq.aln」と「seq.dnd」というファイルが作成される．clustalwは様々なパラメータを指定できるが，ここでは読み込む配列ファイルのみを指定している．作成される前者のファイルはマルチプルアラインメントそのもの，後者のファイルはマルチプルアラインメントの作成の際に使われたガイド系統樹のデータである（ClustalWの詳細については文献[8]を参照してほしい）．

《プログラムの実行》

「example2.pl」というファイル名でプログラムを作成する（添付のCDにもこのプログラムを収録している）．次に以下のように実行できる権利を設定する．

```
% chmod u=rwx example2.pl
```

データベースを今入っているディレクトリにコピーする．Linuxの場合は

```
% cp -r /mnt/cdrom/Chapter1/DB .
```

とする．

その後，プログラムを前節のBLASTの結果に対して実行させるには，

```
% ./example2.pl AB028630a.blp
```

と入力する．この結果，seq.aln というファイルが作成される．その中身を以下のように cat コマンドで見てみよう．アラインメントの結果が表示される．

```
% cat seq.aln
CLUSTAL W (1.8) multiple sequence alignment

gi|2982134|pdb|1VHB|A       -MLDQQTINIIKATVPVLKEHGVTITTTFYKNLFAKHPEVRPLFDMGR--
gi|23200077|pdb|1GVH|A      -MLDAQTIATVKATIPLLVETGPKLTAHFYDRMFTHNPELKEIFNMSN--
gi|6137667|pdb|1CQX|A       -MLTQKTKDIVKATAPVLAEHGYDIIKCFYQRMFEAHPELKNVFNMAH--
gi|230120|pdb|1LH1|         GALTESQAALVKSSWEEFNANIPKHTHRFFILVLEIAPAAKDLFSFLKGT
                              *  .    :*::   :          *:  ::   *  : :*.: .

gi|2982134|pdb|1VHB|A       -------QESLEQPKALAMTVLAAAQNIENLPAILP--AVKKIAVKHCQA
gi|23200077|pdb|1GVH|A      -------QRNGDQREALFNAIAAYASNIENLPALLP--AVEKIAQKHTSF
gi|6137667|pdb|1CQX|A       -------QEQGQQQQALARAVYAYAENIEDPNSLMA--VLKNIANKHASL
gi|230120|pdb|1LH1|         SEVPQNNPELQAHAGKVFKLVYEAAIQLEVTGVVVTDATLKNLGSVHVSK
                                    .   :   :   :   * ::*    ::.  .::::.  * .

gi|2982134|pdb|1VHB|A       GVAAAHYPIVGQELLGAIKEVLGDAATDDILDAWGKAYGVIADVFIQVEA
gi|23200077|pdb|1GVH|A      QIKPEQYNIVGEHLLATLDEMF--SPGQEVLDAWGKAYGVLANVFINREA
gi|6137667|pdb|1CQX|A       GVKPEQYPIVGEHLLAAIKEVLGNAATDDIISAWAQAYGNLADVLMGMES
gi|230120|pdb|1LH1|         GVADAHFPVVKEAILKTIKEVVGAKWSEELNSAWTIAYDELAIVIKKEMD
                             :   :: :* : :* ::.*:.     ::: .**  **. :* *:

gi|2982134|pdb|1VHB|A       DLYAQAVE------------------------------------------
gi|23200077|pdb|1GVH|A      EIYNENASKAGGWEGTRDFRIVAKTPRSALITSFELEPVDGGAVAEYRPG
gi|6137667|pdb|1CQX|A       ELYERSAEQPGGWKGWRTFVIREKRPESDVITSFILEPADGGPVVNFEPG
gi|230120|pdb|1LH1|         DAA-----------------------------------------------
                            :

gi|2982134|pdb|1VHB|A       --------------------------------------------------
gi|23200077|pdb|1GVH|A      QYLGVWLKPEGFPHQEIRQYSLTRKPDGKGYRIAVKREEGGQ-----VSN
gi|6137667|pdb|1CQX|A       QYTSVAIDVPALGLQQIRQYSLSDMPNGRTYRISVKREGGGPQPPGYVSN
gi|230120|pdb|1LH1|         --------------------------------------------------

以下省略
```

《練習》

3. score の値が 100 以上で得られたエントリーのみについて，マルチプルアラインメントを作成するプログラムを作成せよ．

　（解答例を添付の CD の Chapter1 の中に exercise3.pl という名前で収録している．）

最後に，この実習では，Perl 言語にとって非常に基礎的な項目ではあるが，まったくふれられていない項目が多数ある（たとえばファイルハンドルからのデータの読み込み，サブルーチンの作成など）．そのような項目については Perl 関連の図書 [5][6] を参照してほしい．

(3) 付録

A. 主な演算子

意味	演算子	用例
加算	+	`$x = 1; $y = $x + 1;` → $y は 2
減算	-	`$x = 5; $y = $x - 1;` → $y は 4
乗算	*	`$x = 4; $y = $x * 3;` → $y は 12
除算	/	`$x = 9; $y = $x / 3;` → $y は 3
剰余	%	`$x = 13; $y = $x % 4;` → $y は 1
ベキ乗	**	`$x = 4; $y = $x ** 3;` → $y は 64
連結	.	`$str = "GTA"; $str2 = $str . "TAG";` → $str2 は「GTATAG」
繰り返し	x	`$str = "GGT"; $str2 = $str x 3;` → $str2 は「GGTGGTGGT」
オートインクリメント	++	`$number = 3; $number++` → $number は 4
オートデクリメント	--	`$number = 3; $number--` → $number は 2
論理積	&& and	`AAA && BBB` → 式 AAA が真かつ式 BBB が真なら真
論理和	|| or	`AAA || BBB` → 式 AAA が真または式 BBB が真なら真
否定	! not	`! AAA` → 式 AAA が真なら偽，偽なら真
存在	-e	`-e $file` → $file が存在したら真
ディレクトリ	-d	`-d $dir` → $dir がディレクトリなら真

B. 比較演算子

意味	数値の比較	文字列の比較
等しい	==	eq
等しくない	!=	ne
より大きい	>	gt
以上	>=	ge
未満	<	lt
以下	<=	le

C. 正規表現の例

正規表現	意味
`/a/`	a にマッチ
`/a*/`	0 個以上の a とマッチ
`/a+/`	1 個以上の a とマッチ
`/a{2,5}/`	2 個以上 5 個以下の a とマッチ
`/a.b/`	a と任意の 1 文字と b にマッチ
`/a.+b/`	a から一番遠くにある b までとマッチ
`/a.+?b/`	a から一番近くにある b までとマッチ
`/^a/`	先頭にある a とマッチ
`/a$/`	末尾にある a とマッチ
`/$abc/`	$abc に格納されている文字列とマッチ
`/\$abc/`	「$abc」という文字列とマッチ
`/ab|bc/`	ab または bc とマッチ
`/\d/`	数字 1 文字にマッチ
`/\w/`	単語を構成する 1 文字にマッチ
`/\s/`	空白文字 1 文字にマッチ
`/[3-5]/`	3 から 5 までの数字 1 文字とマッチ
`/[^0-9]/`	数字以外とマッチ

D. FASTA 形式について

>説明行

配列データ行

の形からなる．配列データは塩基またはアミノ酸の一文字表記を用いる．説明行は１行のみ（途中で改行が入らない）だが，配列データ行は，１つの塩基・アミノ酸配列を複数の行に渡って記述してもかまわない．ただし，配列データ行の１行は 80 文字以下が推奨されている．

《FASTA 形式の例》

```
>gnl|ddbj|AB028630a (AB028630) Clostridium perfringens hyp27, bacH,
MLDQKTIDIIKSTVPVLKSNGLEITKTFYKNMFEQNPEVKPLFNMNKQESEEQPKALAMAILAVAQNIDNLEAIKPVVNR
IGVIHCNAKVQPEHYPIVGKHLLGAIKEVLGDGATEDIINAWAKTYGVIAEVFINNEKEMYASR
```

文　献

バイオインフォマティクス一般に関する図書

[1] Cynthia Gibas and Per Jambeck 著，水島洋 監修・訳，明石浩史・またぬき 訳，「実践バイオインフォマティクス ゲノム研究のためのコンピュータスキル」オライリー・ジャパン（2002）

[2] 菅原秀明 編集，「あなたにも役立つバイオインフォマティクス」共立出版（2002）

UNIX に関する図書

[3] G アンダーソン・P アンダーソン 著，落水浩一郎・大木敦雄 訳，「UNIX C SHELL フィールドガイド」パーソナルメディア（1987）

[4] スコット ホーキンス 著，習志野弥治朗 訳，「LINUX コマンドパーフェクトリファレンス」ピアソン・エデュケーション（2000）

Perl に関する図書

[5] James Tisdall 著，水島洋 監修・訳，明石浩史・またぬき 訳，「バイオインフォマティクスのための Perl 入門」オライリー・ジャパン（2002）

[6] Randal L. Schwartz and Tom Phoenix 著，近藤嘉雪 訳，「初めての Perl」オライリー・ジャパン（1998）

BLAST の文献

[7] Altschul, S.F., Madden, T.L., Schaffer, A.A., Zhang, J., Anang, Z., Miller, W. and Lipman, D.J. "Gapped BLAST and PSI-BLST: a new generation of protein database search programs" *Nucleic Acids Res.*, **25**: 3389-3402 (1997)

ClustalW の文献

[8] Thompson, J.D., Gibson, T.J., Plewniak, F., Jeanmougin, F. and Higgins, D.G. "The ClustalX windows interface: flexible strategies for multiple sequence alignment aided by quality analysis tools" *Nucleic Acids Res.*, **24**: 4876-4882 (1997)

第2章　ゲノム配列解析

杉浦保子・山下英俊

Point

ゲノムとは，生物がもっている全遺伝子とすべての遺伝子間領域を含む DNA 全体のことである．ヒトをはじめ，多くの生物で全ゲノム配列が決定されている．しかし，ゲノムの塩基配列を決定しただけでは，意味をもたない文字の羅列にすぎない．全ゲノム配列決定後に重要となるのは，タンパク質をコードする遺伝子がゲノム上のどこに存在するか，そして特定した遺伝子がどのような機能をもつのか，どのように発現調節がなされているのかを調べることである．

2003 年 4 月 14 日，約 30 億の塩基からなるヒトゲノムの解読が完了した．ヒトゲノムを解析することにより，多くの疾病の遺伝要因が解明され，遺伝子診断，遺伝子治療，創薬など，医療・医学への大きな貢献が期待されている．しかし，ヒトに限らず全ゲノム配列は非常に膨大なデータであり，それを処理するにはコンピュータを駆使する必要がある．

本章では，①全ゲノム配列決定法，②遺伝子予測法，③相同性検索の 3 点について，解析方法と Web および UNIX/Linux でのソフトウェアの使い方を学ぶ．

2.1　基礎

2.1.1　全ゲノム塩基配列決定法

(1)　ショットガンシーケンス法

ショットガンシーケンス法とは，ゲノム DNA をランダムに断片化し，各断片の塩基配列を決定し，重なり合う部分をコンピュータでつなぎ合わせることで，元の塩基配列を再構築する方法である（**図 2.1**）．

1995 年に，ショットガンシーケンス法により *Haemophilus influenzae* の全ゲノムが決定された．これにより，ショットガンシーケンス法の威力と有効性が示され，現在では全ゲノム配列決定方法の標準的方法として用いられている．

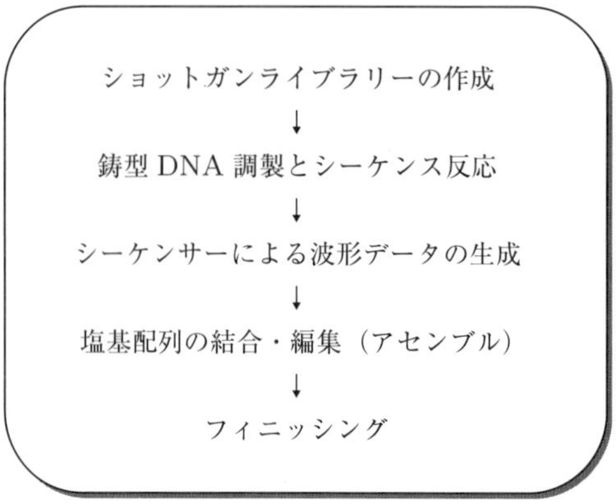

図 2.1　ショットガンシーケンス法の手順概要

A. ショットガンライブラリー作製

ゲノム DNA をランダムに断片化し，均一の長さになるよう DNA 断片を精製する．この DNA 断片をプラスミドベクターにクローニングし，ショットガンライブラリーを作製する（**図 2.2**）．

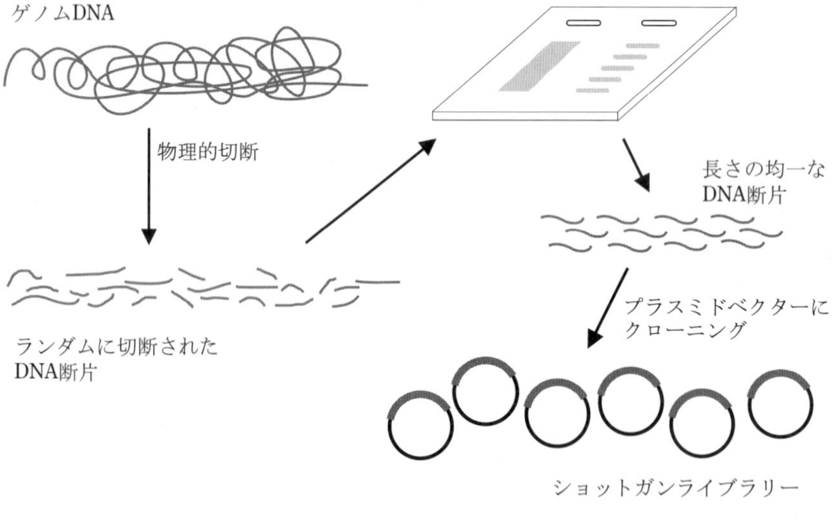

図 2.2　ショットガンライブラリー作成手順

B. 鋳型 DNA 調製とシーケンス反応

ショットガンライブラリーから，ランダムにクローンを選別して鋳型 DNA を調製し，プラスミドベクターに挿入された DNA 断片の塩基配列を決定する．現在，最も広く使われているシーケンス反応法の 1 つは，ダイターミネーター法である．ダイターミネーター法の概要を**図 2.3** に示す．鋳型 DNA に結合したプライマーを起点として DNA ポリメラーゼの働きで鋳型 DNA に相補的な dNTP を結合伸長していく．伸長途中で，それぞれの塩基に特異的な蛍光物質が付加した ddNTP が取り込まれると，それより先の伸長反応が停止する．上記反応により，$3'$ 末端に塩基特異的な蛍光物質が付加された長さの異なる DNA 鎖が複数できることになる．

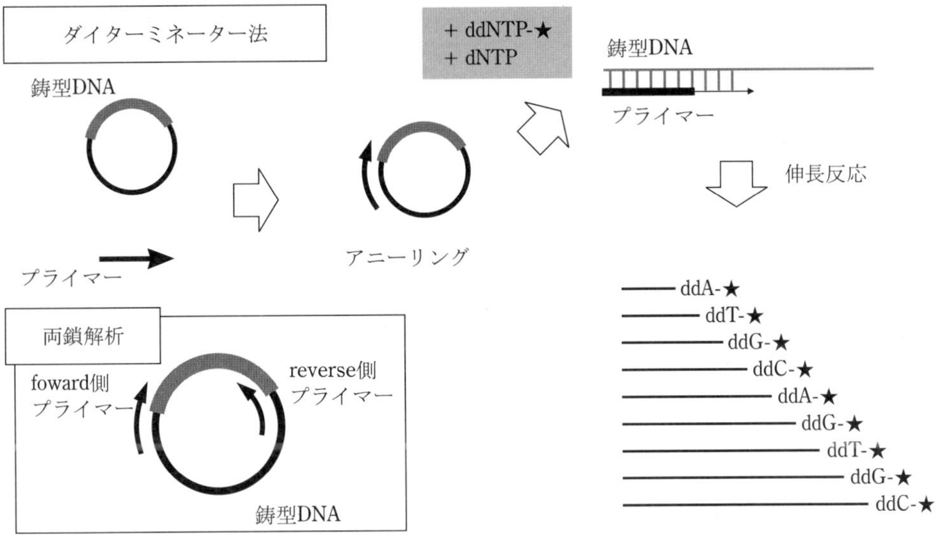

図 2.3　シーケンス反応と両鎖解析

forward 側と reverse 側のプライマーを用いて，各クローンの両端の塩基配列を決定する（**図 2.3** の両鎖解析）．両端の塩基配列を決定することにより，アセンブル結果の評価やギャップを埋めるクローンの情報を得ることができる（詳細は §2.1.1(1)E「フィニッシング」の項目を参照）．

C. シーケンサーによる波形データの生成

シーケンス反応によって得られた蛍光物質の付加した DNA 鎖を，シーケンサーを用いて塩基配列を決定する．**図 2.4** のようなキャピラリーシーケンサーでは，従来のスラブゲル板ではなくアクリルアミド担体が充填されたキャピラリーを使用する．少量のサンプルでも解析が可能であり，泳動時間も短いことから大量解析に適したシーケンサーである．解析する DNA 鎖に電気的な負荷をかけ，キャピラリー中を泳動させる．陰性に帯電した DNA 鎖は，短いものほど陽極側に早く移動し，長いものほど遅くなる．シーケンサーでは，塩基特異的な 4 種類の蛍光強度をキャピラリーの一定の箇所でそれぞれ経時的に測定する．測定された蛍光強度は一定のアルゴリズムに従って波形データ（各塩基配列の蛍光シグナル）に変換される．

D. 塩基配列の結合・編集（アセンブル）

① ベースコール

シーケンサーによって生成された波形データを，ベースコールプログラムによって塩基配列を割り当てる．この作業をベースコールと呼ぶ．ベースコールの際には，その精度が重要となってくる．ワシントン大学の Phill Green は，ベースコールされた塩基の品質をスコアで表示するソフトウェアを開発した．これは phred [1, 2] と呼ばれるベースコールプログラムで，波形データからベースコールした各塩基のエラー確率を推定し，Quality Value(QV) という精度を表す値を算出する．QV は以下の式で与えられる．

$$\mathrm{QV} = -10 \log p$$

図 2.4　キャピラリーシーケンサー

「MegaBACE4000」（アマシャムバイオサイエンス社）の外観と内部の構造である．MegaBACE4000 はキャピラリーシーケンサーで，一度に 384 サンプルを解析することが可能である．

各塩基の推定エラー確率 (p) は，波形のピーク間隔や高さのばらつき，読めなかった塩基 (N) の分布などのパラメータから算出する．phred ではまず，シーケンスにより得られた波形データから各パラメータを求める．得られたパラメータと lookup table を照らし合わせることによって，各塩基の QV を算出している．lookup table とは，QV とパラメータの対応表であり，多くの既知配列をベースコールすることで，各パラメータについての経験的なベースコールエラー確率をまとめた表のことである．

QV の登場以来，塩基配列の品質を数値で管理できるようになった．このことにより品質管理の効率化だけでなく，QV を利用したより信頼性の高い塩基配列解析や，コンピュータを利用することで個人の主観による判定の曖昧さを排除し，基準の統一が可能となった．

② ベクタートリミング

DNA 断片の塩基配列には，ベクター配列が混入している場合がある．このような部分を含んだままアセンブルを行うと，ミスアセンブルの原因となり，信頼性の低い塩基配列が得られる可能性が高くなる．したがって，各シーケンスからベクター配列と相同性の高い配列を排除しておく必要がある．この作業をベクタートリミング（ベクターマスキング）と呼んでいる（**図 2.5**）．また，ホスト細胞の DNA が混入する場合もあるので，ベクター配列と同時にホスト細胞の DNA 配列を排除する必要がある．

ベクタートリミングを行う代表的なプログラムとしては，cross_match がある．cross_match は，phred と同様ワシントン大学の P. Green により作られたプログラムである．cross_match は Smiss-Waterman アルゴリズムを使用したアラインメントを行うことにより，除去したい配列と相同性の高い配列を検出し，マスクすることができる．

③ アセンブル

ショットガンシーケンス法で DNA 断片をシーケンスすると，数百塩基程度の短い塩基配列（シーケンスリード）が得られる．多数のシーケンスリードのオーバーラップする部分を結合し，

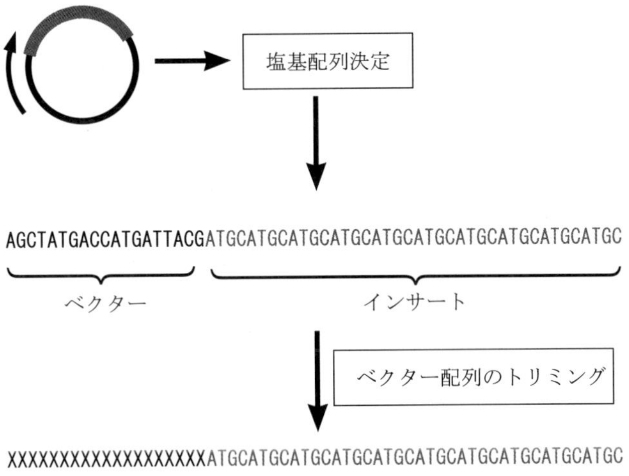

図 2.5　ベクター配列のトリミング

1 本の塩基配列につなげる作業をアセンブルと呼ぶ（**図 2.6**）．phrap は，アセンブルを行う代表的なプログラムであり，phred，cross_match 同様，ワシントン大学の P. Green が作成した．

アセンブルの第一段階では，シーケンスリードどうしのアラインメントを行うことで，オーバーラップ部分を検出する必要がある．phrap のアラインメントには，cross_match と同様に Smiss-Waterman アルゴリズムが使用されている．

次に，オーバーラップする部分をもつシーケンスリードどうしを結合していく．この時にコンセンサス配列を作成する．phrap は，phred で算出された QV を積極的に利用し，コンセンサス配列にも信頼性のスコアをつける．

その他のアセンブラとして，CAP4[3] や Arachne [4, 5] などがある．それぞれに特徴があり，たとえば計算速度の向上や反復配列対策をとったアルゴリズムを使ったものがある．また，GUI ベースで手軽にアセンブルを行えるソフトウェアとして GeneCodes 社の Sequencher などがある．

現在でも新しいアセンブラが開発されている．東京大学新領域創成科学研究科で開発されている Ramen は，すでにカイコゲノム（約 5 億塩基対）のアセンブルで使用されている．

④　アセンブル結果の確認・修正

アセンブル結果の確認や修正を行うためには，エディタが必要になる．consed[6] は非常に高性能なエディタであり，phrap の出力結果を直接読み込むことができる（§2.2.1(4)「アセンブル結果の確認」の項目を参照）．consed を用いて，ミスアセンブルや低クオリティ領域などを確認し，より信頼性の高いアセンブルを得るための指針が得られる．

また，consed のパッケージには，Autofinish[7] というプログラムがあり，プライマーの作成や低クオリティ部分を再シーケンスするためのテンプレートを選択することが可能である（詳細は §2.1.1(1)E「フィニッシング」を参照）．

⑤　反復配列の対策

ゲノム中には，しばしば反復配列が存在する．ショットガンシーケンスにより得られた DNA

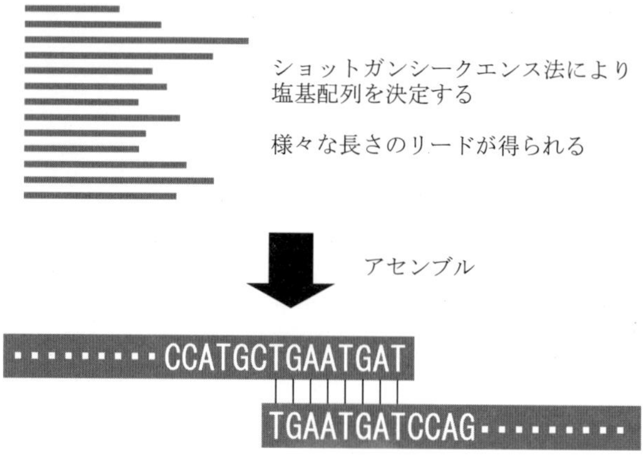

図 2.6　アセンブルの原理

断片には，反復配列の一部を含むものが多数生じる．このような DNA 断片から得られたリードをアセンブルした場合，異なる領域に由来する DNA 断片を誤ってアセンブルする可能性がある（**図 2.7**）．

反復配列の対策としては，ベクター配列と同様に，反復配列をマスキングしてアセンブルを行う．もう 1 つの方法は，反復配列を完全に含むような長いインサート DNA をもつクローンを作製し，その両端からシーケンスしたものをアセンブルすることで回避できる場合がある．

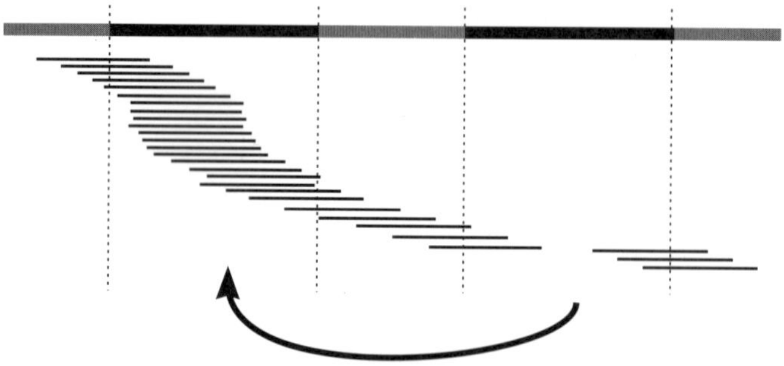

図 2.7　反復配列によるミスアセンブル

反復配列がある場合，本来は反復配列②にアセンブルされるはずのシーケンスリードが，反復配列①の領域にアセンブルされる場合がある．この場合，反復配列①の depth（リードの厚み）が大きくなる減少が見られる．ただし depth の偏りは，クローニング時のバイアスである可能性も含んでいる．

E. フィニッシング

多数の DNA 断片を使ってアセンブルしても，完全に 1 本の塩基配列にならずに多数のコンティグが得られることが多く見られる．また，コンティグの QV が低く，コンティグ配列に信頼性の低い部分が残る場合もある．このため，より信頼性の高い塩基配列を得るために，低クオリティ部分の再シーケンスやコンティグ間のギャップを埋める作業（ギャップクローズ，ギャップフィリング）

を行う．このような段階をフィニッシングと呼んでいる．

ギャップクローズの作業としては，ギャップの性質により大きく2つの方法に分けられる．ギャップを埋めるクローンが特定できる場合（**図2.8**）は，このクローンをシーケンス解析することにより，ギャップ部分の塩基配列を決定する．

ギャップを埋めるクローンが特定できない場合は，どのような順番でコンティグがつながっているかわからない．そのため，以下に示すコンティグ位置関係決定方法を用いてコンティグの位置関係を決定する．その後，シーケンス解析によってギャップ部分の塩基配列を決定する．

【コンティグ位置関係決定方法】

・総当りPCR（プライマーはコンティグ末端付近に設計）

・遺伝子地図の作成

【シーケンス解析】

・トランスポゾンショットガンシーケンス法

・プライマーウォーク法

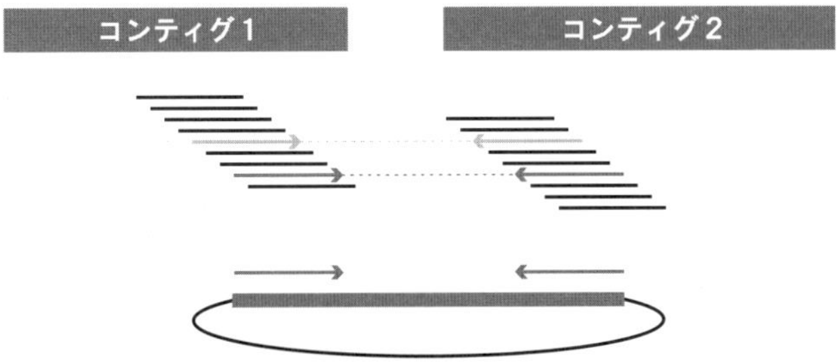

図2.8　リンクのついているギャップ

異なるコンティグに同一クローン由来のシーケンスリードがアセンブルされた場合は，このクローンがギャップ部分をカバーするDNA鎖であることを意味する．このクローンをシーケンス解析することで，ギャップ部分の塩基配列を決定することができる．

(2)　クローンコンティグ法（階層的ショットガンシーケンス法）

クローンコンティグ法とは，ゲノムから数百kbから数Mbの大きなDNA断片のクローンを作製し，そのクローンごとにショットガンシーケンス法で塩基配列を決定する方法である（**図2.9**）．作製されたクローンは，ゲノムの遺伝子地図や物理地図で，ゲノム上の位置が同定されることが望ましい．遺伝子地図・物理地図やクローンの配列どうしのオーバーラップをもとに，全ゲノムの塩基配列を決定していく．

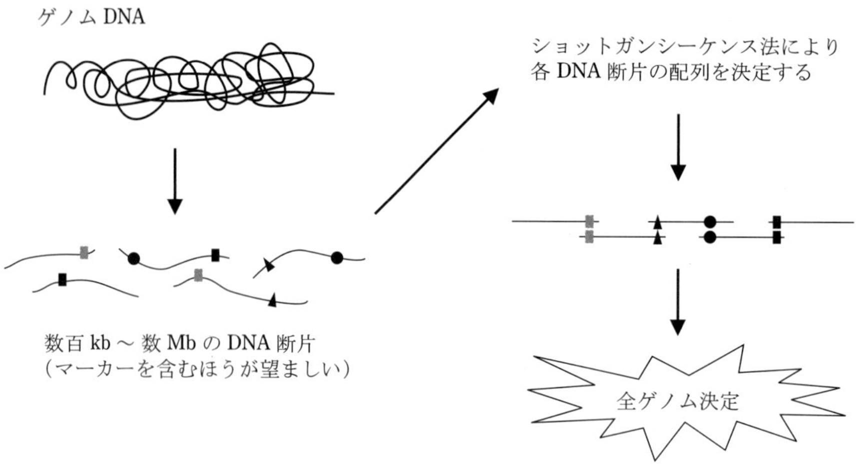

図 2.9　クローンコンティグ法

(3)　補足資料

表 2.1　各種ゲノム解析用ソフトウェア

ソフトウェア名	ソフトウェアの内容
phred/phrap/consed	・広く使用されているゲノム解析用ソフトウェア．ソフトウェアのダウンロードおよびドキュメントが充実している． ・http://www.phrap.org/
sequencher	・強力なシーケンスアセンブリーパッケージ ・GeneCodes 社 http://www.genecodes.com/
PGA	・アルゴリズムに CAP4 を用いたアセンブルソフトウェア ・Paracel 社 http://www.paracel.com/
Arachne	・マサチューセッツ工科大学の E. S. Lander らにより作られたアセンブルソフトウェア ・http://www-genome.wi.mit.edu/wga/

2.1.2　遺伝子予測

今日多くのゲノムプロジェクトが発足し，多数のゲノム配列が決定されている．そこでゲノム配列が決定された生物についてゲノム構造の解析や遺伝子の予測，さらには他生物とのゲノム比較などが可能となった．この中でも，実際の生体中で機能しているタンパク質をコードしている遺伝子を予測することは大変重要である．ここではゲノム配列からの遺伝子領域の予測，およびそれがコードするタンパク質の機能予測の方法を説明する．

(1) 遺伝子予測のための基礎知識

ゲノム配列からタンパク質をコードする領域を予測するにはどのような方法が考えられるだろうか？ 生物に共通する遺伝子構造を用いて予想できるのではないか？ あるいは進化的に近縁の生物は遺伝子配列が保存されているので，この性質を利用すれば予測できるのではないか？ このような生物固有の特徴を捕らえて様々な解析アルゴリズムおよびそれをサポートする配列解析ソフトウェアが開発された．まず，前提となるゲノム配列の遺伝子構造について，簡単に説明する．

A. 遺伝子構造の概要

遺伝子構造は原核生物と真核生物では異なる（**図 2.10**）．両者に共通の構造として，プロモーター領域，転写開始点，転写終結領域等がある．

次に，原核生物と真核生物で異なる遺伝子構造を以下に示す．

【原核生物の遺伝子構造】

・イントロンがない．

・複数の遺伝子が 1 つのプロモーターで調節されるオペロン構造をもつ．

・遺伝子密度が高い．

【真核生物の遺伝子構造】

・エクソン-イントロン構造をもつ．

・非コード領域が多い（ヒトゲノムでは 99%程度が非コード領域といわれている）．

・反復配列に富んだ塩基配列をもつ．

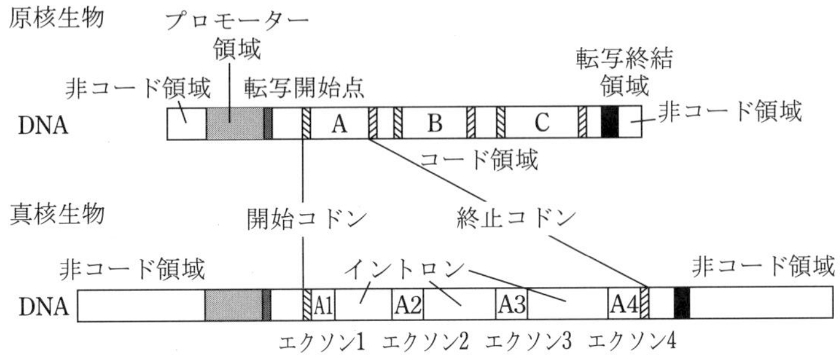

図 2.10　遺伝子構造の概要

B. 原核生物と真核生物の遺伝子構造

原核生物の場合の特徴として，プロモーター領域に −35 配列，−10 配列という共通配列がある．また，遺伝子のコード領域の上流にリボソーム結合配列 (RBS，Shine-Dalgarno 配列) が見られる．**図 2.11** では大腸菌の *lac* オペロンを例に原核生物の遺伝子構造を示す．

これに対して真核生物では，プロモーター領域に見られる共通な配列として TATA ボックスがある．また，多くのイントロンでは，5′ 側は GT で始まり 3′ 側は AG で終わるという共通配列をもっている（**図 2.12**）．ただし，これらの共通配列はすべての遺伝子に関して保存されているわけではないため，適用できる遺伝子は全遺伝子のうち少数である．なおこれ以外の特徴的な配列は共通性がさらに低くなる．

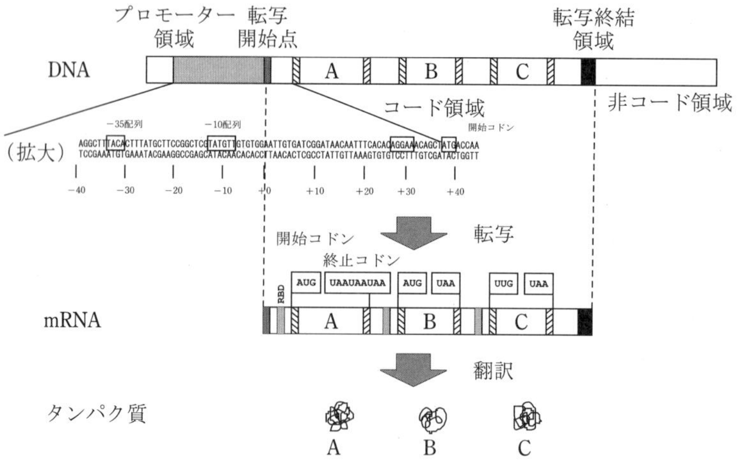

図 2.11　原核生物の遺伝子構造

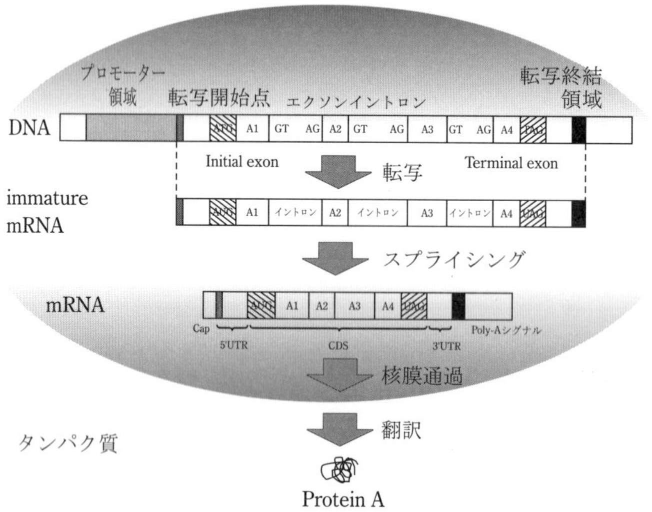

図 2.12　真核生物の遺伝子構造

(2)　遺伝子予測へのアプローチ

A. 遺伝子予測の手法

遺伝子を予測する方法として**図 2.13** に示す 3 種類の方法がよく利用されている．

① 転写産物との配列比較

塩基配列がタンパク質に翻訳される際に，mRNA という中間産物を経由する．そこで mRNA を捕らえることで発現している遺伝子を検出・解析する方法が発展した．この方法では mRNA から cDNA ライブラリーを作製し，これをシーケンスすることで発現している遺伝子の塩基配列を取得する．

現在のシーケンスの技術では一度のシーケンスで 1 kb 程度の塩基配列しか決定することができない．また遺伝子の発現を，より網羅的に調査したいという研究背景がある．これらのことから，

I. 転写産物 (EST, cDNA) との配列比較

通常，真核生物（イントロンあり）で利用 ⇒ Wise2, SIM4(, BLAST)

II. ゲノム比較（配列相同性）※

方法	ソフト例
近縁生物の既知遺伝子との相同遺伝子(オーソログ)	BLAST, PSI-BLAST, PHI-BLAST
複数の生物間で保存された遺伝子配列(モチーフなど)	Pfam, PROSITE
同一ゲノム配列中の相同遺伝子(パラログ)	BLAST

※遺伝子領域予測と機能予測を同時に行う．

III. *in silico*（ゲノム配列の統計）

方法	ソフト例
確率モデル	HMM, GeneHacker(原核), Genscan(真核), Glimmer
ニューラルネットワーク	Grail II

図 2.13 遺伝子予測のアルゴリズム

cDNA の全配列を決定せずに，5′ 末端と 3′ 末端のみの配列だけをシーケンスした塩基配列を目印として既知・未知遺伝子の分類を行う方法が考えられた．このような配列は，EST（Expressed Sequence Tag，発現配列タグ）と呼ばれている．現在では非常にたくさんの EST の配列が決定されており，NCBI（National Center for Biotechnology Information，米国バイオテクノロジー情報センター）の dbEST（http://www.ncbi.nlm.nih.gov/dbEST/index.html，**図 2.14**）などのデータベースに蓄積されている．

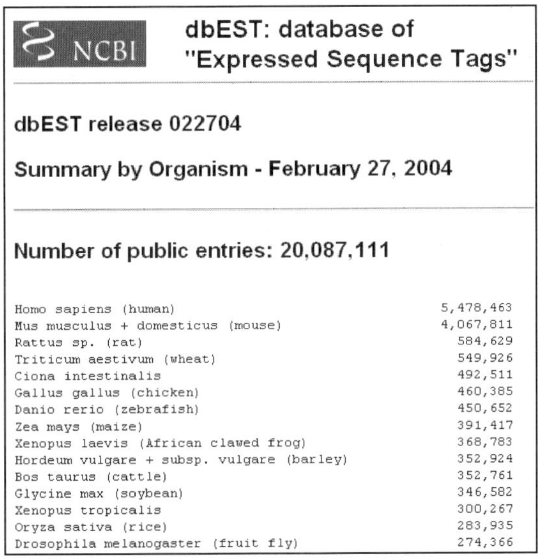
NCBI dbEST: database of "Expressed Sequence Tags"

dbEST release 022704

Summary by Organism - February 27, 2004

Number of public entries: 20,087,111

Homo sapiens (human)	5,478,463
Mus musculus + domesticus (mouse)	4,067,811
Rattus sp. (rat)	584,629
Triticum aestivum (wheat)	549,926
Ciona intestinalis	492,511
Gallus gallus (chicken)	460,385
Danio rerio (zebrafish)	450,652
Zea mays (maize)	391,417
Xenopus laevis (African clawed frog)	368,783
Hordeum vulgare + subsp. vulgare (barley)	352,924
Bos taurus (cattle)	352,761
Glycine max (soybean)	346,582
Xenopus tropicalis	300,267
Oryza sativa (rice)	283,935
Drosophila melanogaster (fruit fly)	274,366

図 2.14 NCBI の dbEST における登録配列数

転写配列データベースが充実している今日では，これらの配列をゲノム配列上にマッピングすることで，遺伝子を予測することができる．マッピング作業時には塩基配列を比較することになるため，一般的には BLAST[8,9] などの相同性検索ソフトが利用される．しかし，真核生物の場

合はエクソン–イントロン構造をもつため，エクソンの部分はヒットしてもイントロンの部分がヒット領域を分断し，検索ヒットのスコアが高くなりにくい傾向がある．このため通常の相同性検索ソフトでは，ゲノム配列上のエクソンの領域は検出が困難になる．そこで転写配列をゲノム配列上にマッピングする際には，イントロンが存在してもエクソンの領域を検出できる Wise2 や SIM4[10] を用いる（**表 2.5**）．

また，この方法による遺伝子予測法は転写配列を利用していることから，予測された遺伝子がタンパク質をコードしている可能性がきわめて高いと考えられる．ただしデータベースに登録された転写配列がすべての遺伝子を網羅しているわけではないため，抽出できない遺伝子は多数存在する．

② 配列相同性などによるゲノム比較

1) オーソログ検索

現在では多数の遺伝子がデータベースに登録されている．また近縁の生物間では配列の相同性が高いという特徴がある．これらの特徴を利用することで近縁生物の遺伝子の配列と対象ゲノムの配列を比較し，配列相同性が高い遺伝子（オーソログ）を予測することができる．配列の相同性検索ソフトとして，BLAST が最もよく利用される．

また遠縁の遺伝子であっても，感度よく検出できるソフトとして PSI-BLAST，PHI-BLAST がある．

2) モチーフ検索

複数のタンパク質間において共通に見られる部分配列の特徴的なパターンのことをモチーフと呼ぶ．モチーフのアミノ酸配列のパターンを正規表現で表した PROSITE データベースや，アミノ酸の並びを確率で表現した Pfam データベースを利用した方法もある．それぞれの特性を生かした検索方法があり，PROSITE データベースを利用する際にはパターン検索し，Pfam データベースを利用する際には隠れマルコフモデル検索を利用する．

3) パラログ検索

解析対象生物のゲノム配列中に複数の重複遺伝子（パラログ）が存在している場合がある．既知遺伝子をクエリ配列として，この生物のゲノム塩基配列に対して相同性検索を実行することで，類似性の高いパラログを検出することが可能である．

③ *in silico* による予測

①，②で述べた方法と異なり，既知遺伝子配列との配列比較などを行わず，解析対象のゲノム配列とコンピュータアルゴリズムのみを用いた遺伝子予測がある．このことから，*in vivo*，*in vitro* に対して *in silico* 遺伝子予測または *ab initio* 遺伝子予測と呼ばれている．この方法では，遺伝子領域と非遺伝子領域のゲノム構造やそれに付随した配列特性を利用して遺伝子予測を行う．よって，解析対象生物が原核生物である場合と真核生物である場合で予測アルゴリズムが異なる．原核生物と真核生物の両方に対応したソフトウェアもある．代表的なソフトウェアを**表 2.2** に紹介する．

B. 各手法の利用

複数の遺伝子予測手法を紹介したが，実際に遺伝子予測を行う場合には，各手法で必要とされる

表 2.2　*in silico* による予測ソフトウェア

方法	ソフト例
確率モデル	HMM, GeneHacker（原核）, Genscan（真核）, Glimmer
ニューラルネットワーク	Grail II

データベースの充実度や解析目的によって方法が異なる．

特に「感度」と「特異性」は解析方法を決める際の重要なポイントとなる．たとえば，なるべく多くの ORF の配列を遺伝子として見逃すことなく予測したい場合には，高い感度をもつ方法を用いる必要がある．*in silico* の遺伝子予測や，塩基配列を 6 frame でアミノ酸配列に変換し，ある一定以上の長さをもつ ORF をすべて遺伝子として予測する方法を用いる．

また逆の例では，コードされている可能性が高い ORF だけを抽出したい場合は，より特異性が高い方法を用いる必要がある．転写配列を用いたマッピングや相同性検索において高いヒットスコアをもつ ORF だけを抽出することで，特異性の高い予測を行うことができる．

感度と特異性は以下の式で定義されている．

感度 (Sensitivity) = (正しく予測された遺伝子数) ／ (正しい遺伝子総数)
特異性 (Specificity) = (正しく予測された遺伝子数) ／ (予測遺伝子総数)

これまで紹介した各手法による遺伝子予測の用途別利用法を，**図 2.15** にまとめた．

Type	対象ゲノムの性質	アノテーション方法	例
I	EST 配列が同定されている	EST 配列との配列比較	Wse2, SIM4, BLAST
II	近縁生物の遺伝子同定済み	近縁生物の遺伝子との配列比較	BLAST
II	オーソログ遺伝子が存在	6 frame ORF を公開 DB 中の全遺伝子と配列比較	BLAST
III	近縁生物の遺伝子同定済み	近縁生物の遺伝子配列のコドン使用頻度から推測	GeneMark, GeneHacker, Glimmer

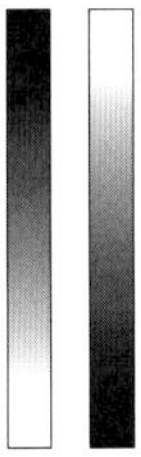

・ORF の選別方法は，解析対象のゲノムの性質によって異なる．

SP: 特異性≒正解率
SN: 感度≒正解カバー率

図 2.15　遺伝子予測の用途別利用法

(3)　遺伝子予測の実行

ここでは，Web を用いた遺伝子予測方法をいくつか紹介する．

A. 6 frame ORF の抽出

遺伝子予測の最も基本的な手順として，6 frame の ORF の抽出作業がある．

ゲノム配列中で，mRNA に転写される部分が遺伝子となるが，この領域を ORF (Open Reading Frame) と呼ぶ．ORF を塩基配列からアミノ酸配列に翻訳する際に，3 塩基ごとに 1 アミノ酸が割り当てられる．その読み枠の設定方法として，直鎖側から3パターンと逆鎖側から3パターンの，合計6パターンを抽出する．

終止コドンは64種のコドンのうち通常3コドンであるため，ランダムな塩基配列の場合，確率的には64アミノ酸残基当たり3つの終止コドンが現れる．たとえば100残基以上のアミノ酸配列長をもつORFであればコドン使用頻度に強い偏りがあり，遺伝子である可能性は高いと考えられる．

抽出された6 frame ORFは，相同性解析のクエリ配列や，その他の解析ソフトの入力配列として利用される．相同性検索において，その検索ヒットスコアが十分高ければ，既知遺伝子の相同遺伝子として予測できる．

実際にNCBIのORF finder (http://www.ncbi.nih.gov/gorf/gorf.html) で，6 frame ORFの配列を取得することができる．

B. GenScanを用いた真核生物の遺伝子予測

GenScan[13]ではゲノム構造からエクソン領域である確率を計算し，エクソン領域を予測する．実際の操作では，「GenScan」サイトの入力フォームに塩基配列を入力し，「Run GenScan」ボタンをクリックすることで検索を開始する．検索結果は，テキスト形式で予測領域の塩基番号が表示されると同時に，予測領域の概略図がpdf形式またはPostScript形式のファイルで取得できる．

GenScanはアカデミックフリーのソフトである．http://genes.mit.edu/license.htmlのページで必要事項を入力することで，ダウンロードすることができる．

C. InterProScanを用いたモチーフ検索

InterProScan[14]ソフトでは性質の異なる複数のモチーフ検索ソフトを利用してモチーフを予測する．検索した結果高いスコアでヒットした配列は，モチーフをもつ遺伝子である可能性が高く，ヒット領域が遺伝子領域の一部であると考えられる．InterProScanで利用されているモチーフ検索ソフトの特徴を**表2.3a**に示す．

実際には，http://www.ebi.ac.uk/InterProScanの入力フォームにアミノ酸配列を入力し，検索結果の連絡先メールアドレスなどを入力後，Submit Jobボタンをクリックすることで検索を開始できる．検索結果としてヒット領域の概略図とヒット項目の表が得られる．

また，ftp://ftp.ebi.ac.uk/pub/databases/interpro/iprscan/からソフトウェアをダウンロードすることも可能である．

(4) 結果の解釈

遺伝子予測の結果の解釈にあたってはいくつかの注意が必要である．まずその予測結果は絶対ではないことに注意すること．たとえば検索ヒットがないからといって遺伝子ではないとは限らない．またヒットが存在しても検索スコアが低く，誤ったヒット（ノイズヒット）である場合もある．

アルゴリズムの異なる複数のソフトウェアの結果を比較し，共通の結果が得られれば，その予測アノテーションの信頼度が高いと判断するのが一般的である．なお予測遺伝子が実際にタンパク質にコードされているかどうかは実験的に証明されない限りは予測遺伝子であり，真の遺伝子とはいいきれない．

表 2.3a　Sequence-motif-method

ソフトウェア名	検索ソフトウェアの特徴
PROSITE[15]	正規表現によるパターン検索
Pfam[16], SMART[17], TIGRP-FAM [18], PIR SuperFamily[19], SUPERFAMILY[20]	HMM(Hidden Markov Model) アルゴリズムを利用
PRINTS[21]	fingerPRINTScan を利用

表 2.3b　Sequence-cluster-method

ソフトウェア名	検索ソフトウェアの特徴
ProDom[22]	相同性ドメインを検出するために PSI-BLAST を利用する

表 2.3c　各データベース（12 種類）のバージョンとエントリー数

DATABASE	VERSION	ENTRIES
Swiss-Prot	42.5	138922
PRINTS	37.0	1850
TrEMBL	25.5	1013263
Pfam	11.0	7255
PROSITE pattems	18.10	1659
PROSITE preprofiles	N/A	131
ProDom	2002.1	1021
InterPro	7.1	10403
Smart	3.4	654
TIGRFAMs	3.0	1977
PIR SuperFamily	2.3	219
SUPERFAMILY	1.63	552

(5)　さらなる詳細な解析

予測された遺伝子に，より詳細なアノテーションをつけるために，アミノ酸配列をもとに遺伝子がコードするタンパク質の機能を予測する．**表 2.4** に示すソフトを用いてタンパク質の部分構造やアミノ酸配列パターンを予測することができる．

表 2.4　遺伝子機能予測のデータベース・ソフトウェア

調べたい特徴	データベース	
機能ドメイン	Pfam	http://www.sanger.ac.uk/Software/Pfam/index.shtml
	PROSITE	http://kr.expasy.org/prosite/
分泌シグナル領域	PSORT	http://psort.nibb.ac.jp/
	SignalP	http://www.cbs.dtu.dk/services/SignalP/
膜貫通領域	SOSUI	http://sosui.proteome.bio.tuat.ac.jp/sosuiframe0.html
	TMHMM	http://www.cbs.dtu.dk/services/TMHMM/

(6) 補足資料

A. 補足資料 1　　用途に合わせて利用したいソフトウェア一覧

文献 [27] の p.347〜p.348 に，遺伝子予測関連ソフトが紹介されている．なおこの内容は http://www.medsi.co.jp/bio/sitelink/sitelink_10h81.html に掲載されている．

B. 補足資料 2

表 2.5　用途に合わせて利用したいデータベースツール一覧

データベースツール名	データベースツールの内容
GenBank	・国立医学図書館・米国バイオテクノロジー情報センター (NCBI) ・最も配列データが充実したデータベース．また BLAST, Entrez, PubMed などのデータベース検索も充実している． ・http://www.ncbi.nlm.nih.gov/
EMBL	・欧州分子生物学研究所 (EMBL) ・InterProScan などの配列解析サービスが充実している． ・http://www.ebi.ac.uk/
SwissProt	・スイスがん研究所 ISREC, Epalinges/ローザンヌ ・アミノ酸配列データベースを手動で構築しているため，その信頼性が公開アミノ酸データベースの中で最も高い． ・http://us.expasy.org/sprot/
Ensembl	・大規模ゲノムのゲノム配列ブラウザ．塩基配列を基本として転写配列，予測遺伝子配列などの情報を複合的に表示しているため大変閲覧しやすい． ・現在このブラウザでゲノム配列を閲覧できる生物は，Human, Mouse, Rat, Zebrafish, Fugu, Mosquito, Fruitfly, C.elegans, C.briggsae の 9 種類． ・http://www.ensembl.org/
Wise2	・核酸配列とタンパク質配列をアラインメントするためのツール．HMM で表現されたタンパク質モチーフでも比較ができる． ・http://www.ebi.ac.uk/Wise2/
SIM4	・SIM4 はイントロンとエクソンの境界に注目したアラインメントを行うことができる． ・http://pbil.univ-lyon1.fr/sim4.php

2.1.3 相同性検索

現存する多種多様な生物は，少しずつ DNA を変化させて進化してきた．そのため近縁種の生物であるほど，そのゲノム配列は高い類似性をもっている．このことから，ある 2 種類の生物の遺伝子を比較してその配列が似ているならば，両者は進化的に近い関係があると考えられる．さらには，遺伝子やコードされているタンパク質の機能・構造も似ていると考えられる．

この考えに基づいて，調べたい配列に対して類似性の高い配列を，データベース全体から検索する手法が相同性検索である．現在では，遺伝子予測，進化・系統分類の解析，タンパク質の機能解析などで最も用いられている方法である．

代表的な相同性検索プログラムには，以下のものがある．

・NCBI-BLAST	http://ncbi.nlm.nih.gov/BLAST/
・FASTA	http://fasta.bioch.virginia.edu/fasta/
・WU-BLAST	http://blast.wustl.edu/
・BLAT	http://genome.ucsc.edu/cgi-bin/hgBlat
・SSAHA	http://trace.ensembl.org/perl/ssahaview
・WU-BLAST と SSAHA	http://www.ensembl.org/Multi/blastview

近年，大量の塩基配列が決定されている．それに伴い検索対象データベースが非常に大きくなり，計算時間が長くなっている．BLAT[11] は，BLAST のアルゴリズムを簡略化したもので，計算が高速化されている．SSAHA[12] も高速な塩基配列の相同性検索が可能なプログラムである．

(1) BLAST について

BLAST[8,9] は相同性検索ツールの 1 つであり，特にペアワイズシーケンス比較と局所的に相同な領域の検索に用いられる．

BLAST は，NCBI などの大規模サーバを用いた検索サイトで公開されている．たとえば NCBI で公開されている NCBI-BLAST は，バイオインフォマティクス分野で最も使用頻度の高いツールである．また NCBI-BLAST とは別に，ワシントン大学の Warren Gish 他によって開発された WU-BLAST もよく利用される．

BLAST パッケージには主に blastall，blastpgp，bl2seq，formatdb という 4 つのプログラムが含まれている．相同性検索を実行するには，BLAST パッケージ中の blastall を使用する．blastall はオプションによって**表 2.6** に示す検索プログラムを選択でき，目的に適した配列データベースや検索プログラムを選択することが重要である．

表 2.6a　配列データベースの使用目的

使用目的	使用するデータベース
遺伝子の機能を予測する	Swiss-Prot, nr, nt 他
塩基配列を決定した遺伝子が既知遺伝子であるかを確かめる	nr, nt 他
類似している配列を集める	nr, nt 他
ゲノム上の位置を取得する	Genome
タンパク質の立体構造が既知かを確かめる	PDB

表 2.6b　BLAST の検索プログラム

検索プログラム	クエリ配列	対象データベース	比較する配列レベル
blastn	塩基配列	塩基配列	塩基配列どうしを比較
blastx	塩基配列	アミノ酸配列	翻訳したクエリを使用して検索を行う
blastp	アミノ酸配列	アミノ酸配列	アミノ酸配列どうしを比較
tblastn	アミノ酸配列	塩基配列	データベースを翻訳しながら検索を行う
tblastx	塩基配列	塩基配列	翻訳したアミノ酸配列どうしを比較

(2) BLAST のアルゴリズム

標準的な Smith-Waterman アルゴリズムによるローカルアラインメントは計算時間が非常に長くなる．BLAST アルゴリズムは，ワード（k-タプル）と呼ばれる短い配列を単位として，問い合わせ配列とデータベースとの比較を行う．これによって，通常の Smith-Waterman アルゴリズムよりも配列アライメントの計算速度を向上させている．BLAST アルゴリズムには大きく分けて四段階の処理がある．

Ⅰ．クエリ配列からワードのリストを作成する．

Ⅱ．クエリ配列とデータベースをワード単位で比較し，閾値を超えるスコアのワードを検出する．

Ⅲ．一致したワードの位置からアラインメントを両方向へ伸長する．

Ⅳ．統計学的評価を行う．

アラインメントの伸長は，アライメントスコアが閾値以下になるまで続けられる．配列中で最高点となるアライメントもしくは複数の MSP（最高点断片ペア）を指定閾値内のスコアで結合できれば，それらを結合したローカルアライメントが作られる．BLAST アルゴリズムの概略を**図 2.16** に示す．

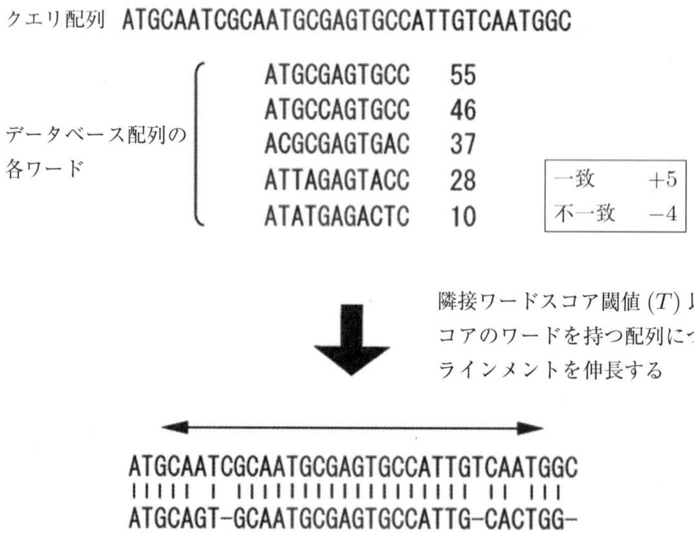

図 2.16　BRAST アルゴリズム概略図

また，統計学的評価で算出される値に E-value がある．E-value とは，相同性がある配列が偶然に見つかる場合の期待値のことである．この値が低いほど，その相同性が必然的であることを示している．

(3) BLAST 検索

BLAST は，NCBI をはじめ多くの Web で利用することができる．操作も非常に簡単で，手軽に検索を行うことができる．検索したい配列数が少ない場合には，Web で実行しても手軽に結果を取得することができる．しかし，大量の配列を処理する場合には，計算時間や作業量が非常に多くなり現実的な解析方法ではない．また，データ量が膨大になると，Web ブラウザで表示することにも限界がある．この場合，自分のコンピュータに BLAST をインストールし，コマンドラインから実行することもできる．

自分のコンピュータに BLAST プログラムをインストールするもう 1 つの利点は，オリジナルの配列データベースを作れることである．未公開の遺伝子配列のデータベースに対する BLAST 検索は，Web で実行することはできない．

2.1.4 SNP 解析

SNP (Single Nucleotide Polymorphism) は，DNA 配列中に最もよく見られる多型であり，疾患関係遺伝子を探索するための有用なマーカーとして考えられている．SNP は数百塩基対から 1000 塩基対に 1 ヵ所程度の割合で存在していると推定されており，ヒトゲノム中に 300 万から 1000 万ヵ所の SNP があると考えられている．SNP は他の多型に比べて判定が容易であり，高速かつ大量の SNP 同定技術が確立されつつある．また，SNP と疾患および薬剤応答性との関係が明らかになることにより，ゲノム創薬やオーダーメイド医療への発展が期待されている．

(1) SNP データベース

SNP は，EST やヒトゲノムプロジェクトのクローンおよびショットガンシーケンスを利用することによって同定することができる．最も基本的な手法は，複数の DNA サンプルをシーケンスし，配列比較によって SNP を見つけることである．SNP の情報はデータベースに集められ，公開されている．

代表的な SNP のデータベースには以下のものがある．

- dbSNP　http://www.ncbi.nlm.nih.gov/SNP/
- JSNP　http://snp.ims.u-tokyo.ac.jp/
- HGBASE　http://hgvbase.cgb.ki.se/

(2) SNP 同定方法

A. SNP 探索

SNP と疾患関係遺伝子との関係を解析する前に，まずはゲノム上にある SNP の位置を同定する必要がある．そこで DNA をシーケンスし，その塩基配列から網羅的に SNP の位置を探索する．

polyphred [23] は，ワシントン大学の D. A. Nickerson らによって作られた SNP 検出用ソフトウェアである．polyphred は，phred/phrap/consed システムに組み込むことが可能であり，ベースコールから SNP の検出までを一度に行うことができる．

polyphred は，得られたシーケンスの波形データをもとに SNP を検出するソフトである．波形のピーク位置や第一波形ピークと第二波形ピークの高さの比から SNP を検出する．しかし，得られた波形データにノイズなどが存在した場合，誤って SNP を検出することもある（**図 2.17**）．波形を目視で確認することも重要である．

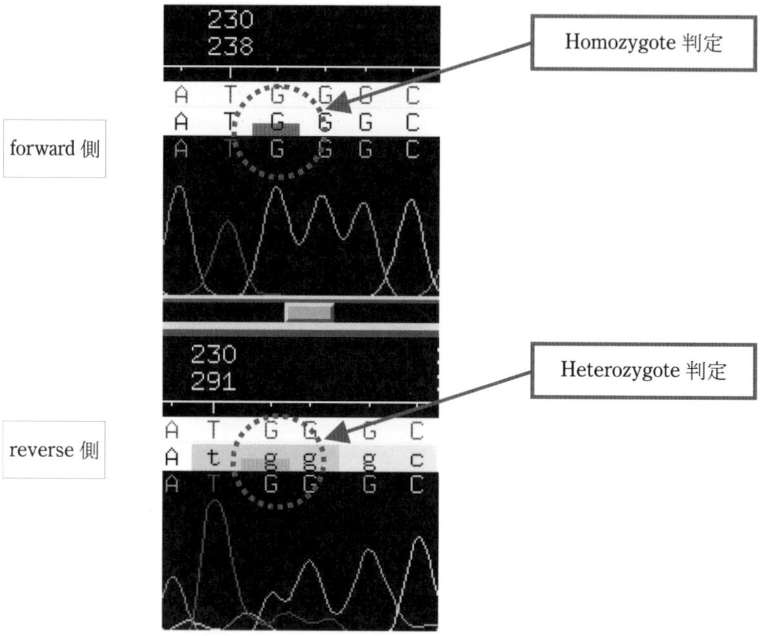

図 2.17　ノイズによる誤った SNP 判定例

forward 側と reverse 側のシーケンスリードで異なった SNP の判定が行われた例．reverse 側のノイズを Heterozygote と判定している．シーケンス反応後の精製が不十分であったことなどが原因と考えられる．

B. SNP typing

SNP 候補の位置が決定した後，その SNP を確定する解析方法を SNP typing と呼ぶ．SNP typing の方法としては，プライマー伸長法やインベーダー法がある．ダイターミネーター法と組み合わせたプライマー伸長法は，以下の手順で行う．

Ⅰ. 確定したい SNP 位置に隣接するように設計したジェノタイピングプライマーを設計する．
Ⅱ. ジェノタイピングプライマーと鋳型 DNA をアニーリングさせる．
Ⅲ. DNA ポリメラーゼと蛍光色素の付加した ddNTP を加え，1 塩基だけ伸長させる．
Ⅳ. 伸長した塩基を決定する．

2.2 実　習

実習では，シーケンスにより得られた塩基配列のアセンブルから，遺伝子予測，遺伝子機能予測までの実際の方法を紹介する．以降では Unix/Linux での使い方になる．

2.2.1 アセンブル

ヒトゲノムのある領域（約 160 kb）について，ショットガンシーケンス法により全塩基配列の決定を目標とする．ヒトの DNA からショットガンライブラリーを作製し，冗長度 10 でシーケンスを行った結果，2059 本のリードが得られた．得られた波形ファイルに，phred（§2.2.1(6)「phred の実行方法」を参照）を用いてベースコールを行った．なお，ショットガンライブラリーのベクターには，pUC118を用いている．

(1) アセンブル入力用ファイルの作成

作成した2059リードのPHD形式ファイルから，FASTA形式の塩基配列のファイルとQuality Valueのファイルを作成する．

【操作1】アセンブルを行うディレクトリと，PHD形式ファイルを入れるディレクトリを作成する．

```
% mkdir   -p  work/Assemble
% cd   work/Assemble
% mkdir   edit_dir
% mkdir   phd_dir
```

※エディタにconsedを使用する場合，ディレクトリ名を以下の通りにする．

アセンブル実行用ディレクトリ → edit_dir

PHD形式ファイル用ディレクトリ → phd_dir

【操作2】2059リード分のPHD形式ファイルを添付のCDからphd_dirディレクトリにコピーする．データは，Chapter2/phd_filesディレクトリ以下にある2059ファイルである．

【操作3】PHD形式ファイルから，塩基配列ファイルとQuality Valueファイルを作成する．使用するプログラムは「phd2fasta」である．phd2fastaは，consedと一緒にインストールしておく．ここで使用するphd2fastaのオプションを**表2.7**にまとめた．その他のオプションについては，phd2fastaに付属のドキュメントを参照すること．

```
% cd   edit_dir
% phd2fasta  -id ../phd_dir  -os Seq.fasta  -oq Seq.fasta.qual
```

※塩基配列ファイルは，FASTA形式とすること．

※ Quality Valueのファイル名は，塩基配列ファイル名に「.qual」をつけたものとすること．

塩基配列のファイル名 → Seq.fasta

Quality Valueのファイル名 → Seq.fasta.qual

《FASTA形式ファイルとは？》

行の先頭が“>”で始まるコメント行があり，続いて塩基配列が一文字表記で記述されているファイル形式のことである．50〜60塩基ごとに改行を入れた形式が一般的に使用されている．

```
>seq-1
ggtcgaggaagaagggctccnnnnnccgacagttgtgcaaaaagcagcgctggtacggtc
cggaatcctcgagcactgtgtgatatccattgtgctggcgcggattctttatcactgata
agttggtggacatattatgtttatcagtgataaagtgtcaagcatgacaaagttgcagcc
gaacaagcgggcgctgctcgacgcactggccgaagccatgctggcggagaatcatacgca
caaagtggtccctatagtgagtcgtattataagctaggcactggccgtcgttttacaacg
tcgtgactgggaaaactgctagcttgggatctttgtgaaggaaccttacttctgtggtgt
gacataattggacaaactacctacagagatttaaagctctaaggtaaatatacaattt
```

《Quality Valueファイルとは？》

行の先頭が“>”で始まるコメント行があり，続いて各塩基のQuality Valueが空白で区切られて記述されているファイル形式のことである．

```
>seq-1
9 9 8 8 8 8 7 7 8 8 9 9 10 5 7 4 4 4 4 4 0 0 0 0 0
5 9 5 14 11 13 15 13 9 12 7 7 7 7 17 17 21 34 28 32
15 11 9 9 10 14 21 21 9 10 8 10 15 15 19 23 27 32
28 21 15 11 9 16 16 18 18 18 21 27 28 34 34 41 50
50 45 30 30 30 30 23 23 44 51 51 51 51 51 51 51 51
51 51 51 53 59 59 25 25 23 23 23 25 59 59 59 59 59
51 59 59 59 59 59 59 59 59 59 59 59 59 59 59 59 59
59 59 59 59 59 59 59 51 59 51 51 51 51 51 53 53 53
```

表 2.7　phd2fasta のオプション

-id	PHD 形式ファイルのあるディレクトリ名
-os	塩基配列ファイル名
-oq	Quality Value ファイル名

(2) ベクター配列のマスキング

シーケンスにより得られた塩基配列には，通常ベクター配列が含まれている．ベクター配列はアセンブルの際に除去しておく必要があるので，ベクター配列マスキングを行う．使用するプログラムは，cross_match である．

【操作 1】ベクターの塩基配列を準備する（NCBI のホームページより取得する．pUC118 ベクターの Accession No. は，「U07649」である）．

① NCBI の Top ページで，Search のプルダウンメニューから「Nucleotide」を選択し，Accession No. を入力した後，「Go」ボタンを押す（**図 2.18**）．

図 2.18　Search メニューの選択

② 入力した Accession No. の情報が表示される（**図 2.19**）．

③ Display のプルダウンメニューから「FASTA」を選択する（**図 2.20**）．

④ Send To のプルダウンメニューから「File」を選択する．その後 Send to ボタンを押して，ファイルに保存する（**図 2.21**）．

⑤ 保存したファイルを，アセンブルを実行するディレクトリ (work/Assemble) にコピーする．ファイル名は任意である．ここでは「pUC118_vector.fasta」とする．

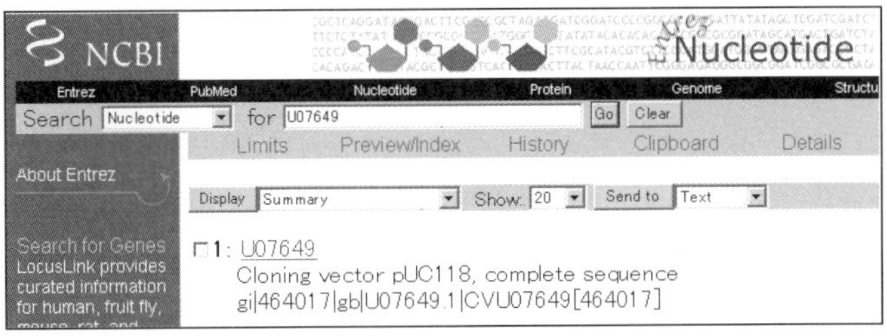

図 2.19　配列情報の表示

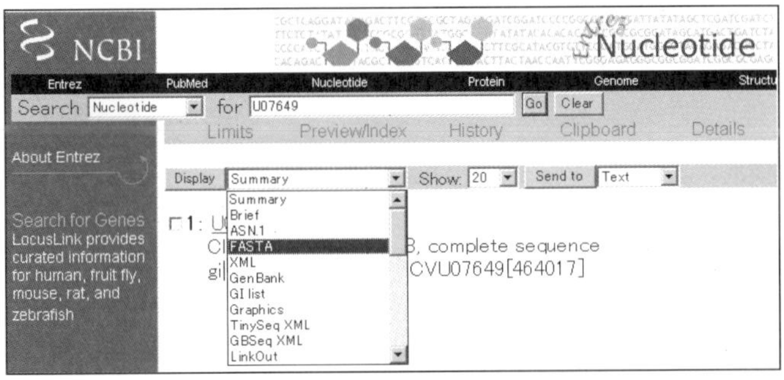

図 2.20　表示形式の選択

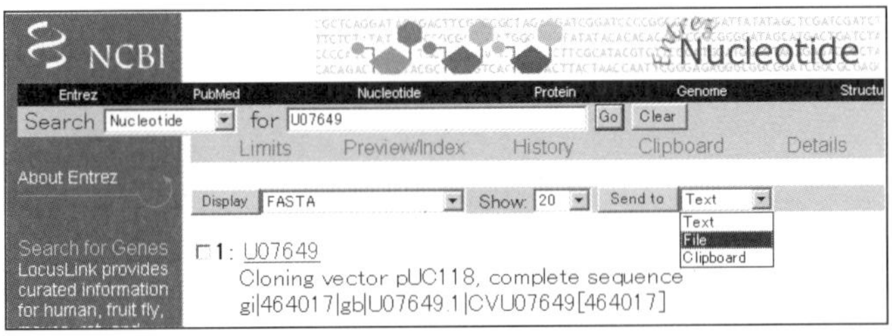

図 2.21　出力ファイル形式の選択

【操作 2】cross_match を実行し，ベクター配列のマスキングを行う．ここで使用している cross_match のオプションは，**表 2.8a** を参照のこと．その他のオプションは，付属のドキュメントを参照のこと．

```
% cd  edit_dir
% cross_match  Seq.fasta  ../pUC118_vector.fasta  -minmatch 12  -penalty
-2  -minscore 20  -screen  >  Seq.fasta.screen.out
```

※ cross_match 実行後，以下の 3 ファイルが生成されていることを確認する．

Seq.fasta.log	cross_match の log ファイル
Seq.fasta.screen	ベクター配列がマスキングされた塩基配列のファイル
Seq.fasta.screen.out	cross_match の結果ファイル

《Seq.fasta.screen ファイルとは？》

Seq.fasta.screen 中の塩基配列は，-screen オプションにより，ベクター配列と一致した個所が，「X」でマスクされている．配列中に X があっても，phrap や BLAST などのプログラムに使用できる．

```
>seq-1
XXXXXXXXXXXXXXXXXXXXXXXXXXXXXXXXXXXXXXXXXXXXXXXXXXXXXXXXXXXX
XXXXXXXXXXXXXXXXXXXXXXXXXXXXXXXXXXXXXXXXXXXXXXXXXXXXXXXXXXXX
XXXXXXXXXXXXXXXXXXXXXXXtcagtgataaagtgtcaagcatgacaaagttgcagcc
gaatacagtgatccgtgccgccctggacctgttgaacgaggtcggcgtagacggtctgac
caaagtggtccctatagtgagtcgtattataagctaggcactggccgtcgttttacaacg
tcgtgactgggaaaactgctagcttgggatctttgtgaaggaaccttacttctgtggtgt
gacataattggacaaactacctacagagatttaaagctctaaggtaaatatacaattt
```

(3) アセンブルの実行

ベクター配列マスキング処理を行った塩基配列について，phrap を用いてアセンブルを行う．

【操作 1】 Quality Value ファイル名を変更する．

```
% mv   Seq.fasta.qual    Seq.fasta.screen.qual
```

※ cross_match 実行後，ベクター配列がマスクされた塩基配列のファイルは，「Seq.fasta.screen」である．Quality Value のファイル名は，塩基配列ファイル名に「.qual」をつけた状態にする．これを行わないと，phrap は全塩基の Quality Value を 20 とし，実際の塩基配列の Quality Value を反映しないアセンブルになる．

【操作 2】 phrap を実行し，アセンブルを行う．ここで使用している phrap のオプションは，**表 2.8b** を参照すること．その他のオプションは，付属のドキュメントを参照すること．

```
% phrap   Seq.fasta.screen   -new_ace -view   >   Seq.fasta.screen.phrap.out
```

※ phrap 実行後，以下の 8 つのファイルが生成されていることを確認する．

Seq.fasta.phrap.out	phrap の結果ファイル
Seq.fasta.ace	アセンブル結果ファイル
Seq.fasta.view phrapview	入力用ファイル
Seq.fasta.contigs	各コンティグの塩基配列（FASTA 形式）
Seq.fasta.contigs.qual	各コンティグの Quality Value ファイル
Seq.fasta.singlets	シングレットの塩基配列（FASTA 形式）
Seq.fasta.problems	問題のあるリードの塩基配列（FASTA 形式）
Seq.fasta.problems.qual	問題のあるリードの Quality Value ファイル

《cross_match および phrap の補足》

アセンブルの対象シーケンス数が 64000 以上の場合は phrap.manyreads，総塩基数が 64000 塩基以上の場合は phrap.longreads を使用することで，計算時間を短縮することができる．また，phrap と同様，cross_match にも cross_match.manyreads と cross_match.longreads がある．

※ cross_match および phrap のオプションは種類が多く，両者に共通するオプションもある．詳

表 2.8a　cross_match で使用したオプション

-screen .screen	ファイルを生成する（cross_match の場合）
-minscore	アラインメントスコアの最低値
-minmatch	一致するワードの最低の長さ
-penalty	塩基の不一致（置換）ペナルティ

表 2.8b　phrap で使用したオプション

-new_ace	新しいフォーマットの ace ファイルを出力する
-view	phrapview 用入力ファイルを作成する

細は cross_match および phrap のマニュアルを参照すること．

※ cross_match および phrap のマニュアル（phrap ドキュメントのページ）

http://www.phrap.org/phrap.docs/phrap.html

(4)　アセンブル結果の確認

consed を用いて，アセンブルの結果を確認する．

【操作 1】 consed を起動する．

```
% cd    work/Assemble/edit_dir
% consed
```

【操作 2】アセンブル結果ファイル（ace ファイル）を選択する．consed を起動すると，メインウィンドウと ace ファイル選択ウィンドウが表示される（**図 2.22**）．表示したい ace ファイルを選択し，「Open」ボタンをクリックする．

※ consed を起動する時に，ace ファイルを指定することもできる．

```
% consed   -ace Seq.fasta.screen.ace
```

【操作 3】コンティグまたはリードを選択する．ace ファイルの読み込みが終了すると，consed のメインウィンドウに，コンティグとリードのリストが表示される（**図 2.23**）．表示したいコンティグまたはリードを選択し，「Show Contig」ボタンをクリックすることで，「Aligned Reads」ウィンドウが立ち上がり，アセンブル結果を見ることができる．また，ダブルクリックでも，「Aligned Reads」ウィンドウを立ち上げることが可能である．

【操作 4】アセンブル結果を確認する．「Aligned Reads」ウィンドウ（**図 2.24**）で，各コンティグのアセンブル結果を確認することができる．アセンブルの際に，どのコンティグともアセンブルされなかったリード（シングレット）は，consed で表示されない．

各塩基の背景色は，phred によるベースコールで判定された Quality Value を示している．明るい色は Quality Value が高く，暗い色は Quality Value が低いことを意味する．また背景色が黒の塩基は，Quality Value が低いなどの理由により，phrap でのアセンブル時にアラインメントが採用されなかった部分を表している．

リードの塩基とコンセンサス配列の塩基が異なる場合，赤色で表示される．このような塩基は，

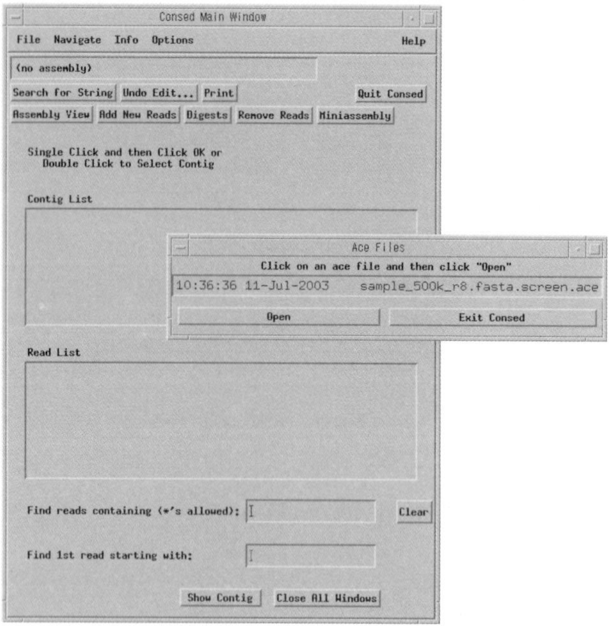

図 2.22　consed メインウィンドウと ace ファイル選択ウィンドウ

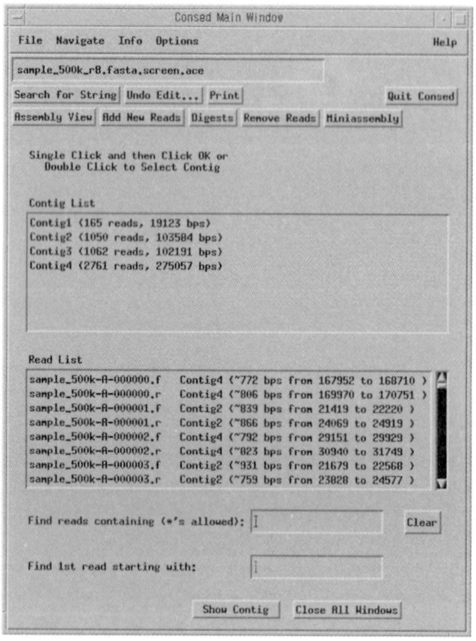

図 2.23　consed メインウィンドウのコンティグおよびリードの選択画面

SNP や変異，ベースコールミスなどの可能性が考えられる．Quality Value や波形データを確認し，正しいアセンブル結果を決定する必要がある．ただし，波形データがない場合は，一部を除いて編集機能が使用できない．

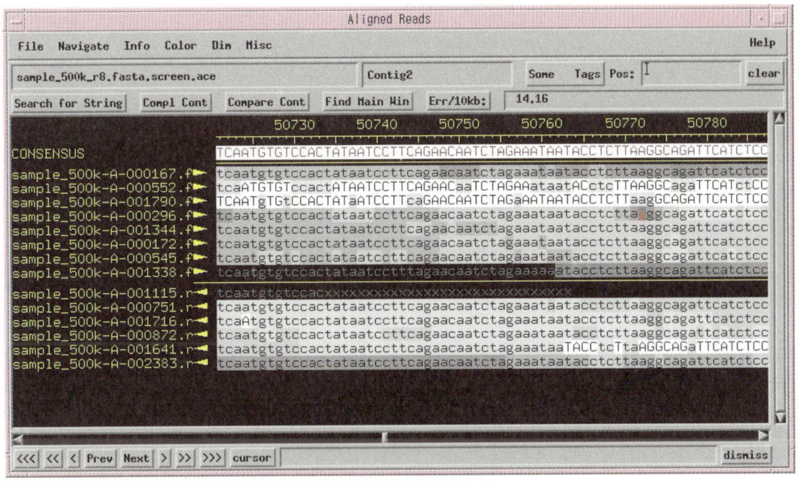

図 2.24 consed の Aligned Reads ウィンドウ

※ consed の機能については，consed ドキュメントのページまたは consed のメインウィンドウの Help を参照する．

※ consed ドキュメントのページ：
http://www.phrap.org/consed/distributions/README.13.0.txt

ここまでで，アセンブルの基本手順は終わりである．なお，以上の操作により得られたアセンブル結果は，Chapter2/Assemble_sample にサンプルがある．そちらも参考にすること．

(5) phredPhrap

「phredPhrap」は，以下の一連の作業を行うことができる便利な Perl スクリプトである．phredPhrap を利用する際は実行環境に合わせて一部のスクリプトを編集して使用する．

・phred によるベースコール
・phd2fasta による PHD 形式から FASTA 形式への変換
・cross_match によるベクターマスキング
・phrap によるアセンブル
・consed 用出力ファイル（ace ファイル）のバージョン管理
・polyphred による SNPs の検出

《phredPhrap の冒頭部分》

この部分では，一連のプログラムの置かれているディレクトリのパスや，各プログラムのパスを設定している．使用するコンピュータ環境に合わせて編集する必要がある．

```
$szVersion = "030415";

defined( $szConsedHome = $ENV{'CONSED_HOME'} ) ||
    ( $szConsedHome = "/usr/local/genome" );

if ( !-r $szConsedHome ) {
```

```
        die "Could not find $szConsedHome for the root of the consed programs.
Is the environment variable CONSED_HOME set correctly?";
}

$cross_matchExe = $szConsedHome . "/bin/cross_match";
$phredExe = $szConsedHome . "/bin/phred";
$phrapExe = $szConsedHome . "/bin/phrap";
$phd2fasta = $szConsedHome . "/bin/phd2fasta";
$transferConsensusTags = $szConsedHome . "/bin/transferConsensusTags.perl";
$tagRepeats = $szConsedHome . "/bin/tagRepeats.perl";
# the following line is important only if you are using polyphred
# for polymorphism detection
$polyPhredExe = $szConsedHome . "/bin/polyphred";
$determineReadTypes = $szConsedHome . "/bin/determineReadTypes.perl";
```

《cross_match および phrap の実行部分》

$szFastaFile や$szScreen などの変数は，この部分以前に phredPhrap の中で定義されている．入出力ファイル名などを変更したい場合は，スクリプトを編集する必要がある．また，cross_match，phrap のオプションを変更したい場合は，各プログラムの実行部分のオプション設定を編集して phredPhrap を実行する．

※ cross_match 実行部分（下線はオプション設定部分）

```
print "¥n¥n-------------------------------------------------------¥n";
print "Now running cross_match...¥n";
print "-------------------------------------------------------¥n¥n¥n";

!system( "$niceExe $cross_matchExe $szFastaFile $szVector -minmatch 12
-penalty -2 -minscore 20 -screen   > $szScreenOut" ) || die "some problem
running crossmatch $!";
```

※ phrap 実行部分（下線はオプション設定部分）

```
print "¥n¥n-------------------------------------------------------¥n";
print "Now running phrap...¥n";
print "-------------------------------------------------------¥n¥n¥n";

!system( "$phrapExe $szScreen -new_ace -view @aPhrapOptions >$szPhrapOut" )
  || die "some problem running phrap $!";
```

(6) phred の実行方法

シーケンサーにより DNA の塩基配列を決定すると，波形データ（クロマトグラム）が得られる．これを phred を用いてベースコールを行う．

【操作 1】波形データファイルを保存するディレクトリを作成する．

```
% mkdir   chromat_dir
```

【操作 2】シーケンスにより得られた波形ファイルを，chromat_dir にコピーする．

【操作 3】PHD 形式ファイルの出力先となるディレクトリを作成する．

```
% mkdir   phd_dir
```

【操作 4】phred を実行する．chromat_dir ディレクトリ以下にあるすべての波形ファイルについてベースコールを行う．Phred を実行した結果，PHD ファイルが得られる．PHD ファイルは，-pd オプションで指定されたディレクトリ（phd_dir）に出力される．

```
% phred  -id  chromat_dir  -pd  phd_dir
```

※ phred では，シーケンサーで使用したダイによって使用する lookup table が異なる．シーケンサーで使用したダイの種類が「phredpar.dat」ファイルに記述されていることを確認すること．

2.2.2 遺伝子予測（Web での操作）

(1) frame ORF の抽出（NCBI ORF Finder を用いた遺伝子予測）

ORF Finder は，塩基配列から ORF 構造をみつけるためのプログラムである．ORF Finder は，指定した遺伝コードを用いて塩基配列をアミノ酸に翻訳する．Accession No. D38161，Z49992 などの原核生物の塩基配列などを用いて，実際に試してほしい．

【操作 1】NCBI ORF Finder のホームページ（http://www.ncbi.nih.gov/gorf/gorf.html ）にアクセスする（**図 2.25**）．

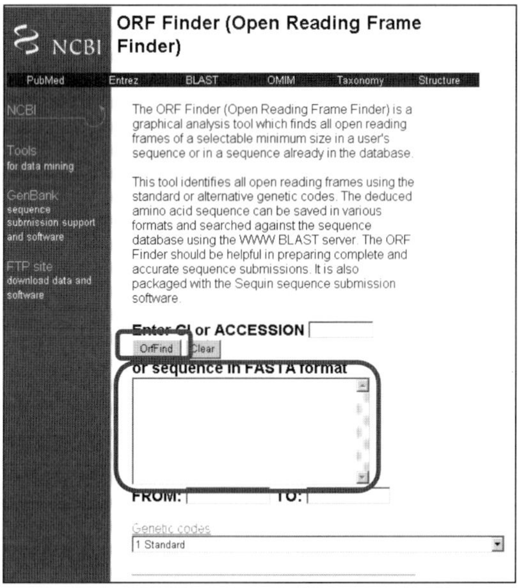

図 2.25　ORF Finder ホームページ

【操作 2】アミノ酸配列に変換したい塩基配列を入力し，「Orf Find」のボタンをクリックする．入力した塩基配列の一部をアミノ酸配列に変換したい場合は，「FROM」に開始塩基位置，「TO」に終了塩基位置の塩基番号を入力する．入力する塩基配列の Accession No. がわかる場合は，「Enter GI or ACCESSION」で指定することもできる．ミトコンドリアのように標準的な遺伝コードと異なる場合は，「Genetic code」のプルダウンメニューから遺伝コードを指定する必要がある．

【操作 3】画面の右側に抽出された ORF の情報（ORF の読み枠や開始塩基位置，終了塩基位置）が表示される（**図 2.26**）．これらの ORF 情報は，上から配列長（「Length」の値）の長い順に表示される．表示件数は，「Redraw」ボタンの右側にあるプルダウンメニューから指定することができる．また「View」ボタンをクリックすると，入力配列の GenBank 形式テキストを生成することが可能である．

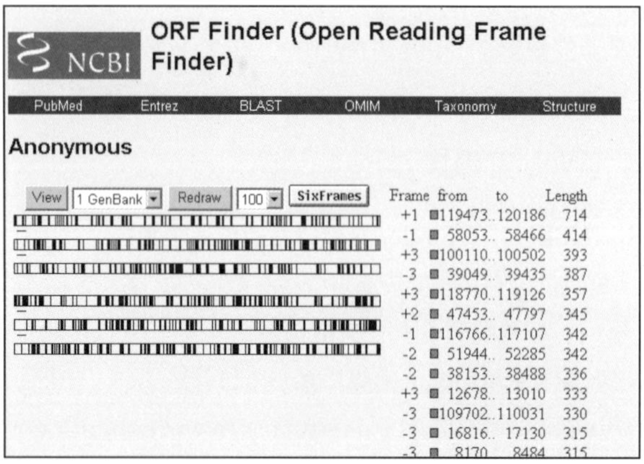

図 2.26　ORF Finder 実行結果

「Frame」項目の右側にある四角をクリックすると，**図 2.27** のように選択した ORF の塩基配列とアミノ酸配列が表示される．また，「Six Frames」のボタンをクリックすると，入力した塩基配列の全長に渡って，開始コドンと終止コドンの位置を示した概略図と配列が表示される（**図 2.28**）．

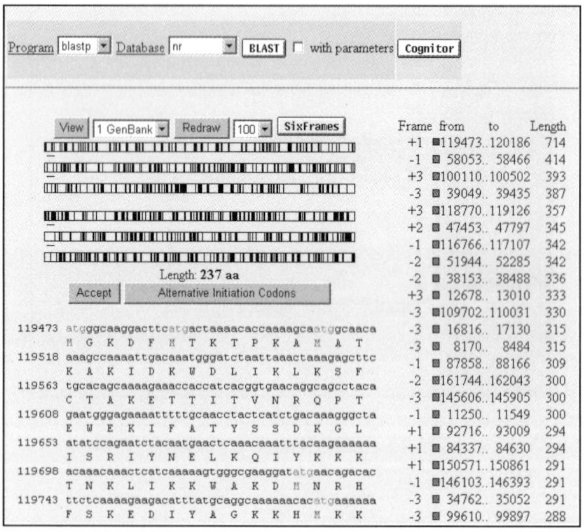

図 2.27　ORF Finder 配列表示画面

ORF の読み枠は上から順番に，+1，+2，+3，−1，−2，−3 となっている．読み枠 +1 とは，入力した塩基配列の 1 塩基目からアミノ酸へ翻訳を行う読み枠のことである．また読み枠 −1 は，入力した塩基配列の最後の塩基から逆鎖の方向でアミノ酸に翻訳する読み枠である．

図 2.27 および**図 2.28** のページでは，選択した ORF の読み枠で翻訳されたアミノ酸配列をクエリとして，BLAST 検索を実行することができる（§2.2.2(4) を参照）．

また，「View」右側のプルダウンメニューから「2 Fasta nucleotide」を選択し「View」をクリックすると，入力した塩基配列を FASTA 形式で表示することができる．同様に，「3 Fasta protein」を選択した場合，選択している読み枠でのアミノ酸配列を FASTA 形式で表示する．こうして得られた配列は，その他の配列解析に利用することができる．

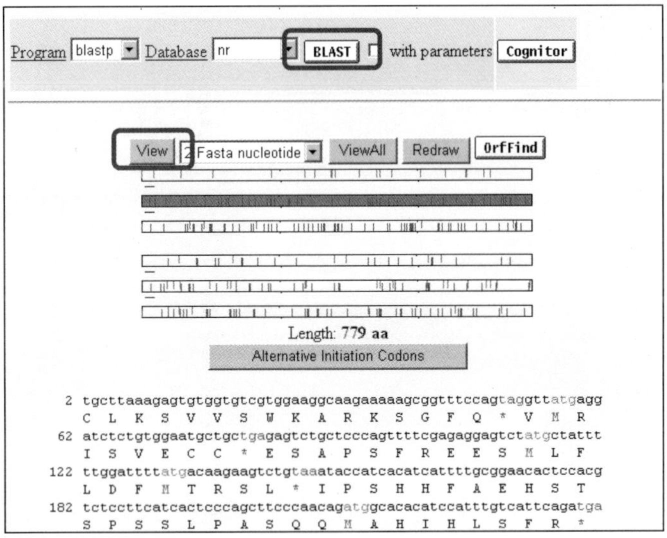

図 2.28　入力配列全長の概略図表示画面

(2)　GenScan を用いた遺伝子予測

GenScan は隠れマルコフモデルを用いて，ゲノム配列よりタンパク質コード領域を予測する．§2.2.1 のアセンブルで得られたコンティグの塩基配列やヒトの BAC clone（Accession No. AC079233, BX682530 など）の塩基配列を用いて，実際に試すこと．

【操作 1】GenScan のホームページ (http://genes.mit.edu/GENSCAN.html) にアクセスする（**図 2.29**）．

【操作 2】「paste your DNA sequence」テキストボックスに，遺伝子を予測したい塩基配列をコピー＆ペーストで入力する．または「Upload your DNA sequence file」テキストボックスから塩基配列ファイルを指定し，塩基配列を入力する．入力が完了したら，「Run GENSCAN」をクリックする．GenScan が実行される．

「print option 」では，予測結果画面で表示する配列情報を選択することができる．「Predicted peptides only」は予測されたアミノ酸配列のみを，「Predicted CDS and peptides」は 予測遺伝子の CDS (Coding Sequence) とアミノ酸配列の両方を得ることができる．

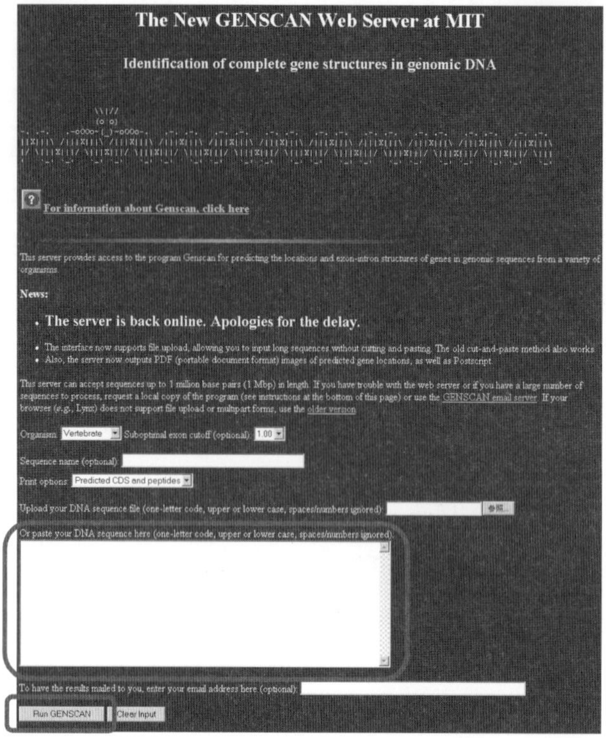

図 2.29　GenScan ホームページ

【操作 3】GenScan による予測が終了すると，**図 2.30** のような結果が得られる．予測されたエクソンごとに，番号やタイプ，遺伝子配列の方向，開始塩基位置と終止塩基位置などが表示される．その他の各項目の説明は，Web ページの下部に表示されているので，そちらを参照してほしい．ここでは，Accession No. AC079233 を用いて GenScan を実行した例を示す．

GenScan により得られた予測遺伝子 2 は，第 1 エクソンから中間コドン，最終エクソンまでの完全な遺伝子構造をもつことがわかる（**図 2.30**）．予測遺伝子の CDS(Coding Sequence) およびアミノ酸配列は，この Web ページ内に FASTA 形式で記述されている．

【操作 4】GenScan 予測結果ページ（**図 2.30**）で得られる遺伝子構造の概略図を**図 2.31** に示す．遺伝子構造の概略図は，予測結果ページの「here」をクリックすることで，表示することができる．pdf 形式または PostScript 形式のファイルとし保存することも可能である．

図 2.31 の点線で囲んだ部分が GenScan により得られた予測遺伝子 2 である．四角や矢印は，予測されたエクソン領域を表している．エクソンのタイプにより形が異なる．

入力した塩基配列の全長が，目盛つきの横線で表されている．この上部には，入力した塩基配列と配列方向が同じ予測遺伝子が表示されている．また反対に，目盛の下部には逆鎖にコードされている予測遺伝子を表している．

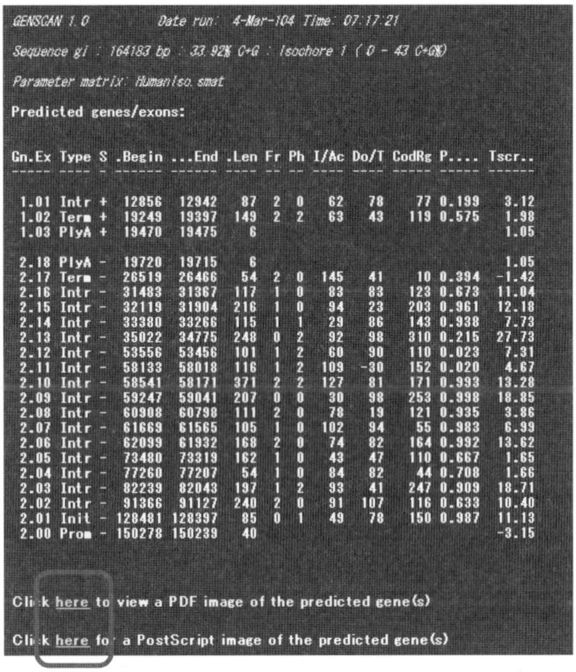

GENSCAN 1.0 Date run: 4-Mar-104 Time: 07:17:21

Sequence gi : 164183 bp : 33.92% C+G : Isochore 1 (0 - 43 C+G%)

Parameter matrix: HumanIso.smat

Predicted genes/exons:

Gn.Ex	Type	S	.Begin	...End	.Len	Fr	Ph	I/Ac	Do/T	CodRg	P....	Tscr..
1.01	Intr	+	12856	12942	87	2	0	62	78	77	0.199	3.12
1.02	Term	+	19249	19397	149	2	2	63	43	119	0.575	1.98
1.03	PlyA	+	19470	19475	6							1.05
2.18	PlyA	-	19720	19715	6							1.05
2.17	Term	-	26519	26466	54	2	0	145	41	10	0.394	-1.42
2.16	Intr	-	31483	31367	117	1	0	83	83	123	0.673	11.04
2.15	Intr	-	32119	31904	216	1	0	94	23	203	0.961	12.18
2.14	Intr	-	33380	33266	115	1	1	29	86	143	0.938	7.73
2.13	Intr	-	35022	34775	248	0	2	92	98	310	0.215	27.73
2.12	Intr	-	53556	53456	101	1	2	60	90	110	0.023	7.31
2.11	Intr	-	58133	58018	116	1	2	109	-30	152	0.020	4.67
2.10	Intr	-	58541	58171	371	2	2	127	81	171	0.993	13.28
2.09	Intr	-	59247	59041	207	0	0	30	98	253	0.998	18.85
2.08	Intr	-	60908	60798	111	2	0	78	19	121	0.935	3.86
2.07	Intr	-	61669	61565	105	1	0	102	94	55	0.983	6.99
2.06	Intr	-	62099	61932	168	2	0	74	82	164	0.992	13.62
2.05	Intr	-	73480	73319	162	1	0	43	47	110	0.667	1.65
2.04	Intr	-	77260	77207	54	1	0	84	82	44	0.708	1.66
2.03	Intr	-	82239	82043	197	1	2	93	41	247	0.909	18.71
2.02	Intr	-	91366	91127	240	2	0	91	107	116	0.633	10.40
2.01	Init	-	128481	128397	85	0	1	49	78	150	0.987	11.13
2.00	Prom	-	150278	150239	40							-3.15

Click here to view a PDF image of the predicted gene(s)

Click here for a PostScript image of the predicted gene(s)

図 2.30　GenScan 予測結果

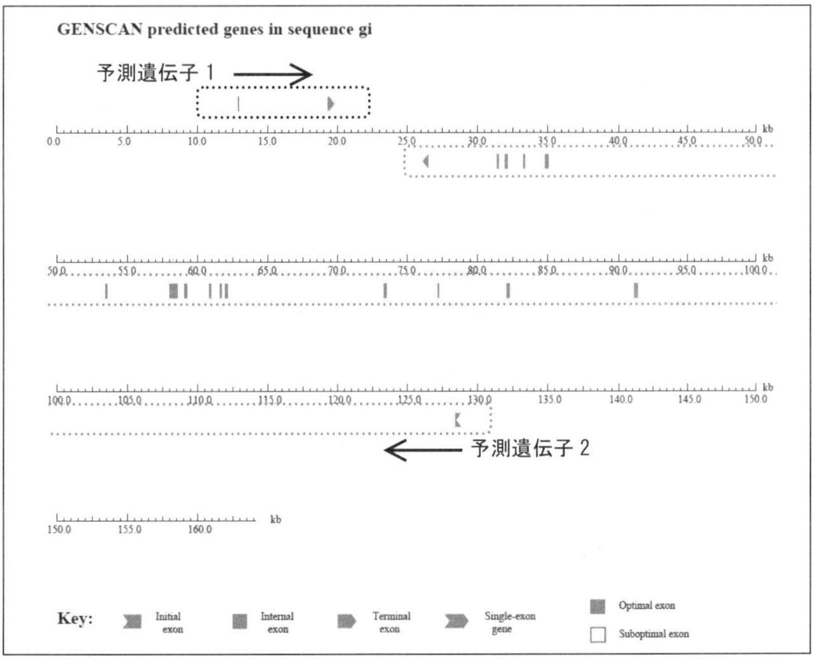

図 2.31　GenScan 予測遺伝子構造の概略図

(3) InterProScan を用いたモチーフ検索

InterProScan では性質の異なる複数のモチーフ検索ソフトを利用して，アミノ酸配列上のモチーフを予測する．ここでも GenScan で予測されたアミノ酸配列や機能未知のアミノ酸配列（Accession No. NP_653213，NP_940928 など）を用いて，実際に試してほしい．

【操作 1】EMBL InterProScan のホームページ（http://www.ebi.ac.uk/InterProScan/）にアクセスする．**図 2.32** に InterProScan の入力画面を示す．

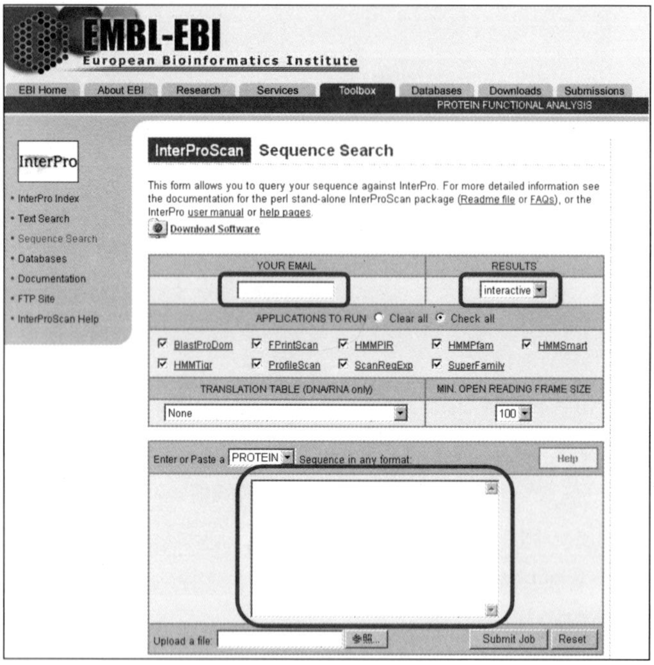

図 2.32　InterProScan の Top ページ

【操作 2】「Enter or Paste」のプルダウンメニューからアミノ酸配列または塩基配列を選択し，予測したい配列をコピー&ペーストで入力する．または「Upload a file」テキストボックスから，予測したい配列のファイルを入力することもできる．入力が完了したら，「Submit Job」ボタンをクリックして検索を開始する．「RESULTS」ツールボックスから「email」を選択して検索を開始すると，**図 2.33** のページが表示される．検索が終了すると，検索結果の URL をメールで連絡してくれる（**図 2.34**）．

「RESULTS」ツールボックスから「interactive」を選択して検索を開始すると，**図 2.35** のページが表示される．この場合でもメールアドレスを入力しておくと，検索終了後に検索結果の URL をメールで連絡してくれる．

【操作 3】InterProScan の検索結果が表示される．ここでは，Accession No. AC079233 を用いて GenScan で遺伝子予測を行い，得られた予測遺伝子 2 を用いて実行した例を示す．

検索の結果，上部から “Solute-binding protein/glutamate receptor”，“Ionotropic glutamate receptor”，“NMDA receptor(Glutamate receptor の一種)”，“Bacterial extracellular solute-

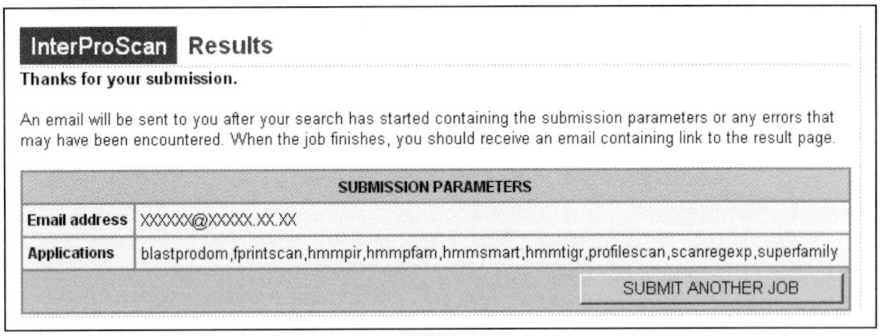

図 2.33　InterProScan 検索実行中画面

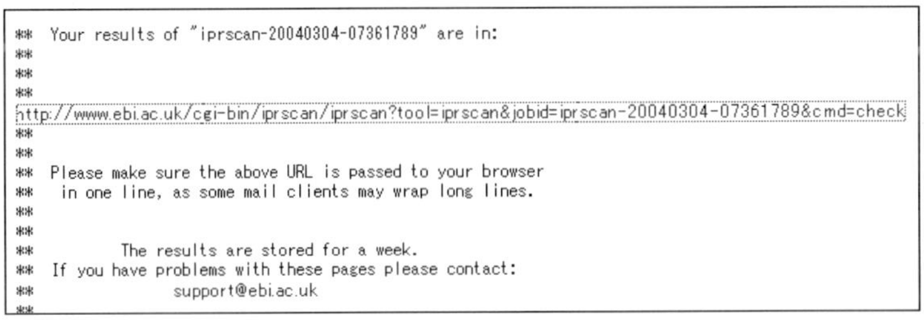

図 2.34　InterProScan からのメール内容

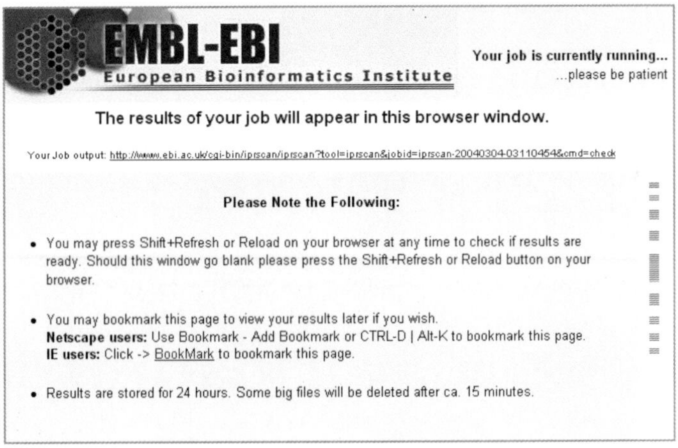

図 2.35　InterProScan 検索実行中画面

binding protein, family 3" となっている．この結果を総合的に判断すると，入力したアミノ酸配列はレセプターであり，特にグルタミン酸レセプターをコードしていると考えられる．

図 2.36 の Picture View の左欄には，InterPro の ID が表示されている．ここから InterPro のデータベースへリンクされており，各種情報がまとめられたページへ移動することができる．またモチーフデータベースの ID は，ヒットしたモチーフの詳細なページへリンクしている．これらの情報から，遺伝子の機能予測を行うことができる．

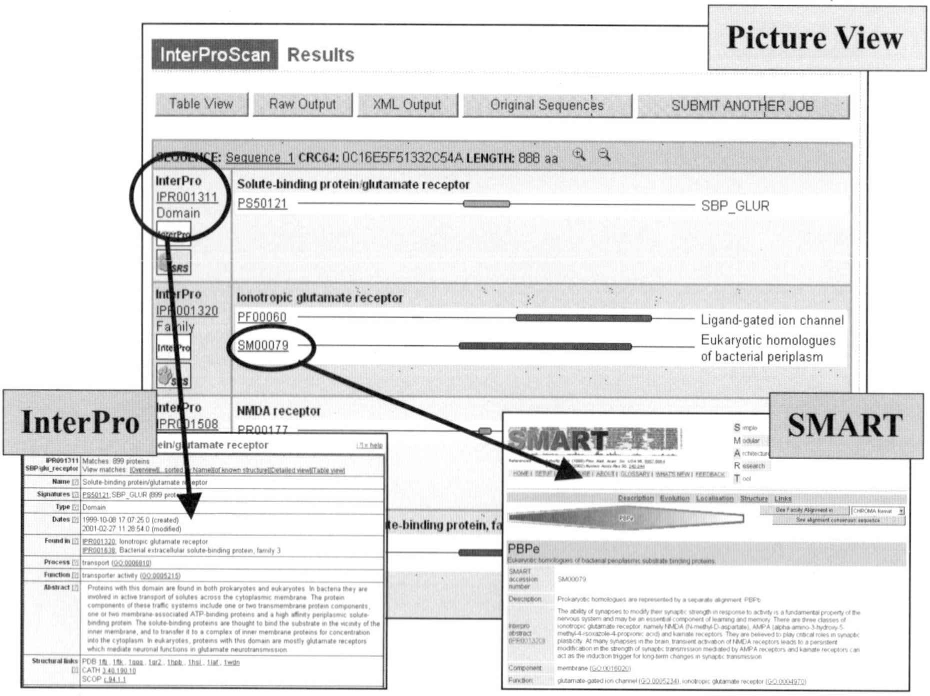

図 2.36　InterProScan 検索結果のページ

(4)　相同性検索（NCBI-BLAST）

ここでは，Accession No. AC079233 について GenScan を実行し，得られた予測遺伝子 2 のアミノ酸配列を用いて，相同性検索を行った例を示す．

【操作 1】NCBI-BLAST のホームページ (http://www.ncbi.nlm.nih.gov/BLAST/) へアクセスする．

【操作 2】アミノ酸の相同性検索を行うため「Protein」の項目の Protein - protein BLAST (blastp) をクリックする（**図 2.37**）．

【操作 3】クエリの塩基配列をコピー&ペーストして，「Search」テキストボックスに入力する（**図 2.38**）．FASTA 形式を入力した場合，>で始まる行は，クエリの名前として認識される．また，この Web ページにおいて検索条件などの各種オプションを設定することができる．クエリと検索条件の入力が完了したら「BLAST」ボタンをクリックし，BLAST 検索を開始する．

【操作 4】BLAST 実行後，**図 2.39** のウィンドウが表示される．「Format」ボタンをクリックすることで，新規ウィンドウが表示される．BLAST の計算に時間がかかる場合は，計算待ちの画面が新規ウィンドウに表示される．

【操作 5】検索結果が表示される．検索結果の先頭には，対象データベース，検索プログラム，クエリの情報が記載されている（**図 2.40**）．検索結果の Web ページは，大きく分けて「Graphical Overview 」,「Summary」,「アラインメント表示」3 つで構成されている．

《Graphical Overview》

検索でヒットした領域が模式図で表示される部分である（**図 2.41**）．検索でヒットした領域が

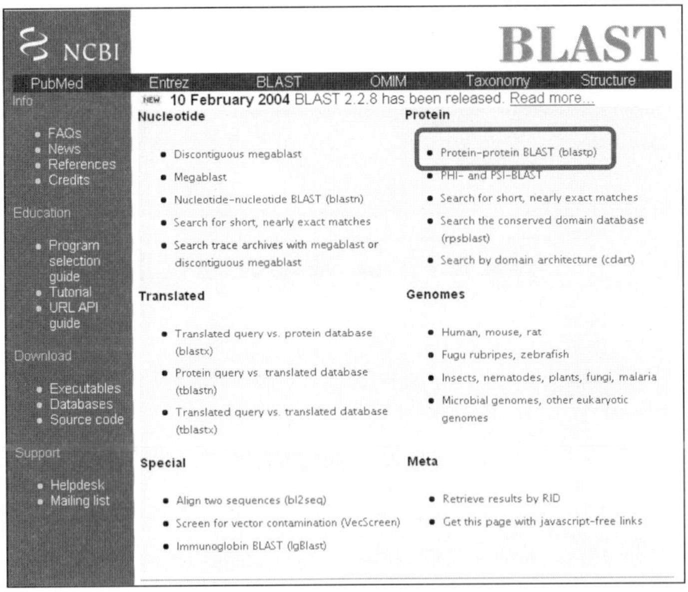

図 2.37　NCBI-BLAST ホームページ

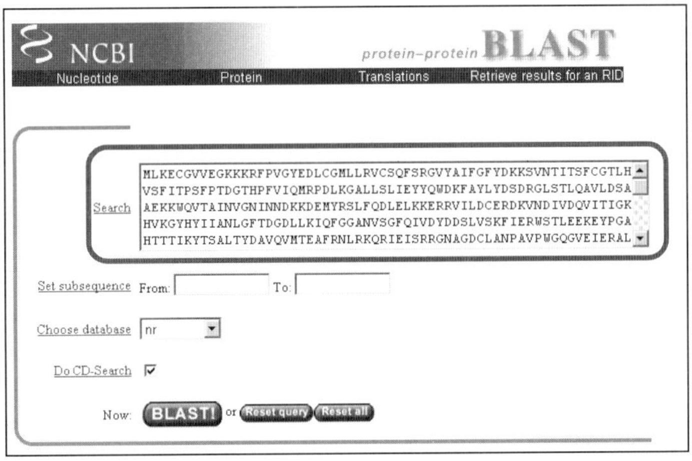

図 2.38　BLAST クエリ配列入力画面

バーで示されている．相同性の高い配列から，赤，ピンク，緑，青，黒色のバーで表示される．マウスをバーの上に移動させると，上部のテキストボックスに選択した配列の情報が表示される．また，バーをクリックすると，選択した配列のアラインメント表示へ移動することができる．

《Summary》

検索でヒットした配列の GenBank ID と Definition，Score，E-value が表示されている（**図 2.42**）．各配列の Score をクリックすることで，アラインメント表示へ移動することができる．ID をクリックすると，GenBank の配列情報へ移動する．また，各行の右端には，「LocusLink」へのリンクが用意されている．

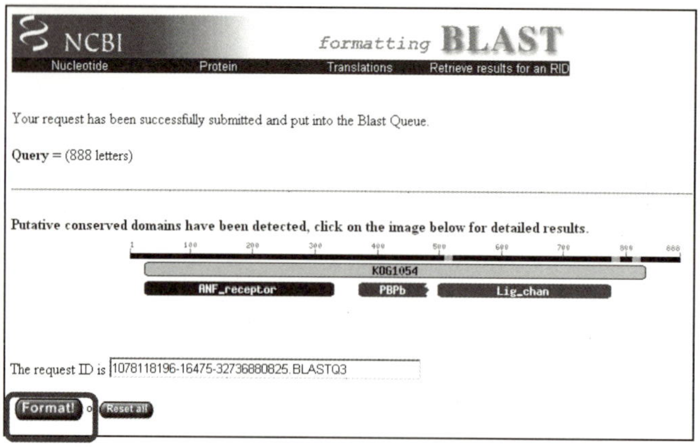

図 2.39　BLAST 検索実行後のページ

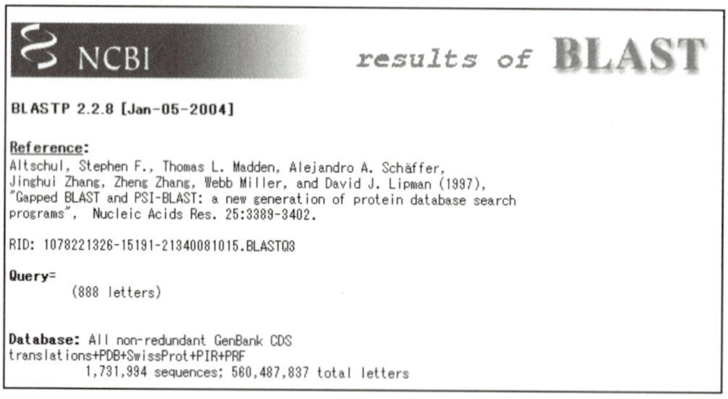

図 2.40　BLAST 結果画面の冒頭部分

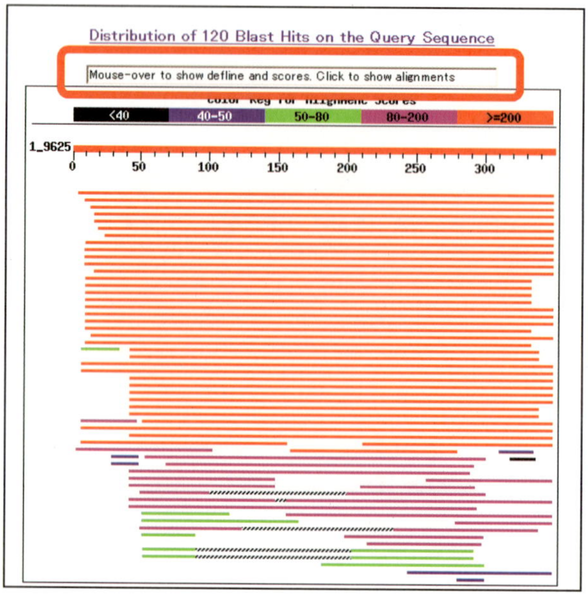

図 2.41　BLAST 検索結果 Graphical Overview

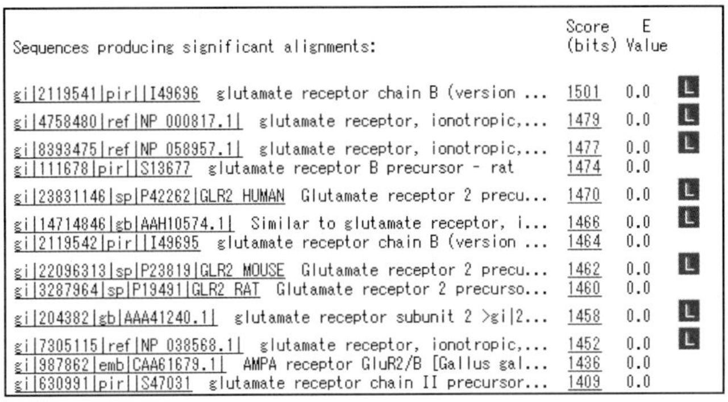
Score E
Sequences producing significant alignments: (bits) Value
gi|2119541|pir||I49696 glutamate receptor chain B (version ... 1501 0.0
gi|4758480|ref|NP_000817.1| glutamate receptor, ionotropic,... 1479 0.0
gi|8393475|ref|NP_058957.1| glutamate receptor, ionotropic,... 1477 0.0
gi|111678|pir||S13677 glutamate receptor B precursor - rat 1474 0.0
gi|23831146|sp|P42262|GLR2_HUMAN Glutamate receptor 2 precu... 1470 0.0
gi|14714846|gb|AAH10574.1| Similar to glutamate receptor, i... 1466 0.0
gi|2119542|pir||I49695 glutamate receptor chain B (version ... 1464 0.0
gi|22096313|sp|P23819|GLR2_MOUSE Glutamate receptor 2 precu... 1462 0.0
gi|3287964|sp|P19491|GLR2_RAT Glutamate receptor 2 precurso... 1460 0.0
gi|204382|gb|AAA41240.1| glutamate receptor subunit 2 >gi|2... 1458 0.0
gi|7305115|ref|NP_038568.1| glutamate receptor, ionotropic,... 1452 0.0
gi|987862|emb|CAA61679.1| AMPA receptor GluR2/B [Gallus gal... 1436 0.0
gi|630991|pir||S47031 glutamate receptor chain II precursor... 1409 0.0

図 2.42　BLAST 検索結果 Summary

《アラインメント表示》

検索でヒットした配列とクエリ間の詳細なアラインメントが表示されている（**図 2.43**）．各配列の先頭にある GenBank ID は，GenBank の配列情報へリンクされている．クエリとヒットした配列の詳細なアラインメント以外にも，Score や E-value，配列の一致度（Identities）などを確認することができる．また，チェックボックスをクリックして配列を選択し「Get selected sequences」ボタンをクリックすると，GenBank の配列情報を得ることができる．

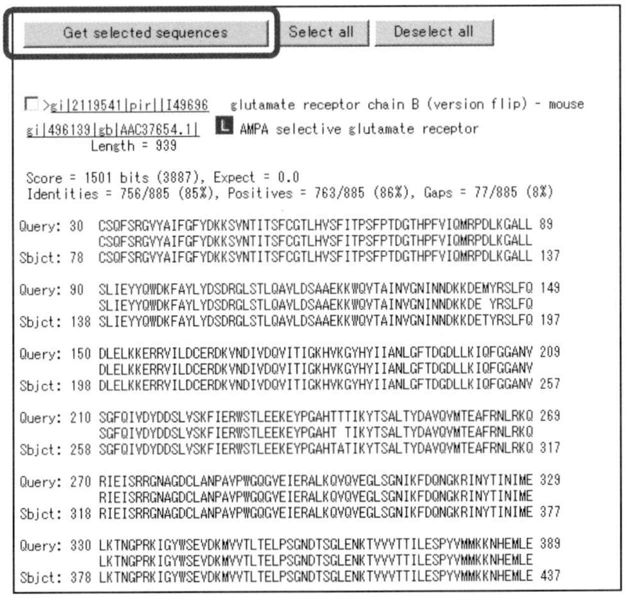
Get selected sequences
Select all
Deselect all
>gi|2119541|pir||I49696 glutamate receptor chain B (version flip) - mouse
gi|496139|gb|AAC37654.1| AMPA selective glutamate receptor
Length = 939
Score = 1501 bits (3887), Expect = 0.0
Identities = 756/885 (85%), Positives = 763/885 (86%), Gaps = 77/885 (8%)
Query: 30 CSQFSRGVYAIFGFYDKKSVNTITSFCGTLHVSFITPSFPTDGTHPFVIQMRPDLKGALL 89
CSQFSRGVYAIFGFYDKKSVNTITSFCGTLHVSFITPSFPTDGTHPFVIQMRPDLKGALL
Sbjct: 78 CSQFSRGVYAIFGFYDKKSVNTITSFCGTLHVSFITPSFPTDGTHPFVIQMRPDLKGALL 137
Query: 90 SLIEYYQWDKFAYLYDSDRGLSTLQAVLDSAAEKKWQVTAINVGNINNDKKDEMYRSLFQ 149
SLIEYYQWDKFAYLYDSDRGLSTLQAVLDSAAEKKWQVTAINVGNINNDKKDE YRSLFQ
Sbjct: 138 SLIEYYQWDKFAYLYDSDRGLSTLQAVLDSAAEKKWQVTAINVGNINNDKKDETYRSLFQ 197
Query: 150 DLELKKERRVILDCERDKVNDIVDQVITIGKHVKGYHYIIANLGFTDGDLLKIQFGGANV 209
DLELKKERRVILDCERDKVNDIVDQVITIGKHVKGYHYIIANLGFTDGDLLKIQFGGANV
Sbjct: 198 DLELKKERRVILDCERDKVNDIVDQVITIGKHVKGYHYIIANLGFTDGDLLKIQFGGANV 257
Query: 210 SGFQIVDYDDSLVSKFIERWSTLEEKEYPGAHTTTIKYTSALTYDAVQVMTEAFRNLRKQ 269
SGFQIVDYDDSLVSKFIERWSTLEEKEYPGAHT TIKYTSALTYDAVQVMTEAFRNLRKQ
Sbjct: 258 SGFQIVDYDDSLVSKFIERWSTLEEKEYPGAHTATIKYTSALTYDAVQVMTEAFRNLRKQ 317
Query: 270 RIEISRRGNAGDCLANPAVPWGQGVEIERALKQVQVEGLSGNIKFDQNGKRINYTINIME 329
RIEISRRGNAGDCLANPAVPWGQGVEIERALKQVQVEGLSGNIKFDQNGKRINYTINIME
Sbjct: 318 RIEISRRGNAGDCLANPAVPWGQGVEIERALKQVQVEGLSGNIKFDQNGKRINYTINIME 377
Query: 330 LKTNGPRKIGYWSEVDKMVVTLTELPSGNDTSGLENKTVVVTTILESPYVMMKKNHEMLE 389
LKTNGPRKIGYWSEVDKMVVTLTELPSGNDTSGLENKTVVVTTILESPYVMMKKNHEMLE
Sbjct: 378 LKTNGPRKIGYWSEVDKMVVTLTELPSGNDTSGLENKTVVVTTILESPYVMMKKNHEMLE 437

図 2.43　BLAST 検索結果アラインメント

これらの結果により，入力したアミノ酸配列は glutamate receptor と高い相同性があることがわかった．よって，Accesson No. AC079233 には glutamate receptor をコードする遺伝子が存在しているといえる．

2.2.3 オリジナルのデータベースを作成し，BLAST 検索を実行する

§2.2.1「アセンブル」で，ショットガンシーケンス法で決定された領域 (Contig2) を GenScan により遺伝子を予測した結果，2 つの遺伝子をコードすることが予測された．ここで予測遺伝子 1 のエクソン 2 を含むクローンを集めたいと思う．

そこで，シーケンスにより得られた 2059 本のリードをデータベースとし，エクソン 2 の塩基配列をクエリとして BLAST 検索（核酸–核酸，blastn）を実行する．

【操作 1】 データベース用のディレクトリを作成する．

```
% mkdir -p BLAST/DB
```

【操作 2】BLAST 検索用データベースとして使用する 2059 本分の塩基配列は，添付 CD の Chapter2/BLAST/All_seq.fasta（multi-FASTA 形式）である．このファイルを，データベース用ディレクトリにコピーする．ファイル名は任意である．

【操作 3】データベースを作成するため，formatdb を実行する．操作 2 でコピーしたデータベース用ファイル（ここでは All_seq.fasta）を入力配列とし，データベース名を「All_seq」としてデータベースを作成する．ここで使用する formatdb のオプションは，**表 2.9** にまとめてある．その他のオプションについては，formatdb の README を参照してほしい．

```
% cd BLAST/DB
% formatdb  -i  All_seq.fasta  -p F  -o T -n  All_seq
```

《formatdb により作られたファイル》

DB ディレクトリ内のファイルを表示すると，以下の通りになる．これらのファイルはバイナリ形式なので，ファイルの内容を more などで見ることはできない．また，アミノ酸配列のデータベースを作成した場合は.phr ファイルなどができる．この他，詳細は formatdb の README を参照すること．

```
All_seq.nsd
All_seq.nin
All_seq.nsq
All_seq.nsi
All_seq.nsd
```

表 2.9 formatdb の主なオプション

-i	入力ファイル名
-p	塩基配列かアミノ酸配列の区別（T：アミノ酸配列，F：塩基配列）
-o	データベースのインデックス化
-n	データベース名．指定なしの場合，データベース名は入力ファイル名となる

※ この他のオプションについては，formatdb の README を参照すること．

【操作 4】クエリとして使用する予測遺伝子 2 のエクソン 2 の塩基配列ファイルは，添付 CD の Chapter2/BLAST/Exon2.fasta（FASTA 形式）である．このファイルを，BLAST 検索を実行するディレクトリにコピーする．ファイル名は任意である．

【操作 5】予測遺伝子 2 のエクソン 2 の塩基配列ファイル（ここでは Exon2.fasta）をクエリとし，BLAST 検索を実行する．コマンドは blastall である．ここで使用する blastall のオプションは，**表 2.10** にまとめてある．その他のオプションについては，blastall の README を参照すること．

```
% cd BLAST
% blastall  -i Exon2.fasta  -o Exon2.blastn  -p blastn  -d DB/All_seq
```

表 2.10　BLAST の主なオプション

-p	検索プログラムの指定
-d	データベース名
-i	クエリ配列のファイル名
-o	出力ファイル名
-e	E-value のカットオフ値
-b	表示するアラインメント数
-v	表示するサマリー数
-T	出力形式の指定（T：HTML 形式，F：テキスト形式）

※ この他のオプションについては，BLAST の README を参照すること．

BLAST 検索結果は，Chapter2/BLAST/Exon2.blastn である．E-value とアラインメントの結果から，Seq-A-000520.r を除いた 10 本のシーケンスリードが，エクソン 2 の全長または一部を含んでいると考えられる．

文　献

phred について

[1] Ewing, B., Hillier, L., Wendl, M. and Green, P. "Basecalling of automated sequencer traces using phred. I. Accuracy assessment" *Genome Res.*, **8**: 175–185 (1998)

[2] Ewing, B. and Green, P. "Basecalling of automated sequencer traces using phred. II. Error probabilities" *Genome Res.*, **8**: 186–194 (1998)

アセンブルアルゴリズムについて

[3] Huang, X. and Madan, A. "CAP3: A DNA sequence assembly program" *Genome Res.*, **9**: 868–877 (1999)

[4] Batzoglou, S., Jaffe, D.B., Stanley, K., Butler, J., Gnerre, S., Mauceli, E., Berger, B., Mesirov, J.P. and Lander, E.S. "ARACHNE: a whole-genome shotgun assembler" *Genome Res.*, **12**: 177–189 (2002)

[5] Jaffe, D.B., Butler, J., Gnerre, S., Mauceli, E., Lindblad-Toh, K., Mesirov, J.P. Zody, M.C. and Lander, E.S. "Whole-genome sequence assembly for mammalian genomes: Arachne 2" *Genome Res.*, **13**: 91–96 (2003)

Consed について

[6] Gordon, D., Abajian, C. and Green, P. "Consed: A graphical tool for sequence finishing"

Genome Res., **8**: 195–202 (1998)

Autofinish について

[7] Gordon, D., Desmarais, C. and Green, P. "Automated Finishing with Autofinish" *Genome Res.*, **11**: 614–625 (2001)

相同性検索について

[8] Altschul, S.F., Gish, W., Miller, W., Myers, E.W. and Lipman, D.J. "Basic local alignment search tool" *J. Mol. Biol.*, **215**: 403–410 (1990)

[9] Altschul, S.F., Madden, T.L., Schäffer, A.A., Zhang, J., Zhang, Z., Miller, W. and Lipman, D.J. "Gapped BLAST and PSI-BLAST: a new generation of protein database search programs" *Nucleic Acids Res.*, **25**: 3389–3402 (1997)

[10] Florea, L., Hartzell, G., Zhang, Z., Rubin, G.M. and Miller, W. "A computer program for aligning a cDNA sequence with a genomic DNA sequence" *Genome Res.*, **8**: 967–974 (1998)

[11] Kent, W.J. "BLAT–the BLAST-like alignment tool" *Genome Res.*, **12**: 656–664 (2002)

[12] Ning, Z., Cox, A.J. and Mullikin, J. C. "SSAHA: a fast search method for large DNA databases" *Genome Res.*, **11**: 1725–1729 (2001)

GENSCAN について

[13] Burge, C. and Karlin, S. "Prediction of complete gene structures in human genomic DNA" *J. Mol. Biol.*, **268**: 78–94 (1997)

InterProScan について

[14] Mulder, N.J., Apweiler, R., Attwood, T.K., Bairoch, A., Barrell, D., Bateman, A., Binns, D., Biswas, M., Bradley, P., Bork, P., Bucher, P., Copley, R.R., Courcelle, E., Das, U., Durbin, R., Falquet, L., Fleischmann, W., Griffiths-Jones, S., Haft, D., Harte, N., Hulo, N., Kahn, D., Kanapin, A., Krestyaninova, M., Lopez, R., Letunic, I., Lonsdale, D., Silventoinen, V., Orchard, S.E., Pagni, M., Peyruc, D., Ponting, C.P., Selengut, J.D., Servant, F., Sigrist, C.J.A., Vaughan, R. and Zdobnov, E.M. "The InterPro Database, 2003 brings increased coverage and new features" *Nucleic Acids Res.*, **31**: 315–318 (2003)

[15] Hulo, N., Sigrist, C.J.A., Le Saux, V., Langendijk-Genevaux, P.S., Bordoli, L., Gattiker, A., De Castro, E., Bucher, P. and Bairoch A. "Recent improvements to the PROSITE database" *Nucleic Acids Res.*, **32**: 134–137 (2004)

[16] Bateman, A., Birney, E., Cerruti, L., Durbin, R., Etwiller, L., Eddy, S.R., Griffiths-Jones, S., Howe, K.L., Marshall, M. and Sonnhammer, E.L.L. "The Pfam Protein Families Database" *Nucleic Acids Res.*, **30**: 276–280 (2002)

[17] Letunic, I., Goodstadt, L., Dickens, N.J., Doerks, T., Schultz, J., Mott, R., Ciccarelli, F., Copley, R.R., Ponting, C.P. and Bork, P. "Recent improvements to the SMART domain-based sequence annotation resource" *Nucleic Acids Res.*, **30**: 242–244 (2002)

[18] Haft, D.H., Selengut, J.D. and White, O. "The TIGRFAMs database of protein families" *Nucleic Acids Res.*, **31**: 371–373 (2003)

[19] Wu, C.H., Huang, H., Yeh, L.-S.L. and Barker, W.C. "Protein family classification and functional annotation" *Comput. Biol. Chem.*, **27**: 37–47 (2003)

[20] Gough, J., Karplus, K., Hughey, R. and Chothia, C. "Assignment of homology to genome sequences using a library of hidden Markov models that represent all proteins of known structure" *J. Mol. Biol.*, **313**: 903–919 (2001)

[21] Attwood, T.K., Bradley, P., Flower, D.R., Gaulton, A., Maudling, N., Mitchell, A.L., Moulton, G., Nordle, A., Paine, K., Taylor, P., Uddin, A. and Zygouri, C. "PRINTS and its automatic supplement, preprints" *Nucleic Acids Res.*, **31**: 400–402 (2003)

[22] Corpet, F., Servant, F., Gouzy, J. and Kahn, D. "ProDom and ProDom-CG: Tools for protein

domain analysis and whole genomecomparisons" *Nucleic Acids Res.*, **28**: 267–269 (2000)

polyphred について

[23] Nickerson, D.A., Tobe, V.O. and Taylor, S.L. "PolyPhred: automating the detection and genotyping of single nucleotide substitutions using fluorescence-based resequencing" *Nucleic Acids Res.*, **25**: 2745–2751 (1997)

[24] 松原謙一・榊佳之 監修，中村祐輔 編，「SNP 遺伝子多型の戦略—ゲノムの多様性と 21 世紀のオーダーメイド医療　ポストシーケンスのゲノム科学」中山書店 (2000)

ゲノム解析について

[25] T.A. Brown 著，村松正實 監訳，「ゲノム 2—新しい生命情報システムへのアプローチ」株式会社メディカル・サイエンス・インターナショナル (2003)

[26] 林崎良英 監修，品川朗・鈴木治和 編，「大規模ゲノム解析技術とポストシーケンス時代の遺伝子機能解析　基本テクニックからバイオインフォマティクス，マイクロアレイまでバイオインフォマティクスまで」中山書店 (2001)

バイオインフォマティクス全般について

[27] David W. Mount 著，岡崎康司・坊農秀雅 監訳，「バイオインフォマティクス ゲノム配列から機能解析へ」株式会社メディカル・サイエンス・インターナショナル (2002)

[28] Cynthia Gibas and Per Jambeck 著，水島洋 監修・訳，明石浩史・またぬき訳，「実践バイオインフォマティクス ゲノム研究のためのコンピュータスキル」株式会社オライリー・ジャパン (2002)

[29] James Tisdall 著，水島洋 監修・訳，明石浩史・またぬき 訳，「バイオインフォマティクスのための Perl 入門」株式会社オライリー・ジャパン (1998)

第3章　類似性によらない機能予測

美宅成樹・辻 敏之・朝川直行

Point

ゲノムスケールのアミノ酸配列を解析するときに，問題となるのは類似配列のない未知配列である．類似配列の構造や機能がわからない場合も含めると，1つのプロテオーム全体の半分くらいがそうした配列で占められる場合が多い．この問題は，まだほとんど解決していないのだが，ここでは問題の整理と解決に向けた方向性を示す．そして，1つの試みとして開発した膜タンパク質予測システム SOSUI による解析の実習を行う．

3.1　基　礎

タンパク質はそれぞれ異なるアミノ酸配列をもっている．しかし，配列の違いに比例してタンパク質の立体構造が大きく異なってくるかというとそうではない．一般に，立体構造は配列よりも変化しにくいといわれている．また立体構造が同じだと，その機能はほぼ同じだと考えられているが，そうでない例も見出される．配列，立体構造，機能の関係をできるだけ一般的に明らかにすることが，類似性によらない機能予測を可能にするためのポイントである．以下，タンパク質についていくつかの側面から考えてみる．

3.1.1　タンパク質の性質

ゲノム情報が大量に得られる時代になって，タンパク質に対する見方も多面的になってきている．ゲノム的視点，個々のタンパク質の構造的視点，分子間相互作用からの視点など，同時に多くの問題を総合的にとらえることが必要となった．**図 3.1** は，生物科学の流れについてゲノム解析を中心にまとめて見たものである．1980 年以前から遺伝子工学の流れがあり，それを生物全体のスケールで解析するのがヒトゲノム計画であった．配列がわかったときに，機能部品であるタンパク質の構造が機能を理解する鍵となることから構造ゲノミクスが発展した．しかし，分子の構造変化が今まで考えられていたよりはるかにダイナミックなこと，分子間相互作用が重要であるということか

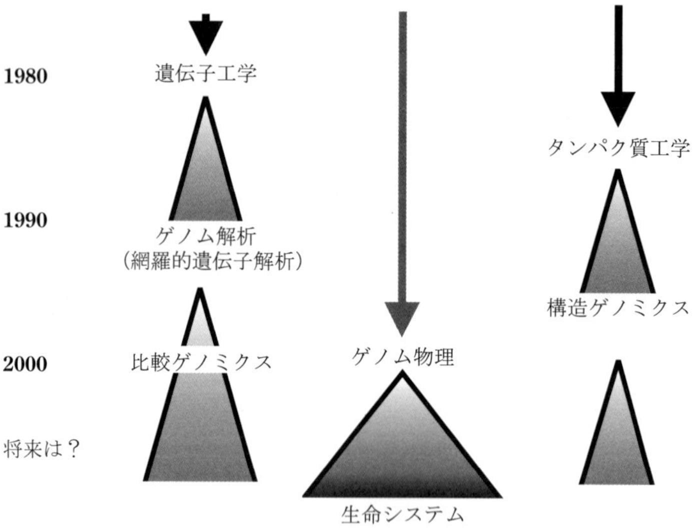

図 3.1　生物科学の発展

らゲノムの物理が求められつつあると考えられる．

(1) タンパク質研究に対するゲノム的視点

ゲノム的な視点というのは，まさにゲノム解析が現実となってきたこの数年大きな課題となってきている．もともとタンパク質は生物の中で働く機能部品なので，そうしたタンパク質を含んだ全体の働きという視点が重要なのだが，ゲノム解析以前にはそれができない状況だったのである．

ゲノム解析から直接得られる情報は，タンパク質のアミノ酸配列のリストである．しかし，生命のメカニズムを理解するには，分子間相互作用の有様を網羅的に知る必要がある．そういう目標で，最近は DNA チップやツーハイブリッドの技術などが開発されている．DNA チップの実験（**図 3.2**）からは，遺伝子の発現制御の点で関係のある遺伝子のクラスタリングが可能となる．また，ツーハイブリッドの技術では，直接の物理的な分子間相互作用の情報を得ることができる．これらの研究からは，多くのタンパク質が互いに関係しながら生命を維持している姿が見えてくる．ゲノム的視点からタンパク質を見たとき，タンパク質は互いに複雑に絡み合う分子間相互作用で関係していることがわかるのである．今後のタンパク質研究では，まずゲノムスケールのタンパク質集団をイメージする必要があるということを指摘しておきたい．

(2) タンパク質の構造的視点

タンパク質は，DNA 塩基配列に基づいて，細胞の生合成系によって作られるアミノ酸配列である．そして，シャペロンやトランスロコンなどのタンパク質折りたたみ装置によってネイティブな立体構造が作られる．小さいタンパク質では溶媒中で自動的に（物理化学的なプロセスで）立体構造が形成される場合もある．タンパク質の折りたたみ装置による立体構造形成であっても，最終的にできた立体構造はエネルギー極小の状態にあることは間違いない．したがって，タンパク質の立

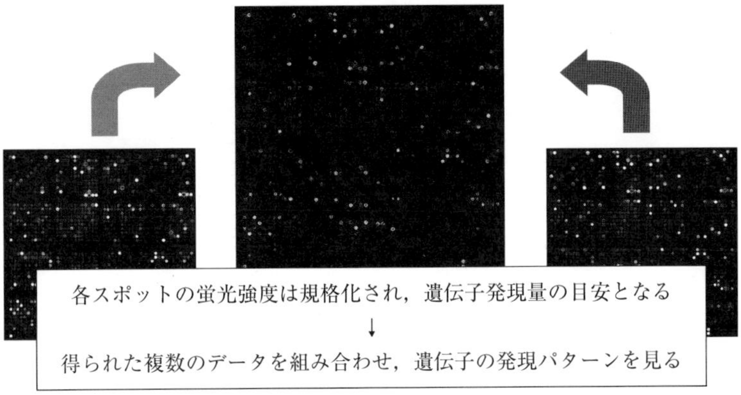
各スポットの蛍光強度は規格化され，遺伝子発現量の目安となる
↓
得られた複数のデータを組み合わせ，遺伝子の発現パターンを見る

図 3.2　DNA チップの実験
スライドグラスに Control, Target それぞれの蛍光色素に対応した励起光を照射し，蛍光をスキャンすることで，発現プロファイルを画像として得ることができる．

体構造は，非常にナイーブな考え方で見れば，エネルギー最小の折りたたみ状態として，コンピュータ上で再現可能だと考えられる．そこから，*ab initio* 計算による立体構造の予測が期待される．

タンパク質の立体構造を書籍の写真やコンピュータグラフィックスなどで見ると，それはとまって見える．そのためタンパク質は硬い構造をもった物体のように見える．しかし，これはタンパク質の平均構造ないし，スナップショットだからである．実体としては，タンパク質はやわらかく，揺らぎや動きを伴っている．たとえば，酵素の活性部位は一般に基質を結合するために谷間になっていて，それを開閉する方向に揺らぎが大きい．また，免疫グロブリンでは，ドメインどうしが互いに非常に動きやすい構造となっている．そういう意味でも，第一原理の計算が期待される．というのはそのような計算が可能となれば，単にエネルギー最小の構造が見つかるだけではなく，そのまわりでの構造変化の様子が計算できるはずだからである．しかし，後で述べるが，このタイプの計算には多くの困難があり，当分ゲノムレベルのアミノ酸配列の解析は不可能である．

タンパク質の立体構造情報が重要である理由は，立体構造を介して，生体機能が発現するからである．これと関連して，配列の類似性と立体構造の類似性が必ずしも一致しないということが注目される．配列の類似性がないタンパク質どうしでも，立体構造の類似性が見られることが少なくないのである．配列の類似性がないにもかかわらず，立体構造の類似性がある場合，そのタンパク質の関係は，リモートホモログ，あるいはアナログと呼ばれている（**図 3.3**）．

配列の類似性がない場合も，すなわちアナログの関係にあるタンパク質のペアについても，何らかの類似性があることは間違いない．それを探し当てれば，類似性のないタンパク質についても構造の予測が可能となるだろう．タンパク質は物理化学的な過程によって構造が安定化されているので，配列に見られる物理化学的な類似性の探索から，構造分類を行うことが可能なのではないかと期待される．配列の類似性がないタンパク質について，アミノ酸配列のレベルから情報を抽出していくには，アミノ酸配列→立体構造→ダイナミクス→機能へと，一歩ずつ進むのが最もオーソドックスなやり方と思われるのだが，最初の段階の立体構造に関する物理化学的なルールはダイナミクス，機能の段階でも同様に成立していなければならない．それが物理化学的なルールの性質だから

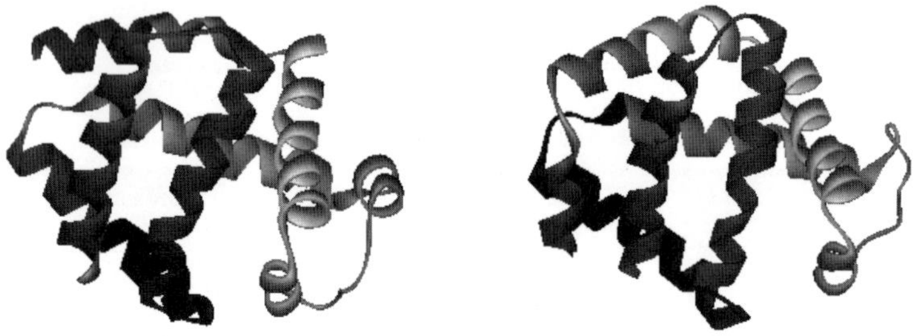

図 3.3　2 つのヘモグロビンの立体構造
10%という低い配列類似性であるが，立体構造はきわめて類似しているし，機能も同じである．

である．そういう意味で，最初の段階がクリアされると，比較的容易に次の段階に進みやすいと考えられる．

このときに，タンパク質の立体構造がもつ共通の特徴である階層性が，研究の指針となる．タンパク質は，一般に一次構造，二次構造，三次構造，四次構造（**図 3.4**）とスケールあるいは相関の距離によって階層を考えることが多い．この階層の考え方では，環境との関係を無視している．膜タンパク質の場合を考えると明白であるが，この場合はアミノ酸の配列が膜内に組み込まれると同時にヘリックス構造を形成している．水素結合性の基が非極性の膜の環境内で自由端となるとエネルギーの損が大きく，膜の中での水素結合を形成することでヘリックスが形成されるのである．この力のバランスと，水に取り囲まれた水溶性タンパク質中でのヘリックス形成における力のバランスでは明らかに違ってくる．つまり，環境の効果を取り込んだ階層性の見方をしなければならないということになる．これについても後でふれるつもりだが，この点にわれわれのタンパク質分類システム開発における工夫がある．

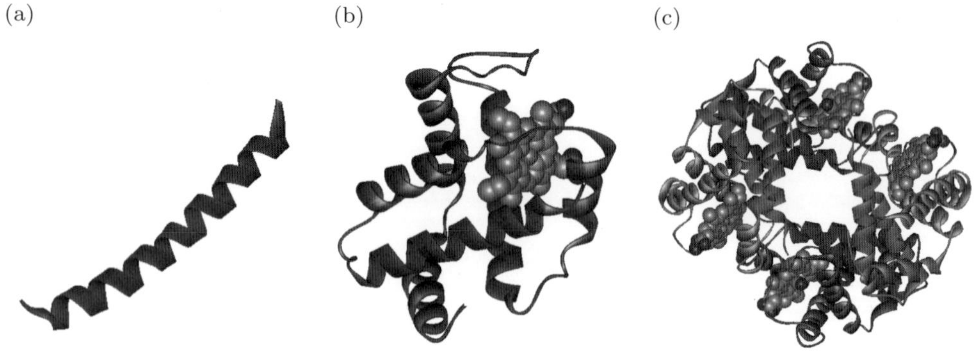

図 3.4　タンパク質の二次構造 (a)，三次構造 (b)，四次構造 (c)（ヘモグロビンの例）

さてタンパク質には，非常に重要な属性がある．タンパク質の機能がそれである．生命の維持のためには，非常に多様な機能をもった部品が必要である．そして，タンパク質は生物の高機能部品となっている．実際に機能部品の素過程を見てみると，部品であるタンパク質自体の動きと，まわりとの分子間相互作用とが重要な役割を果たす．酵素は，基質と特異的分子間結合を作るが，反応産物の分子との間では乖離を起こす．こうして分子間の結合・解離が酵素の働きの本質である．同様のことは受容体でもいえて，基質と受容体タンパク質の相互作用，それ以前の脂質膜と膜タンパク質の相互作用が分子の構造形成と機能で本質的な役割を果たしている．

(3) 分子間相互作用からの視点

生物内での構造形成（タンパク質の立体構造形成や分子間結合）では，物理的な分子間相互作用が本質的な役割をしている．一般的に，生物体の中では，直接的な物理相互作用と遺伝子制御などを介した間接的相互作用がある．そして，後者の相互作用も素過程を見れば，前者のタイプの相互作用による．ここでは，前者の物理的な結合を中心に，いくつかの例を示しておこう．

A. タンパク質内部の相互作用

タンパク質の立体構造形成には，アミノ酸配列の部分どうしの相互作用，および高分子とその環境（水や膜など）との相互作用などが関係する．水素結合，静電相互作用，疎水性相互作用，ファンデルワールス力など，種類としてはそれほど多いものではない．タンパク質の立体構造のタイプ（フォールド）は 1000 種類くらいではないかと考えられているが，それらはタンパク質では性質の異なる相互作用のバランスと配列上の配置がそれぞれ違うことによって，多くのタイプの構造が生み出されていると考えられる．したがって，構造形成に対して支配的な相互作用は，タンパク質の構造のタイプによって異なり，予測が難しい．

しかし，タンパク質によっては，相互作用のバランスがわかりやすいものもあり，そのような場合は分類ないし構造の予測がやりやすいものもある．膜タンパク質については，脂質膜という独特の環境があるために，構造形成に働く相互作用について考えやすい．**図 3.5** は，安定性の実験を行った結果得られた膜タンパク質内部の相互作用について，モデル的に示したものである．膜貫通ヘリックス間の配置は，非極性の環境下で支配的になる極性の相互作用による一種のジグソーパズルとして考えることができる．これに対して，水溶性タンパク質では疎水性相互作用がかなり重要な相互作用である．

図 3.5
タンパク質内部における結合は極性の相互作用が強いと考えられる．特に膜タンパク質では，そのことが安定性の実験で証明されている．

B. 一時的結合による情報伝達

以下，分子間相互作用について考えてみる．生物は情報機械であって，生物体の中では大量の情報が流れている．インシュリンなどのホルモンは体内のいろいろな部分どうしの情報伝達に使われる．体外からの情報（いわゆる五感）は，受容細胞によって情報が受け止められる．情報伝達は細胞表面から内向きにも情報伝達が行われる．受容体からセカンドメッセンジャー，さらにターゲットタンパク質への情報伝達によって細胞自体がミクロな情報機械となっているのである．

情報伝達で行われるタンパク質間の相互作用には，共通の性質がある．いわばソフトな相互作用であって，会合解離が融通無碍に起こっているということである．**図 3.6** は，G タンパク質共役型受容体における情報伝達の例を示している．情報伝達での分子相互作用で重要なことは，強固な結合をすることではなく，状況によって結合したり，離れたりすることである．短い時間の間にスイッチングを行うために，ソフトな相互作用を利用していると考えられるのである．

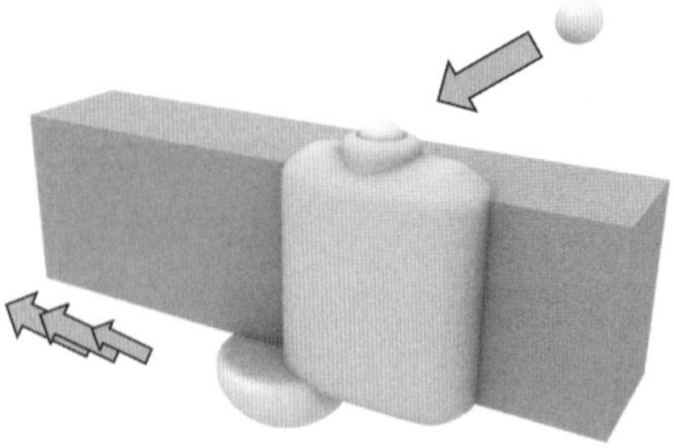

図 3.6　信号伝達の起点である受容体と基質の結合
ここでは一時的な物理的結合による受容体の構造変化が起こる．

C. 持続的スイッチとして働く DNA 結合タンパク質の相互作用

遺伝子制御は，神経細胞のネットワーク形成やアポトーシスに至るまで，様々な体の構造形成に関係している．そのメカニズムは，DNA に対して比較的強く結合し，持続的なスイッチとして働く．しかし，この場合も，適切な時期に適切な遺伝子を制御するために，DNA と結合したり離れたりする必要がある．そのために，転写のシステムは何らかのアロステリック効果を利用している．環境の状態を表すシグナル分子を結合すると，転写因子が DNA と結合したり離れたりするのである．

大腸菌のラクトースオペロンはそのよい例である．ラクトースを結合すると，ラックリプレッサーと DNA の結合が弱くなって外れる．それがラクトース分解酵素とラクトース能動輸送タンパク質の合成を可能にするのである．この場合，環境の状態を表すラクトース分子は小さな分子であるが，同じような働きをする分子がタンパク質である場合もある．たとえば，細胞内の情報伝達のシステムの最終的なターゲットが遺伝子制御である場合，転写因子の DNA との結合を別のタンパク質が調節することもある．そうするとそのタンパク質の合成を制御する転写因子があるはずであり，カスケード（連滝）式に遺伝子制御が複雑化する．

カスケード式に高度な機能を発揮する例が，多細胞生物のからだ作りである．多細胞生物のからだは，部位によって役割が異なっている．各細胞の役割に必要な遺伝子の集合をすべて合わせたものが，その生物のゲノムとなっている．そして，各細胞はその役割には関係ない遺伝子を抑制している．つまり，転写因子やその他のタンパク質によって抑制されているのである．生物が受精卵から成体へと発生するとき，次第に細胞の役割の分化が始まるが，そこで起こることは適切なときに必要な遺伝子の抑制が外れてタンパク質が機能を発揮するようになる．非常に初期に起こる分化は，からだの前と後ろを決める遺伝子である．前には頭ができるが，その遺伝子は頭を作る遺伝子群を発現するきっかけとなる転写因子である．カスケード式に発現していく転写因子の組合わせがわかれば，その生物のからだのでき方を理解することができるようになるだろう．**図 3.7** はそのようなカスケード式転写制御の概念図である．

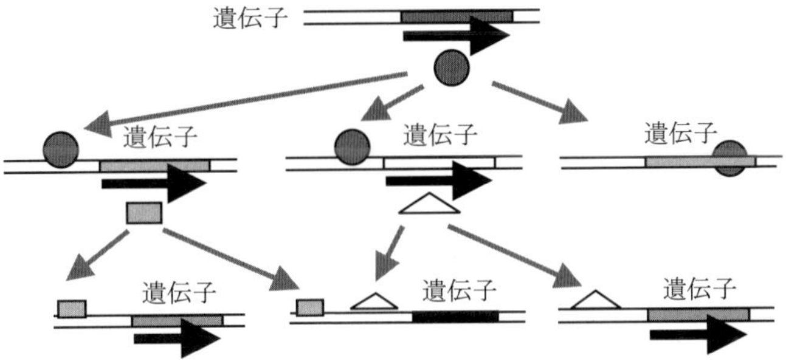

図 3.7　遺伝子カスケードのモデル図

からだ作りに関して，特別の意味をもった遺伝子がある．プログラムされた細胞死を引き起こす遺伝子（アポトーシスの遺伝子）と，細胞接着の遺伝子である．多くの場合，からだの複雑な形や環境によるからだの変化などにかかわるのは，このアポトーシスである．私たちの手ができるのも，おたまじゃくしの尻尾がなくなるのも，アポトーシスの働きによる．

D. 強固な分子結合による超分子形成と高次の機能

多くの生物の働きは，タンパク質の相互作用によって発現している．ここまでは，結合が比較的ソフトな場合で，非常に多くのバリエーションが生まれることがわかる．しかし，タイトな結合によって，より大きな超分子を作り，高度な機能を発現している場合もある．ミオシンのロッド部分はスーパーコイルを作り，さらに他のミオシンとの相互作用によって，太いフィラメントを作る．生理的な条件下ではこれが壊れることはない．また，球状のアクチンも互いに結合して細いフィラメントを作る（**図 3.8**）．筋肉の動きやマクロな力の発生はこれらのフィラメント形成がなくては起こらない．このためのタンパク質間の結合は，かなりの面積にわたっての接触によってタイトな相互作用を可能にしているように見える．

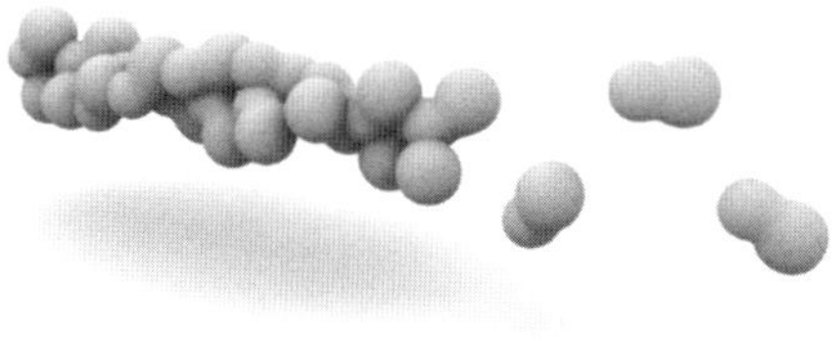

図 3.8　タンパク質の結合による超分子形成

タンパク質の品質管理に関与するタンパク質シャペロン，プロテアソームなどは，やはり多くのタンパク質分子が結合して超分子を形成し働く．このメカニズムはまだ必ずしもはっきりしていないが，特異性が低く，しかもタンパク質の立体構造形成を促進するという高度な機能を果たすのに，超分子の形が必要であることは間違いない．リボソームも多くの分子が入り組んだ複合体を作っており，その間の相互作用はタイトである．分子間相互作用によって多くの分子が複合体を作ることは，タンパク質の一般的な性質のように見える．膜内のタンパク質のほとんどが複合体となっている．

しかし，不都合な複合体の形成もあるということを指摘しておかねばならない．そのような場合は，普通超分子とはいわず，アモルファスな凝集体ということになる．その最もよい例が，狂牛病の病原体プリオンの凝集体（アミロイド）形成だろう．

プリオンは脳神経系の細胞に発現していて，正常型はオール α ヘリックス構造をしている．実は，正常なプリオンの生理機能はまだわかっていないが，重要な機能をもっていると予測されている．異常型は β シートが多い構造に変換していて，この β シートリッチな異常型がアミロイド（繊維構造）を形成しやすい．正常型プリオンは異常型プリオンの触媒によって，正常型から異常型へと構造変化すると考えられている．現在，プリオンのようにアミロイド形成によって引き起こされる病気（アミロイドーシス）は約 20 種類ほど報告されており，ごく普通のタンパク質もアミロイドーシスの原因タンパク質となりえるということがわかっている．

このような不都合なタンパク質間相互作用を起こらないように，タンパク質の品質管理装置が用意されているのであるが，凝集体ができないように超分子の装置が用意されていることも興味深いことである．

E. 相互作用の性質

まず相互作用は働く効果の範囲によって，長距離相互作用と短距離相互作用に分けることができる．相互作用の中でも最も長距離で物理的にも基本的なものとして，電荷どうしのクーロン力がある．実際，タンパク質の中にも電荷がたくさんあり，長距離相互作用は無視できない．ただし，水系の溶媒にたくさんのイオンが溶けていると，クーロン力は遮蔽され，かなり短距離の相互作用となる．一方，短距離相互作用としては，分子が重なり合って存在することができないという排除体積の効果がある．この効果は分子（原子）が少し離れると働かなくなる．ここでの長距離，短距離という言葉は，三次元的なタンパク質立体構造上の距離を示しているが，この意味で長距離な相互作用をすべて取り込もうとすると，計算量が大きくなって，計算自体が現実的な時間で終わらなくなってしまう．もう 1 つ，長距離という言葉にはアミノ酸配列の鎖に沿って距離が近い，遠いという意味もある（**図 3.9**）．2 つのセグメントが鎖の上で近い場合は，セグメントの間にある鎖の構造に限りがあるので，計算上も取り扱いやすいが，遠いセグメントどうしでは非常に大きな可能性があるので，計算で取り扱うことも非常に難しい．いずれにしても長距離の相互作用を扱うことは難しく，計算上は避けて通ることが多い．

具体的には，ある距離以上のペアでは計算を止めるというカットオフを行うことが多いのである．こういう意味で，長距離相互作用は厳密にはあまり構造予測のシステムの中に登場しない．しかし，この長距離の相互作用が構造形成プロセスでかなり重要な役割を果たしているのではないか，今まで物理化学的な構造予測で十分精度のよいものができなかった理由の一部は，そこにある．以上の

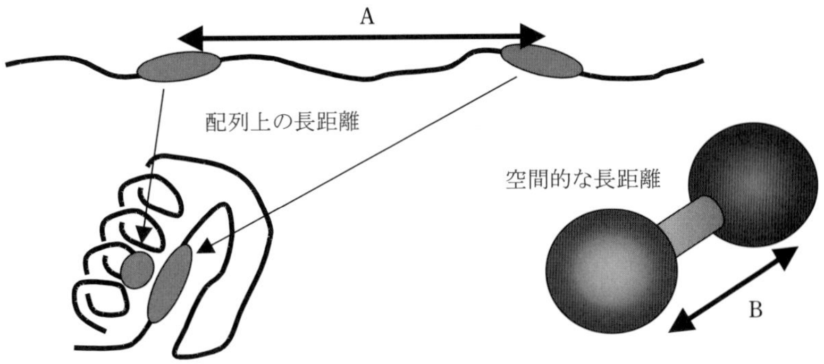

図 3.9　タンパク質における長距離相互作用の意味：配列上の長距離と物理的長距離

ようなことを頭において，個別の相互作用について考えてみよう．

① 静電相互作用・イオン結合・水素結合

タンパク質を構成するアミノ酸の中で，リシン，アルギニン，ヒスチジンは一価の正電荷をもち，アスパラギン酸とグルタミン酸は一価の負電荷をもっている．これらのアミノ酸が近傍にあると，正負の電荷どうしがクーロン力によって結合しやすくなることは物理的に自然である．これがイオン結合である．電荷どうしのクーロン力の強さは基本的に距離の二乗に反比例するので，この相互作用は遠距離にまで及ぶ．近距離ではイオンペアを形成するが，遠距離での相互作用については静電相互作用という言葉が使われる．水溶液系では，小さいイオンがたくさん溶解していて，それがクーロンの電場に従って分布することになる．その効果で水溶液系での静電相互作用はかなり短距離になる．しかし，それでも静電相互作用は長距離相互作用に分類すべきものである．また，正味の電荷はなくても，電気双極子があれば距離依存性は少し急だが，やはり長距離相互作用に分類してもよい力が働く．基本的には水素結合は，こういう意味の相互作用である．これらの相互作用は，溶媒に対する依存性をもっており，誘電率の大きい水中では弱いが，誘電率の小さい真空中や有機溶媒の中では強くなるという特徴的な性質をもっている．

② 疎水性相互作用

この相互作用で起こる最もわかりやすい現象は，水と油を混合したときの相分離である．「水と油」は混ざり合わないもののたとえとしても用いられるように，強く撹はんしても分離してしまう．これは疎水性相互作用という見かけの相互作用によるものである．水分子は大きな電気双極子をもっており，互いに水素結合ネットワークを形成する．水の 1 分子は 4 つの方向に部分電荷をもっていると考えると水の挙動をよく説明することができる（正の部分電荷を 2 つ，負の部分電荷を 2 つ）．そして，それが完全に水素結合によって結合し合った状態が氷（固体）である．水（液体）の状態では，それらの水素結合のネットワークが崩れた状態である．これに対して，油や水に溶けにくい炭化水素などの分子が水の中にあると，そのまわりの水分子の水素結合ネットワークが変わり，より秩序立った構造に変化する．そのときに，結合エネルギーはあまり変わらず，分子配置によるエントロピーが下がり，その効果で自由エネルギーが上昇してしまう．この自由エネルギーは，炭化水素と水の接触面積に比例して増加するので，系全体として自由エネルギーを下げるために，炭化水素どうしが集合して相分離が起こるのである（**図 3.10**）．

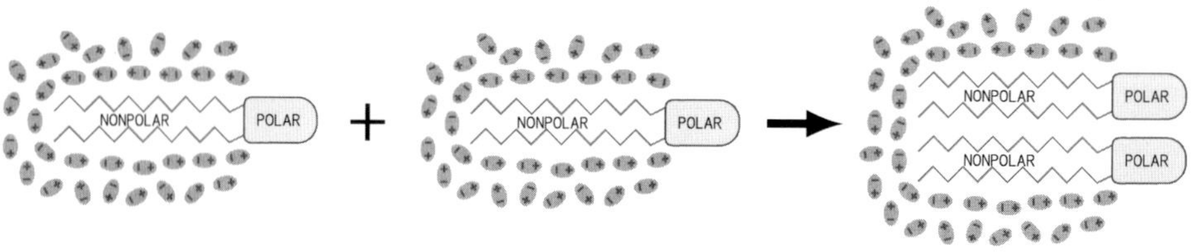

図 3.10
疎水性基どうしの接触による表面積の低下が自由エネルギーを下げ，系を安定にする．これが疎水性相互作用である．

ここで重要なことをまとめておくと，水の中では，クーロン力は弱いが，疎水性相互作用は強く働く．そして，膜などの非極性の媒質の中では，クーロン力が強く，疎水性相互作用は基本的に働かなくなる（**表 3.1**）．つまり，これらの相互作用の対照的な性質がタンパク質ばかりではなく，様々な生体物質の構造形成に大きく役立つことは想像に難くない．

表 3.1　生体における相互作用の性質

媒質	力		
	イオン結合 水素結合	疎水性 相互作用	生体膜中の部位
非極性の 環境中	強い	弱い	生体膜の内部， 膜タンパク質中では 膜内に対応する部分
極性の 環境中	弱い	強い	生体膜の外側， つまり水中

3.1.2 アミノ酸配列が類似していることの意味，類似していないことの意味

この章のメインテーマが配列類似性のないタンパク質の解析なので，アミノ酸配列が類似しているということと，類似していないことの意味を考えてみたい．

まずアミノ酸配列が類似していることの意味は，比較的単純に理解することができる．DNA-RNA-タンパク質を基本とした現在の生物は，進化によって種類を増やし，複雑化してきた．そしてすべての生物は同じ生合成システムを用いていることから見てもわかるように，すべての生物は進化過程でつながれているのである．このことはタンパク質レベルでもタンパク質どうしが進化過程で関係づけられていることを意味している．このとき生物が進化するということは配列が次第に変化していくことができるということを示している．一方，変化に対する抵抗もあって，なかなか変わらない配列もある．その原因は，遺伝に関係する分子の立体構造にある．

DNA の二重らせんのユニットは，A-T および G-C の塩基対である．A-T と G-C の塩基対はそれぞれ 2 つと 3 つの水素結合で結びつけられているが，対を作ったときの長さ（端から端の距離）は同じである（**図 3.11**）．つまり，どのように配列していても，立体構造は変わらないのである．水素結合の数は，二重らせん構造のほどけやすさの違いには反映しているが，その立体構造には影

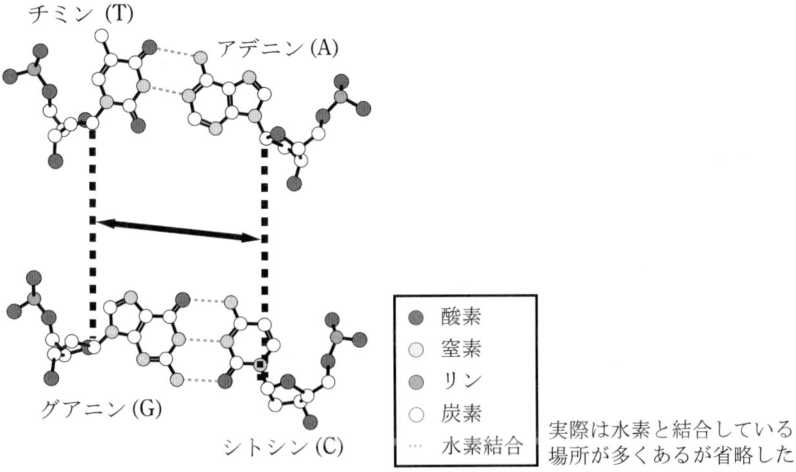

図 3.11　塩基対の長さの比較
A-T と G-C は正確に同じ長さをもち，置き換えに立体構造のエネルギー変化はない．

響していない．DNA が非常に優秀な情報メディアである由縁はそこにある．

このような事情から，紫外線，化学物質など様々な要因で塩基対の配列が変わっても，それに対する復元力はない．つまり，進化は塩基配列の変化に基づいて進んでいく．DNA 塩基配列の変化はランダムに起こると考えられるので，配列の類似度と共通祖先からの時間的距離の間に指数関数的な関係が生まれる．つまり，配列の類似性があるということは，進化的に近い関係にあるということを意味している．別のメカニズムで配列の類似性が生まれるという報告はないので，配列類似性は進化から単純に理解してよさそうである（立体構造の類似性は進化的な関係がなくても発生することがあると考えられている）．

一方，DNA 塩基配列の産物であるタンパク質のアミノ酸配列は，立体構造と強く関係づけられている．そして，タンパク質の機能は，立体構造の動きを通して生まれるので，DNA 塩基配列の変化は最終的にタンパク質の機能に大きな影響を与える．したがって，進化の過程に起こる DNA 塩基配列の変化は，タンパク質の機能の活性変化という非常に間接的な形ではあるが，復元力として働くはずである．そこで，機能的に重要なタンパク質ほど，配列類似度の保存性が高いということになる．

いずれにしても DNA 塩基配列あるいはアミノ酸配列の類似性は，各生物種間の進化的な近さに関係していて，配列が類似しているタンパク質は，立体構造でも機能的にも類似していると考えてよい．

これに対して，配列の類似性がないタンパク質どうしの関係は必ずしも単純ではない．いろいろな場合が考えられるからである．問題を複雑にしているのは，アミノ酸の配列の類似性がないにもかかわらず，立体構造が似たタンパク質のペアがたくさん見つかっているという事実である．その背景には，タンパク質の立体構造のパターンはかなり限られた数しかないということがある（**図 3.12**）．それに対して，アミノ酸配列の可能性は非常に大きい．したがって，必然的に配列がほとんど違っているにもかかわらず構造が似たタンパク質の組合わせがたくさん見出されることになる．

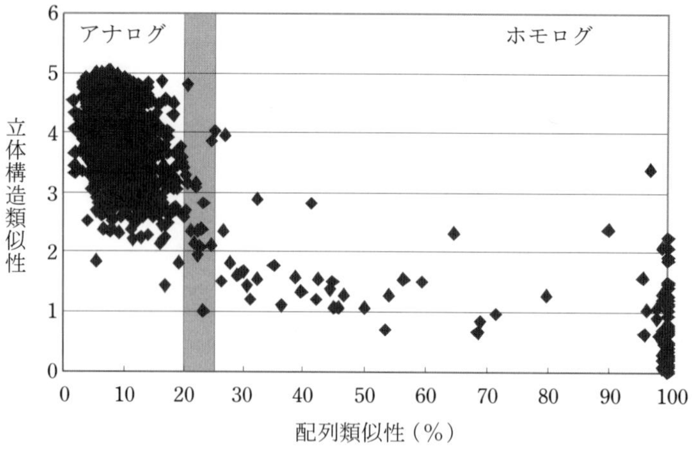

図 3.12　立体構造類似性があるタンパク質ペアの配列類似性の関係
アナログな関係のタンパク質ペアが多く見られる．

配列の類似性がないにもかかわらず，立体構造が似ている場合，どのような原因が考えられるだろうか？ まず第一に考えられることは，進化的に関係はあるが，類似度が非常に低下した場合である．進化的に次第に遠くなっていくと，配列の類似度はどんどん低下する．そして，配列の類似度が，ランダムに発生した 2 つの配列の関係と同じレベルまで低下すると，進化的な関係はまったくわからなくなる．しかし，進化的に関係している 2 つのタンパク質は構造と機能を保存するので，このようなことが起こる可能性がある．

第二に考えられることは，もともと進化的にはまったく関係のないアミノ酸配列が，たまたま同じ構造をもつようになった場合である．タンパク質の立体構造の形成には，シャペロンやトランスロコンなどの立体構造形成装置が働いている場合が多いが，最終的な立体構造は物理化学的な安定性を保っている．構造がエネルギーのグランドミニマムになっているかどうかはわからないが，局所的なエネルギーミニマムに対応していることは間違いなく，配列自体は異なっていても同じ構造になる物理化学的過程は十分考えられる．

結果的にこの 2 つの場合を配列と構造だけから区別することは，難しい．いずれの場合も，配列はまったく異なっていて構造は似ているという点で，区別できない．逆に見ると，進化的に関係がある場合も，同じ構造をとるということは，同じ構造をとるような配列上の物理化学的な特徴をもっていると考えられる．つまり，進化的な関係にはこだわらず，物理化学的な共通の特徴を探すということが，もう 1 つの研究上の方針となるだろう．

3.1.3　第一原理計算の解析とゲノム規模のタンパク質分類

配列の類似性がないタンパク質の構造に関して，物理化学的な研究を進めるにはいくつかの方法が考えられる．いわゆる第一原理のエネルギー計算がもっとも素直な方法かもしれない．しかし，この方針は非常に計算量も大きく，困難も多いということがわかっている．それらの困難を回避する方法があるか，あるいはそれに代わる方法はあるかということが今後の課題となる．

エネルギー計算の方法は最近非常に発展してきている．最大の要因は，コンピュータの能力が飛躍的に高まっているということがある．タンパク質を構成するすべての原子どうし，すべての原子と溶媒との相互作用を計算するには，非常に大きな計算量を必要とする．最近までは，それらの計算をすべて行うことは不可能であった（現在でも大きなタンパク質では難しい）．しかし，コンピュータの能力向上とともに，かなりの大きさのタンパク質分子のエネルギー計算が可能となってきた．

1つの要因はシミュレーション方法の発展であり，もう1つはエネルギー関数の改善である（**図 3.13**）．シミュレーション計算におけるアンサンブルのとり方に工夫が行われ，エネルギーの大局的ミニマムを捕まえることが比較的容易になってきたということがある．ボルツマン因子によってエネルギーの極小をとらえる方法では，局所的なエネルギー極小から逃れることが難しいが，温度分布を考慮した拡張したアンサンブルのとり方をすることによって大局的ミニマムを捕らえることができるようになってきた．

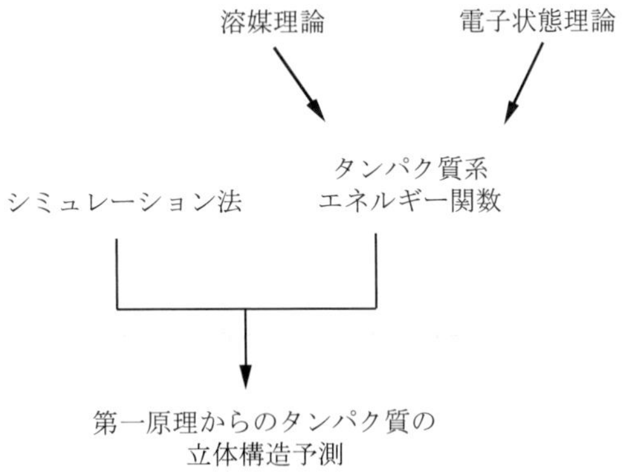

図 3.13　第一原理の立体構造予測における 2 つの重要な要因：
シミュレーション法とエネルギー関数

しかし，大きなタンパク質分子になると，やはり計算量の爆発の問題と，局所的エネルギーミニマムの問題が深刻である．そこでこれを回避するために，単純化の工夫が行われている．最近開発された方法が，短いフラグメントの立体構造データベースを用い，全体の構造を再構築する方法である．また，膜タンパク質に関しての試みであるが，束になった膜貫通ヘリックス間の相互作用が主に極性の相互作用であるということを利用した方法が開発されている．この方法ではヘリックスを粗視化し，計算量を非常に減らしている．

もう1つの方針は，タンパク質の分類である．詳細な構造の予測以前に，アミノ酸配列のもつ物理化学的な特徴からタンパク質を分類する．たとえば，膜タンパク質のアミノ酸配列は明確な物理化学的特徴をもっている．それを用いて，すべてのアミノ酸配列を分類することができれば，各分類に属するタンパク質の構造の予測はより容易になるに違いない．さらに，分類を階層的に行うことができる．たとえば，膜タンパク質の中からさらに膜貫通ヘリックスの本数やループ領域の特徴から分類を進めることもできる．アミノ酸配列の物理化学的な特徴によるタンパク質の分類は大きなメリットがある．最近爆発的に増加している配列情報のすべてに対して，解析結果を与えることができるからである．

表 3.2　タンパク質の構造分類に重要なパラメータ：疎水性インデックスと両親媒性インデックス（A：強い極性残基のインデックス，A′：弱い極性残基のインデックス）

A.A	H	A	A′	A.A	H	A	A′
ILE	4.5	0	0	TRP	−0.9	0	6.93
VAL	4.2	0	0	TYR	−1.3	0	5.06
LEU	3.8	0	0	PRO	−1.6	0	0
PHE	2.8	0	0	HIS	−3.2	1.45	0
CYS	2.5	0	0	ASP	−3.5	0	0
MET	1.9	0	0	ASN	−3.5	0	0
ALA	1.8	0	0	GLU	−3.5	1.27	0
GLY	−0.4	0	0	GLY	−3.5	1.25	0
THR	−0.7	0	0	LYS	−3.9	3.67	0
SER	−0.8	0	0	ARG	−4.5	2.45	0

物理化学的な特徴によるタンパク質分類は，ゲノム規模の予測ができるということだけではなく，実際に細胞内で起こっているタンパク質構造形成にある程度沿ってシステムを構成することができるという長所がある．われわれは，タンパク質における細胞内の構造形成を十分理解していないので，このやり方はなかなか難しい面がある．しかし，たとえば膜タンパク質と水溶性タンパク質は明らかに物理化学的な特徴が異なっており，構造形成のプロセスと予測システムの流れを合わせることによって精度を上げることができる．

われわれが考えた最初のタンパク質の分類は，膜タンパク質の判別である．膜タンパク質の構造の安定性を考慮することによって，3つの物理化学的パラメータを抽出した．セグメントの疎水性，両親媒性，タンパク質全体の大きさである．典型的な膜貫通へリックスは脂質二層膜の疎水性領域と同じように，疎水性のアミノ酸配列（セグメント）を中心としている．各疎水性側鎖は水から膜中に移動することによって自由エネルギーとして数 kcal/mol 有利になる．それによって膜中に分配することになる．

脂質二層膜は，疎水性領域だけで形成されているわけではなく，炭化水素鎖と化学結合した極性基の存在によって安定化されている．これに対して，膜貫通へリックスの両端には側鎖自体が両親媒性をもったアミノ酸が多く分布している．そこでわれわれは新しいパラメータとして，アミノ酸に対して両親媒性インデックスを新たに定義し，予測に用いた．**表 3.2** には，20 種類のアミノ酸に対する疎水性インデックスと両親媒性インデックスを示したものである．疎水性インデックスとしては，いろいろなインデックスが工夫されているが，ここでは Kyte & Doolittle のインデックスを用いている．また両親媒インデックスとしては，極性の高いアミノ酸と極性の比較的低いアミノ酸を別のインデックスとして示した．最後のタンパク質全体の大きさは，長距離効果を示しているが，大きなタンパク質における疎水性コアの形成と関係していると考えられる．

水溶性タンパク質に関しては，物理化学的特徴からさらに細かく分類することは，なかなか難しい．しかし，最近ダンベル型タンパク質を中心とした伸びた形のタンパク質の判別に成功した（**図 3.14**）．水溶性タンパク質の多くはつぶれた球状をしている．しかし，数は少ないが，伸びた形のタンパク質が存在している．それらの物理化学的特徴を検討した結果，それらのタンパク質は大き

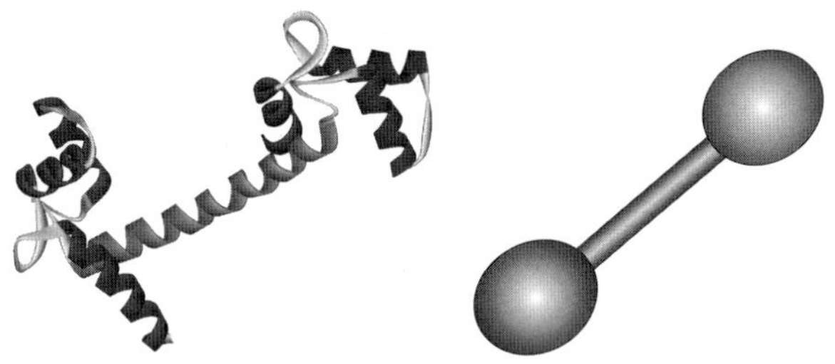

図 3.14　ダンベル型タンパク質の構造（例としてカルモジュリン）

な電荷をもっていることがわかった．つまり，負ないし正の電荷に大きく傾いていて，タンパク質全体が斥力系になっており，それを利用して予測を行うことができる．

類似性のないタンパク質の解析を考えるということは，タンパク質の構造形成・構造安定性を考えることに他ならない．今後，さらに様々なタンパク質の構造の分類が可能となるのではないかと考えられる．

3.2 実　習

3.2.1 ソフトウェア

われわれは，上記の見方を基にして，アミノ酸配列から膜タンパク質の分類をするソフトウエアシステム SOSUI を開発し，さらにそれを水溶性タンパク質の分類法にも展開しつつある．まず，われわれが膜タンパク質を手始めの研究対象とした理由は，タンパク質研究の現状から来る強い要請にある．

膜タンパク質は，脂質二層膜中に存在していて，エネルギー変換や情報伝達，物質輸送などの生体における重要な機能に関与している．膜タンパク質は，各生物種において存在する全タンパク質の 25〜30%を占めているといわれている．膜タンパク質研究の現状についてデータベースのエントリー数から見ると，アミノ酸配列データベースにおける膜タンパク質の割合が 26%であるのに対して，立体構造データベースにおける割合は 1%未満である．このため，コンピュータによるアミノ酸配列の解析によって構造情報を抽出することが非常に重要となっているのである．そして，立体構造データベース中での膜タンパク質の割合が少ないといっても，絶対数として見れば，かなりの膜タンパク質の構造が決定されていて，情報解析のために必要な情報はある程度集まっているという有利な状況もある．

3.2.2 膜タンパク質を予測する

A. SOSUI のツール群は，アミノ酸配列の情報からタンパク質の分類を行うソフトウェアシステムである．システム SOSUI は，ゲノム情報を意識したシステムで，配列のホモロジーによらず，分類を行うことができる．ゲノム情報は生物を設計するすべての遺伝情報を含んでおり，その意味がすべて明らかになれば，生物の理解が大きく進むと考えられている．しかし，類似配列がない個性

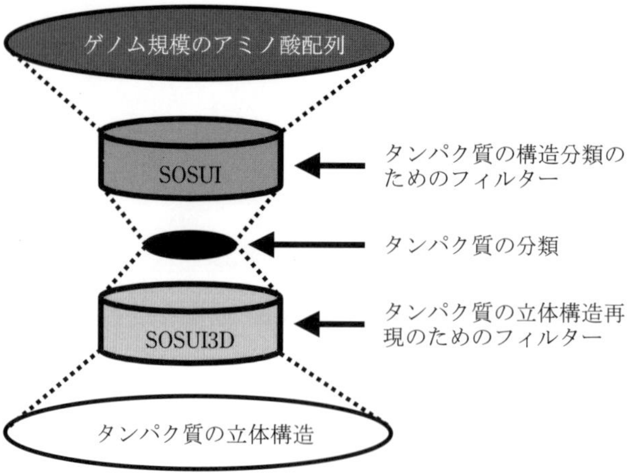

図 3.15　ゲノム規模のアミノ酸配列の解析のためのフィルター

的な配列をもつ遺伝子は意外に多く，ホモロジーのないアミノ酸配列に対する高精度の解析法が強く求められている．SOSUI はそのようなゲノム情報の研究からの要請にこたえるものとして開発された．

基本的な考え方は，**図 3.15** のようにすべてのアミノ酸配列に対して構造分類のためのフィルターを提供するものである．アミノ酸配列から最終的に得たい情報はタンパク質の立体構造であり，タンパク質機能に結びつく立体構造変化のモードである．これを実現するため，**図 3.15** に示すとおり，まず任意のアミノ酸配列の情報だけからタンパク質の分類を行い，次に分類に従って，タンパク質の立体構造を再構成する．このように配列情報から立体構造への流れにタンパク質分類の階層をはさむ理由は，たとえばアミノ酸配列が膜タンパク質か水溶性タンパク質かによって，立体構造の再現方針がまったく違ってくるので，まず高精度の分類が大事になのである．現在われわれが考えている分類の流れは**図 3.16** のようなものである．

立体構造再現システム (SOSUI3D) はまだ研究段階なので，現在提供できるのは，タンパク質分類システム (SOSUI) のフィルターツール群の一部である．SOSUI は多くのフィルターで構成され，**図 3.16** で示すとおり，アミノ酸配列の情報からタンパク質を様々なタイプのものに分類する．現在提供しているツールは，オリジナル SOSUI，SOSUIsignal，SOSUIdumbbell の 3 つと SOSUI のバッチ処理用ツールである．今後，さらにいくつかのツール群を追加する計画をしている．

B. SOSUI 群のための指標

タンパク質の分類のためには，数種類のアミノ酸の物理的性質を用いるが，最も物理的にあいまいさのない指標は電荷である．膜貫通領域には電荷が非常に少ない (SOSUI)．また，水に露出しているところには電荷が多い (SOSUIdumbbell)．

また，疎水性インデックスも膜タンパク質の中心部や球状タンパク質の内部を特徴づける指標として，様々に工夫されている．実際，200 種類くらいのアミノ酸指標をまとめたデータベースもあるが，その多くは疎水性を示す指標である．膜貫通領域は疎水性が高い．アミノ酸の疎水性指標の算出方法は 3 つに分類されている．アミノ酸の分配係数，タンパク質におけるアミノ酸の内外分

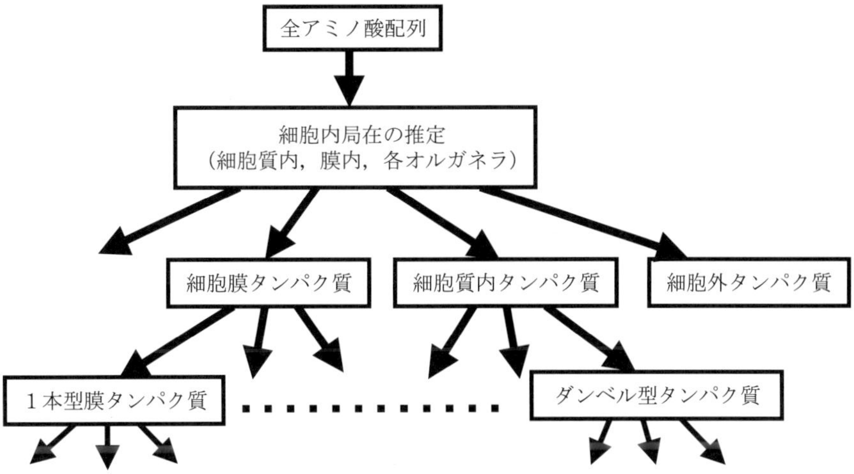

図 3.16　アミノ酸配列の分類のフィルター群

布，そしてこの両者の組合わせである．われわれは，Kyte-Doolittle(K-D) 指標を用いているが，短いウインドウ幅で疎水性指標の平均値をとり，アミノ酸配列に沿ってその変化をプロットしていくと，疎水性のブロックとして膜貫通領域がつかまる．このナイーブな方法だけでもある程度膜タンパク質を判別することができる．

しかし，これらの指標だけでは，タンパク質の構造を分類するには十分ではないということが多くのデータセットの検討からわかってきた．そこで開発したのが，両親媒性指標である．水の中で界面活性剤が，ラメラ，ヘキサゴナル，ミセルなどのミクロ相分離構造をつくるように，両親媒的な側鎖は相分離構造を安定化するはずである．これがアミノ酸の両親媒性指標である（**表 3.2**）．膜の界面付近に両親媒的なアミノ酸が実際に多く，SOSUI では，そのことを高精度の膜タンパク質の予測に利用している．アミノ酸残基の両親媒性側鎖は膜表面に多く存在する．両親媒性のアミノ酸は界面活性剤様の側鎖をもつアミノ酸である．これらのアミノ酸について両親媒性指標は以下のように計算される．側鎖の炭化水素鎖部位の溶媒露出表面積 (ASA) と溶媒中の表面張力 σ から移動自由エネルギー ΔG を算出する（**図 3.17**）．

$$\Delta G = \sigma \cdot ASA \tag{1}$$

ここで，表面張力 σ は実験から得られた値 40 dyn/cm を用いる．実際の膜タンパク質のアミノ酸配列において，短距離の効果である疎水性および両親媒性の指標をプロットすると，疎水性が高い領域の両側で両親媒性が高くなるという傾向があり，これを分類に用いることができる．また，界面活性剤的な性質をもつアミノ酸側鎖が膜表面付近に多く存在することは妥当な分布である．

先に述べたとおり，短距離の相互作用だけでデータを整理すると，必ずしもよい成績が得られない．しかし，長距離相互作用の指標はまともに扱おうとすると，計算時間もかかるし，どのような相互作用を取り込むべきかについての方針が難しい．膜タンパク質の分類予測には，膜貫通領域の高精度予測が必要となるが，実際の膜貫通領域を超えた指標として，われわれはタンパク質の大き

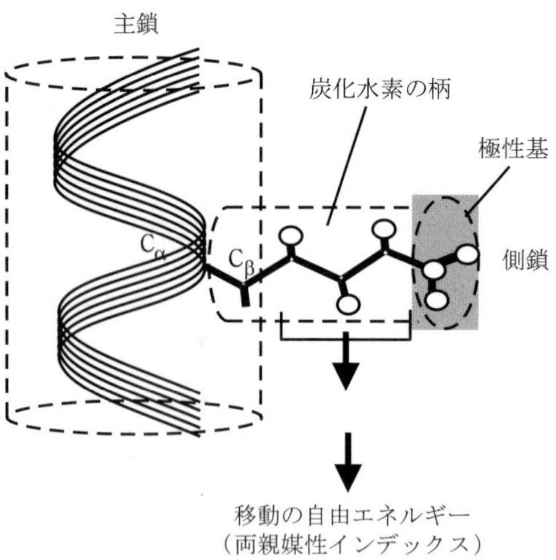

図 3.17　両親媒性インデックスの計算方法

さ（全残基数）を用いた．

3.2.3　膜タンパク質予測システム：SOSUI 群

A. SOSUI

具体的な解析ツールの使用手順を簡単に説明する．**図 3.18** は膜タンパク質予測システムのホームページである．トップページには 4 つのツールがある．以下，その順番で説明する．

・SOSUI

・SOSUI(Batch)

・SOSUI(Signal) Beta Version

・SOSUIdumbbell

① トップページの SOSUI をクリックする．

http://sosui.proteome.bio.tuat.ac.jp/sosuiframe0.html から SOSUI に入るか http://sosui.proteome.bio.tuat.ac.jp/sosui_submit.html に直接入る（ブラウザによって表示されないが，その場合はブラウザを変える）．

② そうすると入力画面が出るので，アミノ酸配列を入力する．SWISSPROT などのデータベースから FASTA 形式のデータをもってくれば，すぐに計算が可能である．やり方を試すだけならば，トップページのツールの下にアミノ酸配列の例が用意されているのでそれをコピー，ペーストしてもよい．

③ 入力画面の EXEC のボタンを押し，計算を実行する．

④ それほど時間はかからないが，しばらく後に計算結果が返されてくる．

⑤ その画面には，オプションとして，疎水性プロットや，車輪図，スネーク図などが加えられているので，それを見る．

ここで，車輪図はヘリックスをその端から見たときのアミノ酸の角度の関係を示しており，ス

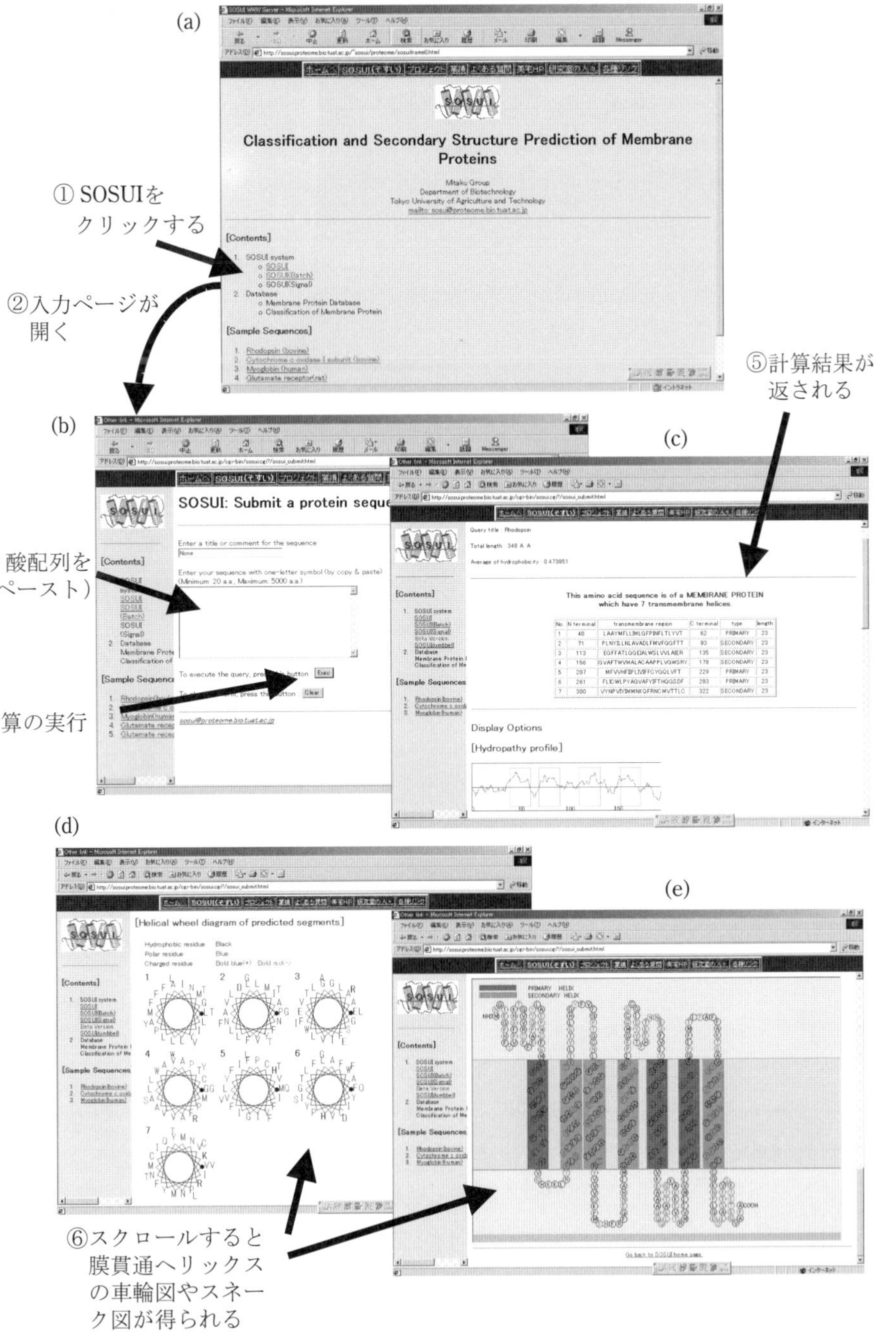

図 3.18　膜タンパク質予測システムのネットワークバージョン
(a) トップページ，(b) 入力のページ，(c) 結果のページ，(d) 車輪図，(e) スネーク図.

ネーク図はヘリックスを横から見たときのアミノ酸の位置関係を示している．

SOSUIには，膜タンパク質の分類の精度（99%程度）が高いという特徴がある．このことからゲノム全体の解析から生物の進化戦略を議論することも可能になる．

B. SOSUIdumbbell

細長く伸びたタンパク質を予測するシステムとしてSOSUIdumbbellを用意している．たとえば，カルモジュリンなどがその典型例である．実際にはこのタイプのタンパク質の数は少ないのだが，伸びたタイプのタンパク質は生体機能の制御にかかわるものが非常に多く，機能的には重要である．計算手順は，SOSUIの場合とまったく同じである．出力画面だけが**図 3.19** のように変わっている

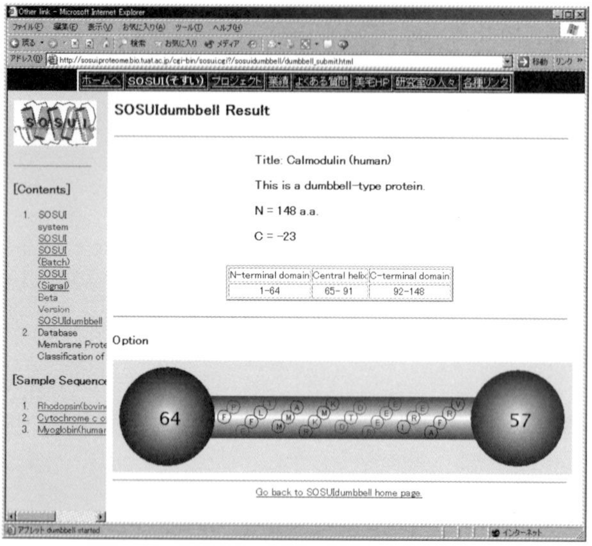

図 3.19　伸びたタンパク質の予測システム SOSUIdumbbell の出力ページ
使用手順は SOSUI とまったく同じである．

ゲノムスケールの解析で問題になる，類似配列のない未知配列は，1つのプロテオーム全体の半分くらいもあり，その情報解析は非常に重要な課題となっている．ここではその問題の整理と解決に向けた方向性を議論し，1つの試みとして開発したタンパク質分類システムについて紹介した．また膜タンパク質予測システムSOSUIによる解析に実習を行った．しかし，類似配列のない未知配列の情報解析は，当分の間非常に大きな問題であり続けるだろう．読者の中にこの問題を解決する人が現れることを期待している．

文　献

解説

[1] 美宅成樹著，「分子生物学入門」岩波書店，岩波新書 (2002)
[2] 広川貴次・美宅成樹著，「できるバイオインフォマティクス」中山書店 (2002)
[3] 美宅成樹「タンパク質分子の姿をあぶりだす新手法」日経サイエンス, **32**(1): 20–27 (2002)

膜タンパク質の見方

[4] 広川貴次・美宅成樹「生体高分子のつくる高次構造と機能」応用物理, **66**(10): 1098–1101 (1997)

[5] Hirokawa, T., Uechi, J., Sasamoto, H., Suwa, M. and Mitaku, S. "A triangle lattice model that predicts transmembrane helix configuration using a polar jigsaw puzzle" *Protein Eng.*, **13**(11): 771–778 (2000)

[6] Suwa, M., Hirokawa, T. and MItaku, S. "A continuum theory for the prediction of lateral and rotational positioning of α-helices in membrane proteins: bacteriorhodopsin" *PROTEINS*, **22**: 350–362 (1995)

[7] Mitaku, S. "The role of hydrophobic interaction in phase transition and structure formation of lipid membranes and proteins" *Phase Transitions*, **45**: 137–155 (1993)

[8] Suwa, M., Mitaku, S., Shimazaki, K. and Chuman, T. "Characterization of transmembrane helices by a probe helix of molecular energy calculation" *Jpn. J. Appl. Phys.*, **31**: 951–956 (1992)

[9] Yanagihara, N., Suwa, M. and Mitaku, S. "A theoretical method for distinguishing between soluble and membrane proeins" *Biophys. Chem.*, **34**: 69–77 (1989)

[10] Mitaku, S., Hoshi, S. and Kataoka, R. "Spectral analysis of amino acid sequence. II. characterization of α-helices by local periodicity" *J. Phys. Soc. Jpn.*, **54**: 2047–2054 (1985)

[11] Mitaku, S., Hoshi, S., Abe, T. and Kataoka, R. "Spectral analysis of amino acid sequence. I. intrinsic membrane proteins" *J. Phys. Soc. Jpn.*, **53**: 4083–4090 (1984)

SOSUI 群について

[12] 美宅成樹「ホモロジーのないアミノ酸配列からの蛋白質構造・機能情報の抽出」蛋白質 核酸 酵素, **46**(16): 2561–2566 (2001)

[13] 美宅成樹・広川貴次「膜蛋白質の立体構造予測—膜蛋白質の判別と立体構造予測への展望」蛋白質 核酸 酵素, **42**(17): 3020–3025 (1997)

[14] Mitaku, S., Hirokawa, T. and Tsuji, T. "Amphiphilicity index of polar amino acids as an aid in the characterization of amino acid preference at membrane-water interfaces" *Bioinformatics*, in press

[15] Mitaku, S., Ono, M., Hirokawa, T., Boon-Chieng, S. and Sonoyama, M. "Proportion of membrane proteins in proteomes of 15 single-cell organisms analyzed by the SOSUI prediction system" *Biophys. Chem.*, **82**: 165–171 (1999)

[16] Mitaku, S. and Hirokawa, T. "Physicochemical factors for discriminating between soluble and membrane proteins: hydrophobicity of helical segments and protein length" *Protein Eng.*, **12**(11): 953–957 (1999)

[17] Hirokawa, T., Boon-Chieng, S. and Mitaku, S. "SOSUI: classification and secondary structure prediction system for membrane proteins" *Bioinformatics Applications Note*, **14**(4): 378–379 (1998)

第4章　タンパク質の進化とデザイン

白井　剛

Point

今日観察されるタンパク質などの生体分子は，数十億年の生物進化の結果として存在する．これは，タンパク質構造情報のすべてが物理化学的な必然性によって説明されるわけではないことを意味している．たとえば，あるタンパク質のある部位は，機能に必須であるので特定のアミノ酸残基で占められている可能性もあるし，ただ単に歴史的経緯から現在観察されるアミノ酸となっているだけで，実は簡単に他のアミノ酸に置き換えられる可能性もある．

タンパク質進化の歴史は，現在の人工的な分子工学技術の水準をはるかに超えた規模と達成度を誇る天然のタンパク質工学の歴史ともいえる．機能予測や分子デザインにとって重要な情報を配列・立体構造から抽出する場合に，進化情報を取り入れることは重要である．

この章ではまず，タンパク質進化を探るための最も強力なツールである分子系統樹推定法のあらましを実践的な側面に絞って解説する．さらに，これまでに報告された研究を例として，分子系統樹推定法をタンパク質の機能解析や分子デザインのためのバイオインフォマティクスツールとして利用する方法を解説する．

4.1　基　礎

4.1.1　バイオインフォマティクスツールとしての進化情報

タンパク質などの生体分子はかなり豊富な情報を含んでいて，特に立体構造になるとその情報量は膨大である．そのため，タンパク質の機能について考えるときに，どの情報が機能にとってより重要であるのか判断することはそれほど容易な作業ではない．

たとえば，あるタンパク質の機能部位を特定したいという目的をもっているとする．考えられる手段は，ポイントミューテーションを導入して機能の失われる部位を実験的に探すことである．ただし，漫然と置換部位を選択するのであれば，試みなければならない変異の数は簡単に数百数千に達してしまうだろう．

実際にはバイオインフォマティクスによる解析を利用することで，そのような非効率的な実験を回避する手段がいくつか知られている．すぐに思いつくのは，既知の配列を収めたデータベースに対して相同性検索をかける，あるいはモチーフデータベースに対して検索をかけるということである．もし有意なヒットが見つかれば，保存されている部位＝機能的に重要な部位という推定から，置換部位の候補を絞り込むことができる．

こうした解析を行った場合，われわれが利用した情報とはいったい何だったか考えてみよう．データベースに収められているのは，ほとんどが現存する生物のもつ分子の情報である．それらの分子で保存されている部位は，過去相当の期間変異による擾乱を受けたにもかかわらず改変することができなかったと考えられる．こう考えると，利用しているのは実質的にはポイントミューテーション実験の結果であり，違いは自ら実験をする代わりに過去に生物が行った実験，すなわち分子進化の結果を使ったという点だけである．

現在有効であると認められているバイオインフォマティクスによる配列・構造解析の手法は，ほとんどの場合，暗に進化情報を利用している．たいていは，上記のような「保存性が高い＝重要性が高い」というロジックに基づく．しかし進化情報を使えば，保存性とは逆の観点からも情報抽出が可能である．それはタンパク質進化プロセス推定を利用した解析である．この場合は保存性だけでなく，変異イベントも重要な情報源となる．

4.1.2 分子系統樹

進化プロセスの推定による解析で中心的な役割を果たすツールは分子系統樹推定法である [1,2]．分子系統樹とは，分子構造（ほとんどの場合は塩基配列かアミノ酸配列）を定量的に比較し，その差を分子間距離と見なして，相互の距離を満足するように複数の分子を樹状に連結したものである（**図 4.1**）．分子間に相同性（homology 共通の祖先をもつことを意味する）を仮定しなくてもこの作図は可能で，その場合は樹状ダイアグラム (dendrogram) などと呼ばれることもある．分子が相同であり，なおかつ距離が近縁性と相関すると考えると，この図は分子系統樹 (molecular phylogenetic tree) と見なせる．さらに，遺伝子の水平伝搬や重複がないと仮定すると，分子系統樹はそれらの遺伝子をもつ生物の種系統樹 (species phylogenetic tree) と同一である．

塩基配列やアミノ酸配列を用いて作成する系統樹は，化石データや解剖学的データに基づく方法に比べて圧倒的な定量性と客観性をもっているので，現時点で生命の過去をのぞき込むための最良のツールといえる．このツールの改良は現在も続いており，背景となるのはかなり複雑な数学であるが，ここではその詳細には立ち入らず，ユーザとして有用な実践的知識を身につけよう．

(1) 系統樹関連の用語

以下は系統樹を用いた研究によく出てくる用語で，意味を知っておくと便利なものである（**図 4.2** 参照）．

a) OTU(operational taxonomic unit)

系統推定する際の操作上の単位で，系統樹のブランチの先端に位置するものである．個体，種，

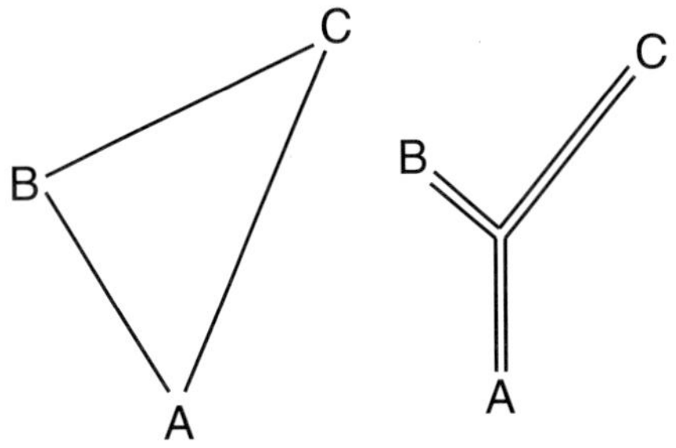

図 4.1
樹状図のブランチの長さの和が A-C 間の進化距離を満足するようにしたものが系統樹である．

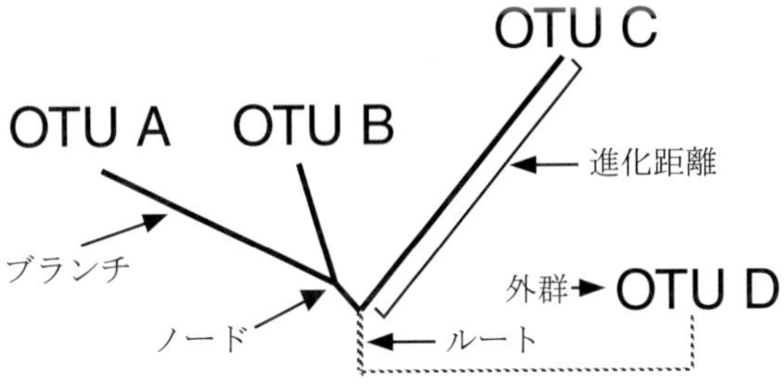

図 4.2
模式的な系統樹上で本文で解説した用語に対応する部分を示している．

あるいは集団でもかまわない．分子系統樹ではほとんどの場合，遺伝子（DNA 配列）かタンパク質のアミノ酸配列（いずれも部分でもよい）に対応する．

b) ノード/節 (node)

系統樹上で 2 本以上のブランチの接する点を指す．ノード上にはそこに接続する OTU たちの共通祖先（common ancestor）が位置する．

c) ブランチ/枝 (branch)

ノード間，またはノードと OTU 間をつなぐ線．進化経路を表す．

d) 進化距離 (evolutionary distance)

OTU 間の定量的な差を進化上の隔たり（距離）と見なす．系統樹上で OTU やノード間をつなぐブランチの長さの総和がこれにあたり，通常は塩基・アミノ酸の置換数，あるいは置換率（置換数/部位数）で表される．これは距離が短い場合には観測された置換数に等しいとして問題ないが，距離が長くなると多重置換（同一部位に 2 回以上置換が起こる）や復帰置換（2 回以上の置換で元のアミノ酸に戻る）を補正した値にする必要がある．

e) 進化速度 (evolution rate)

進化距離/時間が進化速度である．これが定数と見なせる場合（進化速度一定）は，いずれの OTU からもルートへの距離が同じになる性質を利用してルートの位置を推定できる．また，進化速度定数がわかっている場合は，置換数から分岐後時間を算出できる．これを分子時計 (molecular clock) と呼ぶが，厳密な速度一定性は通常成り立たないので，適用には注意が必要である．

f) 有根/無根系統樹 (rooted/unrooted tree)

系統樹のルート（root，根）とは，その系統樹に属するすべての OTU の始祖が位置する部分である．この位置は進化速度一定性を仮定するか，外群を導入しないと確定しない．ルートのある系統樹が有根系統樹，ないのが無根系統樹である．

g) 外群 (out group)

進化速度一定性を仮定しないでルートを求める場合，系統樹内のいずれの OTU からも十分に隔たった OTU（外群）を導入し，その外群が系統樹と接続する位置をルートと仮定することがある．

h) トポロジー (topology)

ブランチの長さを無視した系統樹の分岐パターンのことを指す．

(2) 系統樹推定法

系統樹推定法はバリエーションを含めると，かなりの数が提案されている．以下はよく使われる系統樹推定法とその特徴である [1].

a) UPGMA 法（平均距離法，unweighted pair group method with arithmetic mean)

分子進化速度が一定であることを仮定し，順次近縁な OTU を接続して系統樹を作成する方法で，有根系統樹ができる．進化速度一定性は一般には期待できないが，その場合にはトポロジーを誤って推定する可能性が高いので注意が必要である．計算は比較的高速である．

b) 最大節約法 (maximum parsimony method)

系統樹のすべてのブランチ上の塩基・アミノ酸置換数が最も少なくなるトポロジーを選択する方法で，通常，無根系統樹が作成される．このアルゴリズムの特徴は，ノード（すなわち祖先）の配列が系統樹の作成過程で推定される点である．基本的に可能なトポロジーを総当たりする方法なので計算時間がかかる．

c) 近隣結合法/NJ 法 (neighbor joining method)

星型トポロジー（すべての OTU が 1 個のノードから出ている）から出発し，1 つのノードで結合される OTU・ノードの組のうち系統樹全体のブランチの総和を最小にするもの（近隣）を順次結合する（新たなブランチを設定して星型トポロジーから分離する）ことでトポロジーを推定する方法である．無根系統樹が作成され，計算は高速である．

d) 最尤法 (maximum likelihood method)

ある系統樹モデルが与えられた場合，塩基・アミノ酸置換確率マトリックスを使ってそのモデルが実現する確率（尤度）を計算することができる．系統樹モデルを網羅的に生成しつつ尤度計算を行うことにより，最も尤度の高い系統樹を選ぶ方法が最尤法である．モデルに含むパラメータの取り方にもよるが，網羅的にモデルを探索するので計算時間がかなり長くかかる．モデル次第では有根系統樹を作成することもできる．

4.1.3 分子系統樹からの機能部位推定

ここからはいくつかの例を示しながら，分子系統樹を用いてタンパク質の機能部位を解析する方法を紹介する．

以下の例すべてに共通する考え方は単純である．ある相同なタンパク質の集団が，何らかの機能的性質（耐熱性，リガンド特異性，ドメイン構成など何でもかまわない）でいくつかのグループに分かれるとする．それらの分子系統樹を書いたときに，類似した性質をもつ OTU が 1 本のブランチでその他のものから分離されるとしたら，その性質はこのブランチ上で獲得されたはずである．このことから，そのブランチで起こったアミノ酸置換の中で，グループ内で保存されているものが機能進化の原因であると推定できる．

(1) 部位のアミノ酸頻度に変化が現れる場合

HIV などのレトロウイルスはゲノム複製のために逆転写酵素 (reverse transcriptase, RTase) をコードしている．多くの RTase は鋳型 RNA を分解するためにリボヌクレアーゼ活性をもっており，その活性はリボヌクレアーゼ H (RNaseH) ドメインが担っている．一方，細胞生物は RNaseH ドメインと相同だが，単独の酵素として機能する RNaseH をもっている．つまり RTase は，RNaseH とポリメラーゼの融合遺伝子 (fusion gene) として出現したと考えられる．融合遺伝子が作られる場合に，新たに形成されたドメインの界面でどのような適応置換が起こるのか興味ある問題である [3].

代表的な単独型 RNaseH とドメイン型 RNaseH で系統樹を作成すると，両者を隔てるブランチが観察されるので，ドメイン型は単系統であると考えられる．これは過去に遺伝子融合が 1 回だけ起こったということである．遺伝子融合に伴って適応的に置換される部位では，単独型とドメイン型でアミノ酸の保存性や出現頻度に変化が現れると期待される．

そこで以下のようなスコアを，単独型とドメイン型 RNaseH の多重（マルチプル）アラインメント (multiple alignment) の各部位について計算する．

$$d(i) = \frac{1}{2}\sum_{k=1}^{n}(a_{ik} - b_{ik})^2 \tag{1}$$

$d(i)$ は部位 i の指標で，a_{ik} は a 群（単独型）でのアミノ酸グループ k の部位 i における出現率，b_{ik} は b 群（ドメイン型）での同じアミノ酸グループの出現率である．アミノ酸グループ数 n は任意に設定できるが，ここでは最も単純に，親水性グループ (DENQKRH)，両義性グループ (GATSP)，疎水性グループ (VLICMFYW) の $n = 3$ グループとする．$d(i)$ が大きいほど，問題のブランチを境にアミノ酸頻度に大きな差がでていることになる．

実際にこれを計算すると，$d(i) > 0.8$ の値をもつ部位が 8 個発見されるが，そのうち 4 個は RNaseH ドメインの界面に存在する残基であり，適応的置換された部位であると考えられる（**図 4.3**）．これは，このような簡単な方法で，ある程度まで機能的に重要な部位を絞り込むことができるという例である．

(2) アミノ酸保存性に変化が現れる場合：進化トレース法 (evolutionary trace method)

この方法も，タンパク質の集団の間で，機能変化によって相同な部位のアミノ酸保存性に変化が現れることから機能部位を推定する方法である．例として EGF 様成長因子 (EGF-like growth factor) を取り上げて，アミノ酸配列の比較から EGF 様成長因子のレセプター特異性を決定している部位を推定する [4].

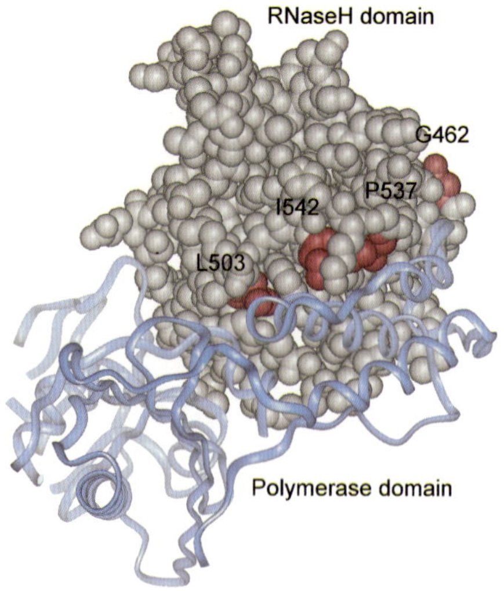

図 4.3
RNaseH ドメイン上で融合に伴う適応置換を受けたと考えられる残基 (赤). RNaseH ドメインは空間充填模型 (白), その他の逆転写酵素ドメインはリボン模型 (水色) で示されている.

EGF 様成長因子 heregulin は HER (human epidermal growth factor receptor) のサブタイプ HER2/HER3 または HER2/HER4 ヘテロ二量体レセプターに特異的に結合することが知られている. この特異性を決めている部位を推定するために heregulin 群に特徴的な部位を以下の方法で抽出する.

この方法ではまず, 系統樹に基づいて特定のグループを含むブランチを段階的に選択し (partition と呼ばれる), その後に, 選ばれたブランチに接続する OTU について多重アラインメントから以下の指標を求める.

$$V_i = \sum_{j=1}^{n} \frac{v_{ij}}{n} \tag{2}$$

$$v_{ij} = \sum_{k \neq j, k=1}^{n} \frac{W_k (S_{M_{ji}, M_{ji}} - S_{M_{ji}, M_{ki}})}{S_{M_{ji}, M_{ji}}} \tag{3}$$

Vi は部位 i に対する多様性指標である. n は配列数で, v_{ij} は配列 j の部位 i に対する値となる. $S_{M_{ji}, M_{ki}}$ は M_{ji} (配列 j の部位 i のアミノ酸) から M_{ki} (同様に配列 k の部位 i のアミノ酸) への置換スコア, W_i は類似アミノ酸配列に対するウエイトである. V_i はその部位でのアミノ酸の多様性が大きいほど高い値を示すことになる.

次にグループをすべての配列を含むものから目的のグループまで, 段階的に狭めつつ C_i^{grp} (保存性指標) を求める.

$$C_i^{grp} = \frac{V_i^{all} + 1}{V_i^{grp} + 1} - 1 \tag{4}$$

この値は目的のグループ内ではアミノ酸保存性が高いが全体としては保存していない (つまりある機能をもつグループに特徴的な) 場合に高い値をとる.

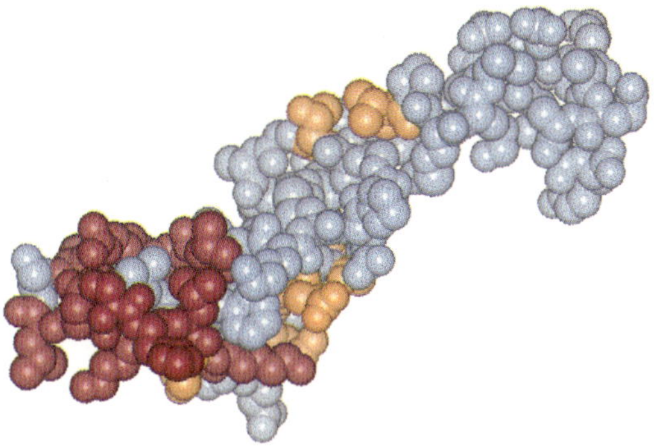

図 4.4
Heregulin グループで高い C_i^{grp} 値を示す部位 (赤または黄色). アミノ末端か Ω ループに属する残基は赤で示されている.

類縁 EGF 様成長因子全体から heregulin グループまで段階的に C_i^{grp} のプロファイルを調べると，ブーツ状の分子の足に相当する部分が浮き上がってくる (**図 4.4**). これはアミノ末端と Ω ループと呼ばれる領域からなる部分で，実験から結合特異性に重要であることがわかっている領域と一致する．このように，リガンド結合に関与する部分を系統樹解析から絞りこむことが可能である．

(3) 祖先型推定による収斂適応の解析

ここまでの例では，分子系統樹は配列グループを特定する目的で使用されていた．しかし系統樹の最も強力な性質は祖先型の推定である．すでに述べたように，分子系統樹の作成法によっては祖先型アミノ酸配列の推定を行うことができる．これは分子進化の過程で特定の時期に起こった現象を取り出して解析できるということである．

ここでは，反芻動物（ウシ）と霊長類（ラングール）の細胞壁分解酵素リゾチームを例として説明する [5]．これらの動物は独立に反芻胃を発達させたと考えられているが，両者とも反芻胃に大量のリゾチームを分泌するという共通の特徴がある．このリゾチームの役割は抗菌作用であると考えられており，酸性条件下での高活性，ペプシン分解耐性など他のリゾチームには見られない性質をもっている．

これらのリゾチームと他の近縁種のアミノ酸配列を使って最大節約系統樹を作成するとウシとラングールのリゾチームはクラスターを作る（つまり互いに配列が類似している）ことが示される．しかし，このトポロジーは予想される種系統樹とは異なっており，水平伝搬（horizontal gene transfer，ある生物から他の生物へと遺伝子がもち込まれること），遺伝子重複（gene duplication，ある時点で遺伝子が 2 コピーできること），収斂進化（convergent evolution，異なる遺伝子に同じ置換が起こり結果として類似した配列になること）のいずれかが起こったことが想定される．系統樹のトポロジーなどから，前の 2 つは可能性が低いと考えられるので，ウシとラングールのリゾチームの類似は収斂進化によるものと推測される．

そこで妥当な種系統樹のトポロジーを使って最大節約系統樹を作成し，祖先配列を推定してみる．この祖先配列をもとに，ヒト，ヒヒ，ラングールの 3 種への進化経路で起こったアミノ酸置換を推

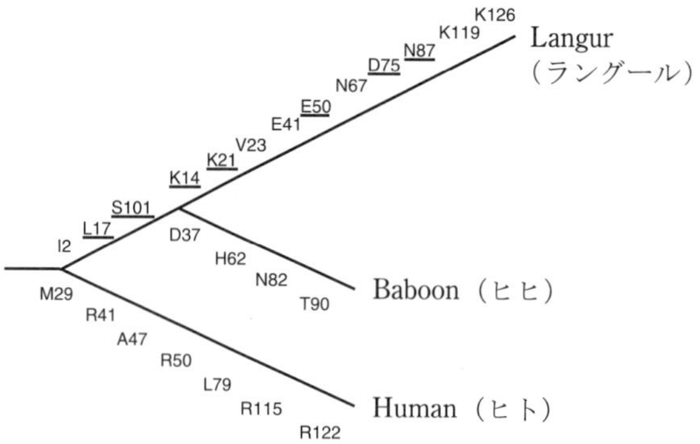

図 4.5　ラングール，ヒヒ，ヒトリゾチーム系統樹上の推定アミノ酸置換
ラングールに至るブランチ上に下線で示した残基は，ウシリゾチームと同じアミノ酸になるように置換されている．

定すると，ラングールリゾチームへ至るブランチ上の 10 回のアミノ酸置換のうち，5 回の置換がウシリゾチームへの収斂であることがわかる（**図 4.5**）．

この例のように，系統樹を利用することによって，特殊な環境に曝されたタンパク質（遺伝子）がその環境に適応した構造へ進化するプロセスと，そのためにどのようなアミノ酸置換が必要であったかを推定することができる．このリゾチームの解析については後半の実習で扱う．

(4)　祖先型推定によるアルカリ適応進化の解析

市販の洗濯洗剤には汚れ成分の分解のために酵素が添加されているものがある．洗剤はアルカリ性なので，添加酵素はアルカリ環境下で高い活性を示すものが選ばれる．現在使われている洗剤酵素は好アルカリ細菌から単離されたものであるが，タンパク質をアルカリ適応させるメカニズムが解明できれば，必要な酵素を人工的にアルカリ適応させられるかもしれない．以下の例は，2 種類の洗剤酵素（プロテアーゼとセルラーゼ）の系統樹を使ってタンパク質のアルカリ適応プロセスを解析した例である [6,7]．

好アルカリプロテアーゼとセルラーゼには，いずれも好アルカリ性を示さない類縁タンパク質が存在する．そこで，それらの分子系統樹を作成し，好アルカリ性群とその他を隔てるブランチ上で起こったアミノ酸置換を推定する．系統樹は，進化距離計算は最尤法で，トポロジーは近隣結合法で推定したものである（トポロジーにまで最尤法を用いると計算時間がかかりすぎるので，このように方法を組み合わせることがある）．

系統樹推定に用いた多重アラインメントをもとに，部位ごとに最大節約になるようにノードのアミノ酸（祖先型）を決める．祖先配列から，好アルカリ性とその他のグループを隔てるブランチ上で起こったアミノ酸置換を集計したところ，リシン残基が減少し，アルギニンとヒスチジンが増加するというパターンが共通に現れることが示された．

このタンパク質の場合，同時に構造解析も行われているので，アルカリ適応過程で置換されたアミノ酸の立体構造上の位置と，それぞれどのような相互作用にかかわっているのかを調べることができる（**図 4.6**）．結果として，リシンの形成する静電相互作用（多くはリシン-アスパラギン酸の

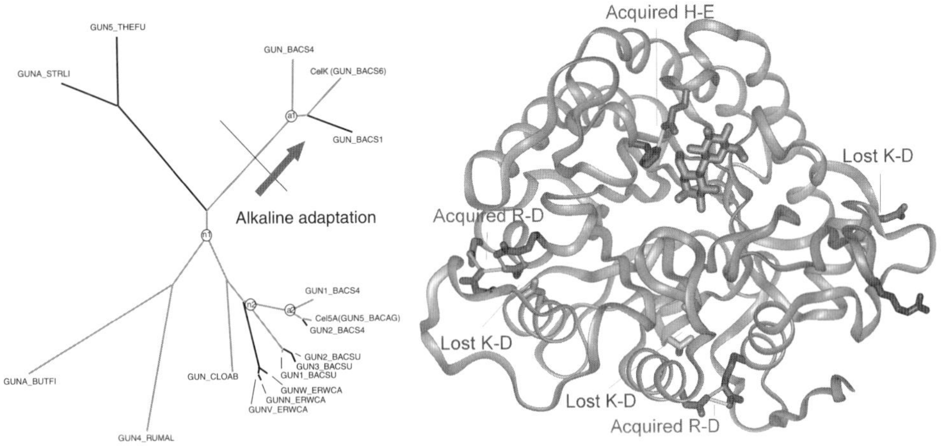

図 4.6　アルカリセルラーゼ（図中では CelK）のアルカリ適応
左の分子系統樹で CelK を含む群へのブランチ (矢印) が適応過程にあたる．右はその過程で置換されたリシン，アルギニン，ヒスチジンが関与する分子内相互作用を，アルカリセルラーゼの分子模型上で示したものである．Acquired は適応過程で獲得された相互作用，Lost は失われた相互作用である．

対）が取り除かれ，別の場所にアルギニンやヒスチジンによる静電相互作用が獲得されていることがわかる．共通のパターンを示すアミノ酸がいずれも正電荷をもつアミノ酸であることから，これがアルカリ適応の主要なプロセスの１つであると推定される．同様の手法は，好酸性，好熱性などの適応現象の解析にも適用可能である．

以上見てきたように，分子系統樹は機能上重要な部位を推定するためのツールとして利用することができる [8-20]．適用できる範囲は広く，基本的にタンパク質進化に伴って起こる現象で塩基配列やアミノ酸配列がある程度の数利用できるものならば，何にでも適用可能である．

最後に，この方法を使う場合に注意すべき点をいくつかあげておく．上で述べた例は，いずれもある種の適応現象を見ている．ところが，観測される分子進化の大部分は（機能にとって有利でも不利でもない）中立変異であることが知られている．よって，何らかの適応過程に対応する系統樹のブランチ上でも中立的置換は蓄積されていると考えるべきで，通常この方法で推定される部位すべてが適応に関与するものではない．また，ある部位が置換されると，立体構造上それと接する残基の置換を誘発する補償アミノ酸置換現象 (compensative replacement) が知られている．したがって，この解析により置換部位の集中した領域が発見されても，その中には副次的に置換されている部位が混入している可能性がある．

4.2 実　習

ここからは系統樹作成プログラムとして PAML，系統樹作図プログラムとして TreeViewX を使用し，分子系統樹の計算，作画と祖先型推定を実習する．いずれのソフトウェアも非営利使用に対しては無償で配布されている．

4.2.1 ソフトウェア

(1) PAML

Ziheng Yang (University College London) の作成した，最尤法による系統樹作成と配列解析を総合的に行うことのできるソフトウェアである [12-15]．C 言語で書かれており（ソース公開），Unix/Linux または MacOSX で実行可能である．プログラムはライセンス登録不要で，http://abacus.gene.ucl.ac.uk/software/paml.html からダウンロードできる．

入力形式は PHYLIP フォーマット（後述）の配列データだが，PAML にはアラインメントの作成機能はないので，あらかじめ他の方法でアラインメントする必要がある．系統樹トポロジーは PAML に計算させることもできるが，ユーザが定義したトポロジーに基づいて最尤系統樹を作成させることもできる．その場合の入力系統樹の書式は New Hampshire フォーマット（後述）である．

PAML はいくつかのプログラムからなっていて，最尤法による進化距離の算出，系統樹推定のほか，ノード上での祖先配列の推定，部位ごとの同義 (synonymous) 非同義 (nonsynonymous) 置換率の算出もできる．塩基配列に対しては baseml，アミノ酸配列またはコード領域の塩基配列（コドン）の場合は codeml を使用する．その他，配列の進化をシミュレートする evolver，同義/非同義置換率を算出する yn00，系統樹の検定を行う mcmctree なども付属している．

(2) TreeViewX

Roderic D. M. Page (Glasgow University) の開発した系統樹作図ソフトウェアである [16]．C 言語で書かれており，MacOSX，Windows，Linux で実行できる．系統樹の作図を PostScript フォーマットのファイルに保存することができる．プログラムはライセンス登録なしで，http://darwin.zoology.gla.ac.uk/%7Erpage/treeviewx/ からダウンロードできる．

ただし TreeViewX の実行には，wxWindow/Gtk ライブラリー (ver. 2.4 以上) が必要である．これは上記サイトのリンク先からダウンロードできる．

4.2.2 分子系統樹を計算する

ここでは，前半部分 (§4.1.3(3)) で紹介したリゾチームの分子系統樹を描いてみよう．

【操作 1】以下のファイルを自分の作業ディレクトリにコピーする

以下のファイルを用意する．これらは PAML をダウンロードした際に付属してくるファイルをコピーして使用する．

stewart.aa（アラインメント済みのリゾチームアミノ酸配列．PHYLIP フォーマット）

codeml.ctl（PAML のコントロールファイル）→ stewart.ctl と名前を変えてコピー．

【操作 2】フォーマットの確認（アラインメントファイル stewart.aa）

stewart.aa をエディタ (vi など) で開いてフォーマットを確認する (**図 4.7**)．PHYLIP フォーマットでは 1 行目にフォーマットフリーで配列数とアラインメント長，その後 1 行おいて（他の情報が入ることがある）アラインメントが始まる．10 文字のラベルの後が配列で，1 行目で指定されたアラインメント長分だけ読み込まれる．改行，空白や塩基・アミノ酸の一文字コードに対応しない文字は無視される．ピリオドは最初の配列と同じ残基であることを示す．

配列数　アラインメント長(残基)

```
6  130

Langur     KIFERCELAR TLKKLGLDGY KGVSLANWVC LAKWESGYNT EATNYNPGDE STDYGIFQIN SRYWCNNGKT PGAVDACHI S
Baboon     .......... ...R...... R.I....... ......D... Q........Q .......... .H....D... ....N....
Human      .V........ ...R..M... R.I.....M. .......... R.....A..R .......... ......D... ....N...L
Rat        .TY....F.. ...RN.MS.. Y.....D... ..QH..N... Q.R..D...Q .......... ......D... .R.KN..G.
Cow        .V........ .......... ........L. .T....S... K......SS. .......... .KW...D... .N....G..V
Horse      .V.SK....H K..AQEM..F G.Y....... M.EY..NF.. R.F.GKNANG .S...L..L. NKW..KDN.- RSSSN..N. M
```

配列のラベル(10桁)　配列(アミノ酸残基1文字コード)

図 4.7　アラインメントファイル

【操作 3】フォーマットの確認（コントロールファイル stweart.ctl）

以下は PAML のコントロールファイル（**図 4.8**）について必要なパラメータの解説である．詳細はダウンロードした PAML に付属してくるマニュアルにも記述されている．

(a)　seqfile

操作 2 で示したアラインメント入力ファイル名である．

(b)　outfile

結果（進化距離，分子系統樹など）が出力されるファイル名である．

(c)　treefile

系統樹データ入力ファイル名．系統樹推定を行う場合には不要だが，祖先型推定の際には，ユーザが系統樹データを入力する必要がある．

(d)　runmode

PAML の動作モードを設定する．runmode=0 または 1 では，ユーザが与えた分子系統樹を用いて計算を行う．祖先型の推定を行う際にはこれが必要である．runmode=2 では星型トポロジーからの系統樹推定，runmode=3 では順次結合による推定を自動で行う．runmode=4, 5 では，ユーザの与えた系統樹を使って近傍のトポロジーを探索する．ここでは，初回は runmode=2 としてトポロジーの推定から計算を行うことにする．

(e)　seqtype

入力配列の形式で，seqtype=1 の場合は塩基配列，seqtype=2 の場合はアミノ酸配列，seqtype=3 とすると塩基配列の入力をアミノ酸に翻訳して，それぞれ計算する．

(f)　aaRatefile

アミノ酸置換スコアマトリックスのファイル名を指定する．PAM マトリックスなど主要なものがいくつか付属しているが，付属のマトリックスの書式を参考に自分で作成してもかまわない．

(g)　model

アミノ酸・塩基置換確率のモデルを定義する．model=0 はポアソンモデル（すべての置換確率が一定），model=1 では置換確率がアミノ酸頻度に比例する．model=3 で経験的置換確率（(f) で述べた置換スコアマトリックスのことである）を用いるが，これは天然遺伝子の配列比較から求めたもので，相同性検索などに用いられているのはたいてい経験的置換確率である．通常は model=3 を選択する．

(h) fix_alpha

α は部位ごとに置換速度が異なるモデルを導入するためのパラメータである．部分的に進化速度が速いタンパク質を扱う場合には，より正確な系統樹を推定できる．しかし，通常は全部位について等確率を仮定する．その場合は fix_alpha=1，alpha=0 とする．

(i) clock

分子時計（進化速度一定）を仮定するかどうかのパラメータである．すでに述べたように何らかの証拠がない限り，分子時計は仮定しないほうが安全である．clock=0 で分子時計は解除される（clock=1 で使用）．

(j) RateAncestor

祖先型推定を行うかどうかを指定する．RateAncestor=1 とすると推定祖先型の配列情報が rst というファイル名で出力される．その場合は系統樹ファイルが入力（(c) の treefile）として与えられていることが必要になる．

(k) cleandata

読み込んだアラインメントで，ギャップ（空白）や読みとり不能文字のある部位を無視するかどうかを選択する．通常，ギャップ部位は除いたほうがよいだろう．その場合は cleandata=1 と指定する．

【操作 4】実行（系統樹作成）と結果の確認

系統樹を推定してみよう．PAML のプログラム codeml を以下のように実行する．その際，stweart.ctl のパラメタ値は，図 4.8 のように設定しておく（図 4.8 に現れないパラメタはそのままでよい）．ただし，第一段階用なので，treefile の項目はコメントアウト（文頭に * をつける）しておく．

```
%codeml stewart.ctl
```

実行結果は stewart.res に書き込まれる．以下にこの出力ファイルの主要部分を解説する．

【操作 5】codeml 実行結果の確認

codeml は指定したファイルに**図 4.9** に示すような出力を書き込む．ファイルの冒頭は入力した配列についての統計である．系統樹推定は，星状トポロジー（1 つのノードからすべてのブランチが出ている）から開始され，順次最適化される．最後の行に最大尤度（尤度の自然対数 $\ln L$ で表されている）をもつ系統樹が出力されている．

【操作 6】New Hampshire 系統樹記述フォーマットの確認

codeml 出力の最後の行が推定された最尤系統樹である．以下のように New Hampshire フォーマットで記述されている（**図 4.9**）．

```
best tree: ((((1, 5), 2), 3), 4, 6);    lnL:  -1005.552848
((((Langur: 0.01188, Cow: 0.27506): 0.07561, Baboon: 0.02821): 0.02032,
Human: 0.06813): 0.10417, Rat: 0.19339, Horse: 0.60171);
```

1 行目はトポロジー（OTU を 1〜6 の番号で表している）と対数尤度 (lnL) である．2 行目に OTU を番号ではなく入力アラインメント中の名前で表し，各ブランチの長さを記述した系統樹

```
                         アラインメントファイル名            *の後はコメント
結果出力
ファイル名 →        seqfile = stewart.aa          * sequence data filename
                    outfile = stewart.res         * main result file name
系統樹入力 →        treefile = stewart.tre         * main result file name
ファイル名
                      noisy = 9   * 0,1,2,3,9: how much rubbish on the screen
                    verbose = 0   * 0: concise; 1: detailed, 2: too much
実行モード →        runmode = 2   * 0: user tree;  1: semi-automatic;  2: automatic
                                  * 3: StepwiseAddition; (4,5):PerturbationNNI; -2: pairwis
入力の形式 →
                    seqtype = 2   * 1:codons; 2:AAs; 3:codons-->AAs
                 aaRatefile = wag.dat * only used for aa seqs with model=empirical(_F)
アミノ酸置換 →                    * dayhoff.dat, jones.dat, wag.dat, mtmam.dat, or your own
マトリックスの指定
                      model = 3   * 0:poisson, 1:proportional, 2:Empirical, 3:Empirical+F
残基置換確率 →                    * 6:FromCodon, 7:AAClasses, 8:REVaa_0, 9:REVaa(nr=189)
モデルの選択          Mgene = 0   * aaml: 0:rates, 1:separate;

                  fix_alpha = 1   * 0: estimate gamma shape parameter; 1: fix it at alpha
パラメータ(α) →       alpha = 0.  * initial or fixed alpha, 0:infinity (constant rate)
の設定               Malpha = 0   * different alphas for genes
                      ncatG = 2   * # of categories in dG of NSsites models

進化速度の一定性 →    clock = 0    * 0:no clock, 1:global clock; 2:local clock; 3:TipDate
に関する設定          getSE = 0   * 0: don't want them, 1: want S.E.s of estimates

祖先型推定 → RateAncestor = 1 * (0,1,2): rates (alpha>0) or ancestral states (1 or 2)
の設定
            * Genetic codes: 0:universal, 1:mammalian mt., 2:yeast mt., 3:mold mt.,
            * 4: invertebrate mt., 5: ciliate nuclear, 6: echinoderm mt.,
            * 7: euplotid mt., 8: alternative yeast nu. 9: ascidian mt.,
            * 10: blepharisma nu.
            * These codes correspond to transl_table 1 to 11 of GENEBANK.

              Small_Diff = .5e-6
入力配列の解釈 →  cleandata = 1   * remove sites with ambiguity data (1:yes, 0:no)?
に関する設定  *       ndata = 2
                     method = 0    * 0: simultaneous; 1: one branch at a time
```

図 4.8　PAML コントロールファイル

が示されている．このフォーマットは，括弧でくくられた OTU を「内側から外側へ」順次結合していくと系統樹になることを表している．それぞれの OTU，または括弧でくくられた OTU の組（=ノード）の後に記された数字は，結合によって新たにできるノードへの進化距離である．この場合のトポロジーは単純で，まず Langur と Cow を結合，次に {Langur, Cow} ノードと Baboon を結合，次に {Langur, Cow, Baboon} ノードと Human を結合…というふうに，Horse まで順次結合していけば系統樹が完成する．

4.2.3　分子系統樹を作画する

【操作 7】手動での系統樹作図

次に TreeViewX を使ってこの系統樹を作図してみるが，その前にフォーマットを理解しているか確認のため，手で上の系統樹を描いてみよう（後で TreeViewX で作画されたものと比較してみてほしい）．

【操作 8】TreeViewX による作図

TreeViewX を使って系統樹を作図する．TreeViewX は入力として New Hampshire フォー

```
AAML (in paml 3.13, August 2002)    stewart.aa   Model: Empirical_F (wag.dat)
ns = 6       ls = 128
# site patterns = 96
    4    1    1    1    1    8    2    1    6    1    1    3    1    1    1
    1    1    4    2    1    1    3    1    4    1    1    1    1    1    1
    3    1    1    1    1    1    1    1    1    1    1    2    2    2    1
    1    1    1    1    1    1    1    1    1    1    1    1    1    1    1
    1    1    1    1    1    1    1    1    1    1    1    1    1    1    1
    1    1    1    1    1    1    1    1    1    1    1    1    1    1    1
    1    1    1    1    1    1

Langur                KIFERCELAR TLKLGLDGYK VSNWVLAKWDE NDETMYQSRYN NGPGAVDAHI SSALQNNIAD AVARVVSDQI RVRNHQNKVS QVKGG
Baboon                .........Q..R.....HR. ID.....N.D...N...D..T. .......... .......R.. ..Q..
Human                 .V........ .RR..M...R.I..DM.....N..IR...A..D.... ......R... ....R..R.R ..Q..
Rat                   .TY....F.. ..RN.MS..Y...D.....QHNR..KQRGD. P....DD.TQ .IQ...R... ..QR.K.RL. GIRN.
Cow                   .V.......S.........KW..D..N.T.GSV..KEME.D..K ..IKI..E.. T.KS.RDH.. S.E.T
Horse                 .V.SK....H K.AQEM..FGNY.S...M.ENKWK.DRKSNSN.N. M.K.DE..D. DIS...R.KM SKVK.KD.L. ELASN

Frequencies..
           A      R      N      D      C      Q      E      G      H      I      L      K      M      F      P      S      T      W      Y      V
Langur  0.1016 0.0469 0.0859 0.0547 0.0625 0.0391 0.0391 0.0859 0.0156 0.0469 0.0625 0.0703 0.0000 0.0156 0.0156 0.0625 0.0312 0.0391 0.0469 0.0781
Baboon  0.0938 0.0625 0.0859 0.0703 0.0625 0.0625 0.0234 0.0781 0.0234 0.0547 0.0625 0.0391 0.0000 0.0156 0.0156 0.0547 0.0391 0.0391 0.0469 0.0703
Human   0.1094 0.1094 0.0781 0.0625 0.0625 0.0469 0.0234 0.0859 0.0078 0.0391 0.0625 0.0391 0.0156 0.0156 0.0078 0.0469 0.0312 0.0391 0.0469 0.0703
Rat     0.0859 0.0938 0.0703 0.0703 0.0625 0.0703 0.0234 0.0781 0.0156 0.0547 0.0469 0.0469 0.0078 0.0156 0.0234 0.0547 0.0391 0.0312 0.0625 0.0469
Cow     0.0781 0.0234 0.0625 0.0547 0.0625 0.0156 0.0625 0.0625 0.0234 0.0391 0.0703 0.0938 0.0078 0.0156 0.0156 0.1016 0.0547 0.0469 0.0391 0.0703
Horse   0.0859 0.0312 0.1016 0.0781 0.0625 0.0156 0.0469 0.0547 0.0156 0.0234 0.0781 0.1172 0.0312 0.0391 0.0000 0.1016 0.0078 0.0391 0.0312 0.0391

Average 0.0924 0.0612 0.0807 0.0651 0.0625 0.0417 0.0365 0.0742 0.0169 0.0430 0.0638 0.0677 0.0104 0.0195 0.0130 0.0703 0.0339 0.0391 0.0456 0.0625

# constant sites:     46 (35.94%)
ln Lmax (unconstrained) = -560.219270

AA distances (raw proportions of different sites)

Langur
Baboon           0.1094
Human            0.1406  0.1094
Rat              0.2969  0.2578  0.2891
Cow              0.2422  0.2969  0.3125  0.4219
Horse            0.5000  0.5000  0.4922  0.4922  0.5391


stage 0: (1, 2, 3, 4, 5, 6);
lnL(ntime:  6  np:  6):  -1026.988117
   7..1     7..2     7..3     7..4     7..5     7..6
  0.08748  0.04235  0.08137  0.29936  0.32870  0.70070

stage 1:    15 trees
star tree: (1, 2, 3, 4, 5, 6); lnL:  -1026.988117
(Langur: 0.08748, Baboon: 0.04235, Human: 0.08137, Rat: 0.29936, Cow: 0.32870, Horse: 0.70070);

S=1:   1/  15  T=   1 ((1, 2), 3, 4, 5, 6);
lnL(ntime:  7  np:  7):  -1023.191791
   7..8     8..1     8..2     7..3     7..4     7..5     7..6
  0.02418  0.08175  0.03409  0.06427  0.28797  0.33615  0.67093


stage 3:     3 trees
star tree: (((1, 5), 2), 3, 4, 6); lnL:  -1009.401047
(((Langur: 0.01237, Cow: 0.27486): 0.07691, Baboon: 0.02696): 0.02138, Human: 0.06928, Rat: 0.28173, Horse: 0.67674);

S=3:   1/   3  T=  26 ((((1, 5), 2), 3), 4, 6);
lnL(ntime:  9  np:  9):  -1005.552848
   7..10   10..9     9..8     8..1     8..5     9..2    10..3     7..4     7..6
  0.10417  0.02032  0.07561  0.01188  0.27506  0.02821  0.06813  0.19339  0.60171

S=3:   2/   3  T=  27 ((((1, 5), 2), 4), 3, 6);
lnL(ntime:  9  np:  9):  -1009.090376
   7..10   10..9     9..8     8..1     8..5     9..2    10..4     7..3     7..6
  0.01400  0.01987  0.07698  0.01212  0.27499  0.02691  0.28144  0.05665  0.66682

S=3:   3/   3  T=  28 ((((1, 5), 2), 6), 3, 4);
lnL(ntime:  9  np:  9):  -1009.401466
   7..10   10..9     9..8     8..1     8..5     9..2    10..6     7..3     7..4
  0.00000  0.02138  0.07691  0.01237  0.27486  0.02696  0.67674  0.06928  0.28173

best tree: ((((1, 5), 2), 3), 4, 6);   lnL:  -1005.552848
((((Langur: 0.01188, Cow: 0.27506): 0.07561, Baboon: 0.02821): 0.02032, Human: 0.06813): 0.10417, Rat: 0.19339, Horse: 0.60171) ;
```

入力配列数と部位数(ギャップ部位を除く)
置換部位パターン数と頻度
置換部位パターンリスト
各配列のアミノ酸出現率と平均
完全保存された部位数
最大尤度期待値
配列間の置換率(置換数/部位)
トポロジー推定開始(初回は星形系統樹)
系統樹の尤度
各ブランチの長さ(置換数/部位)
トポロジー推定第二段階
トポロジー推定第三段階
最尤系統樹

図 4.9　codeml 出力ファイル

マットの系統樹記述ファイルを要求する．そこで，まず codeml の出力の最後の行を切り出して，stewart.tre という名前のファイルを作る．

系統樹記述ファイルが用意できたら，コマンドラインから TreeViewX を起動する．

```
%tv
```

図 4.10a のようなウィンドウが表示されるので以降の操作はそのウィンドウに対して行う．File → Open を選択すると**図 4.10b** のウィンドウが開くので，stewart.tre を選択する．

系統樹は**図 4.11a** のように描画される．この場合ルートがあるように描かれているが，これは

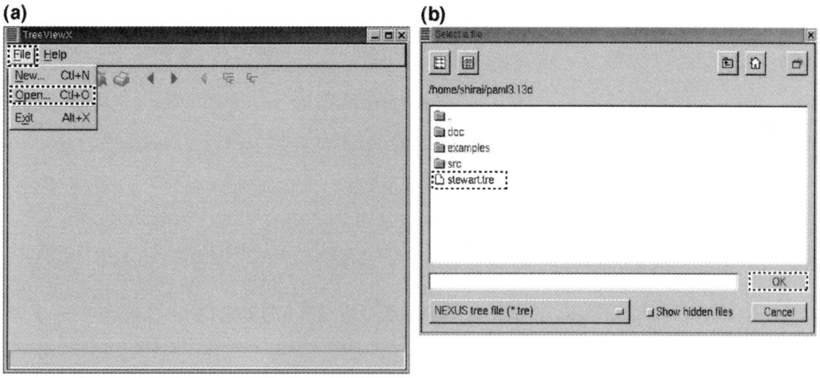

図 4.10　TreeView 初期画面

根拠がない，また進化距離の情報も無視されている．**図 4.11a** に点線枠で示したアイコンを選択すると，**図 4.11b** のように進化距離を正確に反映した無根系統樹に変更される．系統樹を印刷するには File → Print を選択する．PostScript 形式のファイルに保存する場合は，File → Print → Print to File を選択し，ファイル名を入力する．TreeView の終了は，File → Exit とする．

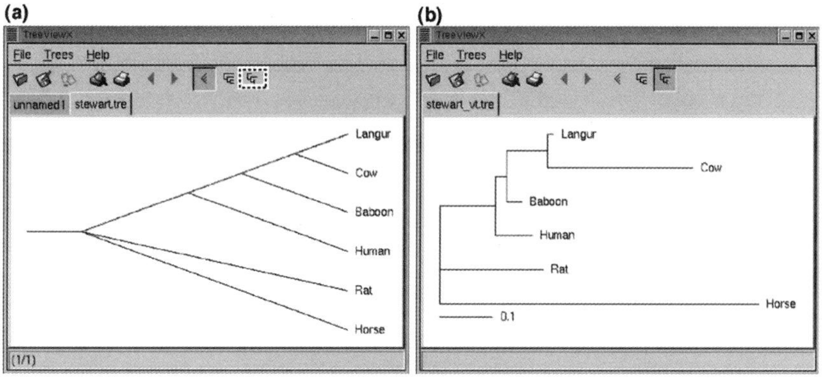

図 4.11　TreeView 系統樹作図画面

4.2.4　祖先配列を推定する

【操作 9】祖先型の推定

ここからは，codeml を用いて祖先型の推定を行う．コントロールファイルは第一段階のものとほぼ同じだが，treefile = stweart.tre（操作 8 で作成，TreeViewX に読み込んだものと同じ系統樹ファイルである）を挿入して，RateAncestor = 1，runmode = 0 となっていることを確認した上で，

```
%codeml stewart.ctl
```

とする．今度は rst という名前のファイルが新しく作成され，祖先型配列の情報はこの中に収められている．

【操作 10】出力 (rst) の確認

図 4.12 は rst の内容である．各ノードの最も確からしい配列が確率とともに示されている．ノードは番号で示されるが，出力上部の「TreeViewX 用のノードラベルつき系統樹」にどの番号がどのノードに対応するかが示されている．この例では，たとえばノード 10 は Cow と Langur の祖先ノードである．この部分を切り取って TreeViewX に読み込むと，ノード番号を含めた系統樹を作図してくれる．

【操作 11】ノードラベルつき系統樹作図

上記の「TreeView 用のノードラベルつき系統樹」の部分を切り取って適当なファイルに収め，TreeViewX を用いて作図してみよう．

【操作 12】種系統樹を入力とした祖先型の推定

ここまでの操作で得た系統樹は，以下のように，Cow と Langur がクラスターを形成している．

```
(((Langur: 0.01188, Cow: 0.27506): 0.07561, Baboon: 0.02821): 0.02032,
Human: 0.06813): 0.10417, Rat: 0.19339, Horse: 0.60171);
```

§4.1.3(3) で述べたように，これは両者のリゾチームが収斂進化により，見かけ上類似したためであると考えられている．一方，想定される種系統樹（本来リゾチームの分子系統樹もそうなるべき無根系統樹トポロジー）は以下のようなものである．

```
((((Cow, Horse), Rat), Human), Baboon, Langur)
```

そこで，上の系統樹を入力系統樹とするように stewart.ctl を書き換えて codeml を実行し，推定される祖先配列から Langur または Cow に至るブランチ上のアミノ酸置換パターンを比較してみよう．

種系統樹を入力として得られる結果からは，Langur と Cow に至る枝で多くの類似したアミノ酸置換（反芻胃への適応置換）が起こっていることが確認できるはずである．

【操作 13】適応置換部位の立体構造上の配置

操作 12 で作成した系統樹から推定される反芻胃への適応置換が，リゾチーム分子の立体構造の上でどのような配置をとっているか，グラフィックスを用いて観察してみよう．この部分に関しては，ソフトウェアの操作手順の詳細はここでは述べないが，おおまかな手順は以下の通りである．

① ブラウザ（Netscape など）を起動して，Rutgers 大学のプロテインデータバンク (PDB, http://www.rcsb.org/pdb/) か，日本におけるミラーサイト（大阪大学蛋白質研究所, http://pdb.protein.osaka-u.ac.jp/pdb/）にアクセスする．

② PDB のホームページ上の，SearchLite か SearchField を使ってリゾチームのエントリーコードを検索し，自分のディスク上にダウンロードする（ちなみに上記の系統樹に現れる種ではヒトのリゾチーム以外は構造が解かれていないようである．2004 年 2 月現在）．

③ Rasmol などを使って分子構造を表示，Langur と Cow で収斂的にアミノ酸置換されている部位を表示してみる．

グラフィック観察しながら，反芻胃（酸性環境）に適応する場合に置換される部位はどういう特徴をもっているか考察してみよう．どのアミノ酸が置換されるのだろうか？ 置換部位はどの二次構

```
TREE #  1

Ancestral reconstruction by AAML.

((((Langur: 0.01188, Cow: 0.27506): 0.07561, Baboon: 0.02821): 0.02032, Human: 0.06813): 0.10417, Rat: 0.19339, Horse: 0.60171);

((((1, 5), 2), 3), 4, 6);

   7..8     8..9     9..10   10..1    10..5     9..2     8..3     7..4     7..6

tree with node labels for Rod Page's TreeView
((((1_Langur: 0.01188, 5_Cow: 0.27506) 10 : 0.07561, 2_Baboon: 0.02821) 9 : 0.02032, 3_Human: 0.06813) 8 : 0.10417, 4_Rat: 0.19339, 6_Hors
0.60171) 7 ;

Nodes 7 to 10 are ancestral
Constant sites not listed for verbose=0

(1) Marginal reconstruction of ancestral sequences (eq. 4 in Yang et al. 1995 Genetics 141:1641-1650).

Prob of best character at each node, listed by site

Site   Freq   Data:

   1      4   KKKKKK: K(0.999) K(1.000) K(1.000) K(1.000)
   2      1   IIVTVV: V(0.504) I(0.546) I(0.967) I(0.982)
   3      1   FFFYFF: F(0.957) F(1.000) F(1.000) F(1.000)
   4      1   EEEEES: E(0.994) E(1.000) E(1.000) E(1.000)
   5      1   RRRRRK: R(0.989) R(1.000) R(1.000) R(1.000)
                             .
                             .
                             .
 125      1   GGGNGS: G(0.428) G(0.999) G(1.000) G(1.000)
 126      8   CCCCCC: C(1.000) C(1.000) C(1.000) C(1.000)
 127      1   GGGGTN: G(0.997) G(1.000) G(1.000) G(1.000)
 128      1   VVVVLL: V(0.990) V(1.000) V(1.000) V(0.999)

Summary of changes along branches.
Check root for directions of change.

Branch 1:    7..8

          2 V 0.504 -> I 0.546
         15 Q 0.327 -> L 1.000
         34 Y 0.527 -> W 0.999
         37 N 0.797 -> G 0.883
         73 K 0.363 -> V 0.999
         92 I 0.712 -> V 0.995
        112 K 0.351 -> N 0.998
        115 K 0.723 -> Q 0.998
        119 L 0.858 -> V 0.998

Branch 2:    8..9

         17 M 0.979 -> L 0.968
        100 R 0.968 -> S 0.990
                         .
                         .
                         .
List of extant and reconstructed sequences

Langur           KIFERCELAR TLKKLGLDGY KGVSLANWVC LAKWESGYNT EATNYNPGDE STDYGIFQIN SRYWCNNGKP GAVDACHISC SALLQNNIAD AVACAKRVVS
Baboon           KIFERCELAR TLKRLGLDGY RGISLANWVC LAKWESDYNT QATNYNPGDQ STDYGIFQIN SHYWCNDGKP GAVNACHISC NALLQDNITD AVACAKRVVS
Human            KVFERCELAR TLKRLGMDGY RGISLANWMC LAKWESGYNT RATNYNAGDR STDYGIFQIN SRYWCNDGKP GAVNACHLSC SALLQDNIAD AVACAKRVVR
Rat              KTYERCEFAR TLKRNGMSGY YGVSLADWVC LAQHESNYNT QARNYDPGDQ STDYGIFQIN SRYWCNDGKP RAKNACGIPC SALLQDDITQ AIQCAKRVVR
Cow              KVFERCELAR TLKKLGLDGY KGVSLANWLC LTKWESSYNT KATNYNPSSE STDYGIFQIN SKWWCNDGKP NAVDGCHVSC SELMENDIAK AVACAKKIVS
Horse            KVFSKCELAH KLKAQEMDGF GGYSLANWVC MAEYESNFNT RAFNGKNANG SSDYGLFQLN NKWWCKDNKR SSSNACNIMC SKLLDENIDD DISCAKRVVR
node #7          KVFERCELAR TLKRQGMDGY RGISLANWVC LAKYESNYNT QATNYNPGDQ STDYGIFQIN SRYWCNDGKP GAKNACHISC SALLQDNITD AIACAKRVVR
node #8          KIFERCELAR TLKRLGMDGY RGISLANWVC LAKWESGYNT QATNYNPGDQ STDYGIFQIN SRYWCNDGKP GAVNACHISC SALLQDNITD AVACAKRVVR
node #9          KIFERCELAR TLKRLGLDGY RGISLANWVC LAKWESGYNT QATNYNPGDQ STDYGIFQIN SRYWCNDGKP GAVNACHISC SALLQDNITD AVACAKRVVS
node #10         KIFERCELAR TLKKLGLDGY KGVSLANWVC LAKWESGYNT EATNYNPGDE STDYGIFQIN SRYWCNDGKP GAVDACHISC SALLQNNIAD AVACAKRVVS

Overall accuracy of the 4 ancestral sequences:
  0.91789  0.98982  0.99390  0.99007
for a site.

  0.00000  0.19889  0.39280  0.22848
for the sequence.

Counts of changes at sites

   1  (0)
   2  IV VT IV VI (4)
   3  FY (1)
   4  ES (1)
   5  RK (1)
         .
         .
         .
 125  GN GS (2)
 126  (0)
 127  GT GN (2)
 128  VL VL (2)
```

入力系統樹
TreeViewX 用のノードラベルつき系統樹
OTU(入力)配列
各ノードでの祖先型と確率
各ブランチ上でのアミノ酸置換パターン
OTU と祖先の配列
推定祖先配列の確からしさ
各部位でのアミノ酸置換パターンと頻度

図 4.12　祖先配列推定結果 (rst ファイル)

造に属するのだろうか？ リゾチーム活性部位との位置関係はどうだろうか？

ただし残念ながら，これらの疑問に対して明快な答が用意されているわけではない．考察の結果を確かめるためには，たとえば，適応置換部位をポイントミューテーションで祖先型に戻してみて，酸性適応がなくなるかどうか実験してみる必要があるだろう．しかし，ここで実習したような解析がなければ，どの部位をどう置換すればよいかつかみどころがない．ここでの解析の結果は，十分有望で確認可能なヒントを与えている．分子系統樹による祖先型推定はそのための解析手法である．

文献

系統樹作成法の基礎について

[1] 根井正利 著，五條堀孝・斎藤成也 訳，「分子進化遺伝学」培風館 (1990)

[2] 宮田隆 編，「分子進化—解析の技法とその応用」共立出版 (1998)

系統樹から機能推定を行う参考例として

[3] Shirai, T. and Go, M. "Adaptive amino acid replacements accompanied by domain fusion in reverse transcriptase" *J. Mol. Evol.*, **44**: S155-S162 (1997)

[4] Landgraf, R.,Fischer, D.and Eisenberg, D. "Analysis of heregulin symmetry by weighted evolutionary tracing" *Protein Eng.*, **12**: 943–951 (1999)

[5] Stewart, C.-B., Schilling, J.W. and Wilson, A.C. "Adaptive evolution in the stomach lysozymes of foregut fermenters" *Nature*, **330**: 401–404 (1987)

[6] Shirai, T., Suzuki, A., Yamane, T., Ashida, T., Kobayashi,T. and Ito, S. "High-resolution crystal structure of M-protease: phylogeny aided analysis of the high-alkaline adaptation mechanism" *Protein Eng.*, **10**: 101–108 (1997)

[7] Shirai, T., Ishida, H., Noda, J., Yamane, T., Ozaki, K., Hakamada, Y. and Ito, S. "Crystal structure of alklaine cellulase K: insight into the alkaline adaptation of an industrial enzyme" *J. Mol. Biol.*, **310**: 1079–1087 (2001)

[8] Lichtarge, O., Bourne, H.R. and Cohen, F.E. "An evolutionary trace method defines binding surfaces common to protein families" *J. Mol. Biol.*, **257**: 342–358 (1996)

[9] Madabushi, S., Yao, H., Marsh, M., Kristensen, D.M., Philippi, A., Sowa, M.E. and Lichtarge, O. "Structural clusters of evolutionary trace residues are statistically significant and common in proteins" *J. Mol. Biol.*, **316**: 139–154 (2002)

[10] Pritchard, L. and Dufton, M.J. "Evolutionary trace analysis of the Kunitz/BPTI family of proteins: functional divergence may have been based on conformational adjustment" *J. Mol. Biol.*, **285**: 1589–1607(1999)

[11] Innis, C.A., Shi,J. and Blundell, T.L. "Evolutionary trace analysis of TGF-β and related growth factors:implications for site-directed mutagenesis" *Protein Eng.*, **13**: 839–847 (2000)

PAML について

[12] Yang, Z. "PAML: a program for package for phylogenetic analysis by maximum likelihood" *CABIOS*, **15**: 555–556 (1997)

[13] Felsenstein, J. "Evolutionary trees from DNA sequences: a maximum likelihood approach" *J. Mol. Evol.*, **17**: 368–376 (1981)

[14] Goldman, N. and Yang, Z. "A codon-based model of nucleotide substitution for protein-coding DNA sequences" *Mol. Biol. Evol.*, **11**: 725–736 (1994)

[15] Yang, Z. and Bielawski, B. "Statistical methods for detecting molecular adaptation" *Trends Ecol. Evol.*, **15**: 496–503 (2000)

TreeViewX について

[16] Page, R.D.M. " TreeView: An application to display phylogenetic trees on personal computers" *Comput. Appl. Biol. Sci.*, **12**: 357–358 (1996)

第5章　ホモロジーモデリングと機能予測

土方敦司・塩生真史・郷　通子

Point

タンパク質の機能を理解する上で，そのタンパク質の立体構造を知ることは必須である．もしあなたが研究対象としているタンパク質について機能解析を行う場合，立体構造情報は非常に有用なものとなるはずである．しかしながら立体構造が決定されているタンパク質の数は，ゲノムにコードされているアミノ酸配列の数に比べてはるかに少ないのが現状である．一方で，立体構造既知のタンパク質とのアミノ酸配列の相同性がある場合には，ホモロジーモデリング法によって立体構造情報を得ることが可能となる．この章では，基礎において，ホモロジーモデリング法の原理や，具体的な適用例を紹介する．実習では，実際にホモロジーモデリング法によってモデルを構築する．立体構造に基づいたタンパク質の機能解析の基礎について理解を深めてほしい．

5.1　基　礎

5.1.1　タンパク質機能予測には立体構造情報が必要

研究対象としているタンパク質の機能の詳細を理解する，あるいは，その対象タンパク質をターゲットとしたドラッグデザインなどを行うときに，立体構造情報が必要となる．なぜならタンパク質は，単にアミノ酸がつながってできた「ひも」ではなく，特定の構造を形成することで初めて機能を発揮するからである．タンパク質が正しく折りたたまれることによって，酵素の活性部位が形成され，あるいは，他の分子と相互作用するための“場”が形成される．タンパク質がどのような立体構造をとっているかは，X線や，NMRなどの実験的手法によってわかる．しかしながら，実験的に決定されたタンパク質の数は，すでにわかっているアミノ酸配列に比べると，まだまだ少ないのが現状である（**表5.1**）．また，タンパク質によっては実験的な取り扱いが難しいために，構造決定が困難な場合もある．一方で，ホモロジーモデリング法をはじめとする，コンピュータによるタンパク質の立体構造を予測する方法が確立されつつある．立体構造を予測する方法として，主に，

表 5.1　アミノ酸配列数と立体構造の総エントリー数（2003 年 7 月時点）

Swiss-Prot + TrEMBL	1,073,566
Protein Data Bank	21,772

1) ホモロジーモデリング法，2) 3D-1D 法に代表される構造認識法，3) 非経験的な手法 (*ab initio*) に大きく分けられる [1,2]．この章では，ホモロジーモデリング法に焦点を当てて，ホモロジーモデリング法の基礎，およびモデル構造に基づくタンパク質の機能予測の例について説明する．

5.1.2　ホモロジーモデリングの基盤となる考え方

タンパク質の立体構造が数多く決定されるにつれて，タンパク質間のアミノ酸配列の類似性があれば，両者の立体構造は類似していることがわかってきた．**図 5.1** は，さまざまなタンパク質ペアについて，アミノ酸配列の一致度と立体構造の類似性の関係を表している．立体構造の類似性は，2 つのタンパク質の各アミノ酸残基の α 炭素原子どうしを，ずれが最も小さくなるように重ね合わせた時の平均のずれ (RMSD: root mean square deviation) を指標としており，この値が小さいほど両者の立体構造は似ていることを表している．この図から，アミノ酸配列の一致度が 40%程度であれば，RMSD は 2 Å 程度であり，両者の立体構造はよく似ていることがわかる．このことは，進化的類縁関係（ホモロジー）のあるタンパク質の立体構造はアミノ酸配列よりも保存される傾向があることを示している．また配列と立体構造の関係は，アミノ酸配列一致度が 20 から 30%のあたりを境に様子が変わっている．このことに関しては後でふれることにする．アミノ酸配列類似性と立体構造類似性の間にこのような関係があることは，対象としている立体構造未知タンパク質について，配列類似性のある立体構造既知タンパク質を鋳型として，その立体構造を構築することが可能であることを示している．

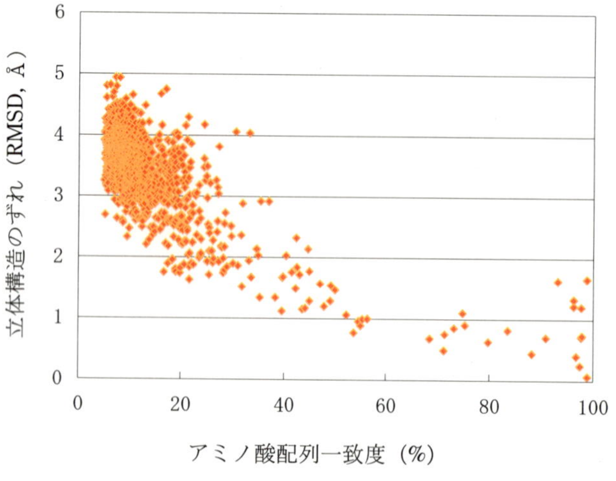

図 5.1　アミノ酸配列の類似性と立体構造のずれの関係
タンパク質立体構造比較データベース DBAli (www.salilab.org/DBAli) に基づく．ただし，ドメイン間の配向が異なるようなタンパク質ペアは除いてある．

5.1.3 ホモロジーモデリング法によるモデル構築の流れ

どのようなプロセスで立体構造をモデリングするのかを説明する．ホモロジーモデリング法によるモデル構築の一連の流れを**図 5.2** に示した．

(1) 鋳型探し（ホモロジーサーチ）

ホモロジーモデリングによる立体構造の構築において，まずは，鋳型となる立体構造がなければならない．そこで，ホモロジーサーチのツールなどを使って，対象となるタンパク質のアミノ酸配列と類似性のある立体構造既知のタンパク質を探す．アミノ酸配列のホモロジーサーチのツールとしては，BLAST [3] や，PSI-BLAST [4] などが広く用いられている．ホモロジーサーチの結果，残念ながら鋳型となるタンパク質が見つからない場合は，構造認識法や，非経験的手法によって立体構造を予測する．構造認識法および非経験的手法の詳細は，この章の範囲を超えるので詳しくは述べないが，配列類似性が低い場合にも適用できることがある．構造認識法によって見つけだされたタンパク質を鋳型としてホモロジーモデリングを行うことも可能だが，精度には課題が残っている．

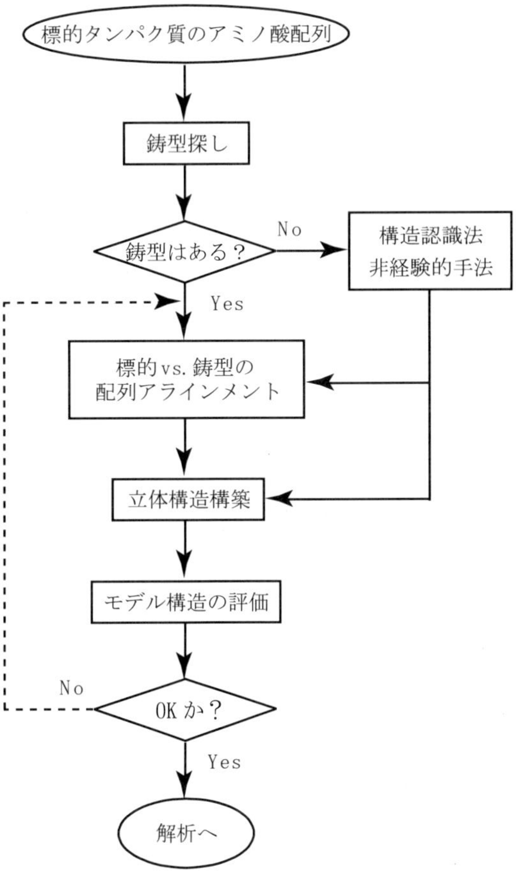

図 5.2　ホモロジーモデリングのフローチャート

(2) 標的タンパク質と鋳型タンパク質のアラインメント

鋳型が見つかれば，次は標的タンパク質と鋳型タンパク質のアミノ酸配列どうしを精密にアラインメントする．このプロセスは，モデルの精度を決める上で最も重要である．なぜならば，モデル構造の各残基の空間的な配置はこのアラインメントによってほぼ決定されるからである．特に標的と鋳型の配列間に挿入／欠失が入っている場合には注意を要する．挿入／欠失は，立体構造上，タンパク質表面に多く存在することがわかっている．アラインメント上で，立体構造の内部に挿入／欠失が入っている場合には，そのアラインメントを手で修正する必要がある．アラインメントを行うツールとしては，ClustalW [5] や，T-Coffee [6] などがある．

(3) 立体構造の構築

(2) で得られたアラインメントをもとに，標的タンパク質の立体構造を構築する．モデル立体構造の構築は，その手法によって多少異なるが，大筋はほぼ同じであるといってもよい．主鎖構造のモデリング，側鎖コンフォメーションのモデリング，挿入部位の構造のモデリングといった順である．最終的な構造を得るには，エネルギーの極小化や，分子動力学法を用いて精密化を行う．モデルを構築するソフトウェアとして，InsightII (Accerlys, Inc.) や，MOE (CGC, Inc.)，MODELLER [7] などがあげられる．また，SWISS-MODEL [8] や，3D-JIGSAW[9] のように，インターネット上で，自動的にモデリングを行うウェブサーバーも存在している．

(4) モデル構造の評価

得られたモデル構造は，果たして「正しい」構造なのだろうか？ その問いに厳密に答えるためには，実際に実験的に立体構造が決定されるまで待たなければならないが，それに代わる方法として，モデル構造の評価法の開発が行われている [10, 11, 12]．解像度の高いタンパク質の結晶構造データセットに基づく統計的な解析から，天然構造に見られる残基ごとのタンパク質内部への埋もれ具合，周囲の極性環境や，非共有結合のパターンなどを指標とし，このモデル構造がどれだけこれらの指標に適合しているかによって評価を行う．もし，これらの評価法で信頼できるモデルであると判断されなければ，鋳型タンパク質を変更するか，アラインメントの再検討，もしくは分子動力学法を用いたさらなるエネルギーの極小化および構造のリファインメントを行う必要がある．

タンパク質立体構造予測の分野では，CASP (Critical Assessment of techniques for protein Structure Prediction) と呼ばれる立体構造予測の国際コンテストが 2 年に一度開催されている (predictioncenter.llnl.gov)．このようなコンテストの結果は，各モデリングツールの精度の判断基準の 1 つになる．

5.1.4 モデル構造の機能予測への適用範囲

ホモロジーモデリング法は，タンパク質の機能を解析したり予測する上で非常に有効な手段だが，機能解析に適用するにあたって注意しなければいけない点がいくつか存在する．当然のことながら鋳型構造がない場合には，適用することは不可能である．次に，標的タンパク質と鋳型とのアミノ酸配列類似性がどの程度であるのか，考慮する必要がある．**図 5.1** を見ると，配列の類似性が低くなるにつれて立体構造のずれも大きくなっている．先にもふれたが，配列一致度が 20～30%のところで急激に立体構造のずれが大きくなっていることがわかる．立体構造のずれが大きければ，得られたモデルの精度に大きく影響してくると考えられる．よって配列一致度の低い鋳型を用いたモデル構造に基づいて機能解析を行う場合には，モデリングの際のエラー（アラインメントのずれ，立体構造の部分的な違い）を十分に考慮しなければならない．Sali らは，ホモロジーモデリングの機能解析への適用範囲を，鋳型との類似性とモデルの精度の関係から，次のように提唱している [13]．配列一致度が 50%以上ある場合は，反応メカニズムの研究や，モデルに基づくリガンドのデザイン，タンパク質間相互作用の計算機シミュレーション（第 8 章に詳しい）などに適用できるだろう．配列一致度が 30～50%では，抗体のエピトープの決定，分子置換法（X 線結晶解析），30%を下回る場合では，機能にかかわるアミノ酸残基の特定や，置換アミノ酸残基の導入実験の提案などがあげられる．

5.1.5 モデルから機能を予測する

(1) 立体構造からわかること

タンパク質の機能解析と一口にいっても，個々のタンパク質によってその機能はまちまちであるため，解析の方法もさまざまである．立体構造が得られてまずわかることは，アミノ酸残基どうしの空間的な位置関係だろう．たとえば，各アミノ酸残基が立体構造上，表面にあるのか，それとも内部に埋もれているのかなどを定量的に求めることができる．第 4 章では，進化的に類縁関係のあるタンパク質の各アミノ酸残基の保存性を立体構造上で見ることを学んだが，同様の解析が，モデリングされたタンパク質においても可能である．進化的に保存されたアミノ酸残基は，構造的／機能的に重要である場合が多いことが知られている．表面において保存されたアミノ酸残基は，機能的（他の分子との相互作用）に重要であると推測するための手がかりになるだろう．このように保存されたアミノ酸残基を立体構造上にマッピングすることは，機能的に重要なアミノ酸残基を特定するための有効な手段である．このような解析手法（マッピング）は，対象となるタンパク質とホモロガスな立体構造既知のタンパク質上で見る場合となんら変わりないと思われるかもしれないが，ホモロジーモデリングのメリットの 1 つは，対象となるタンパク質と鋳型タンパク質のアミノ酸残基が，“異なっている”部分についても立体構造の詳細を見ることができる点にある．

(2) バーシカン B-B′ セグメントのヒアルロン酸結合部位の予測

バーシカンは，コンドロイチン硫酸プロテオグリカンと呼ばれる糖タンパク質の一種で，心臓や血管，神経系などの広い範囲の組織に発現し，リンクタンパク質と呼ばれるタンパク質とともに細胞表面にあるヒアルロン酸と結合する．これによって作られる集合体が，細胞間マトリックスの形成に重要だと考えられている．バーシカンの N 末端にはリンクタンパク質と配列類似性を示す領域があり，この領域は G1 ドメインと呼ばれている．G1 ドメインは，A，B，B′ と名づけられたサブドメインから構成されている（**図 5.3**）．

特に B サブドメインと B′ サブドメインは，ヒアルロン酸結合タンパク質である TSG-6 (tumor necrosis factor-stimulated gene-6) や CD44 に見られるヒアルロン酸結合ドメイン（リンクドメイン）と相同性があるため，バーシカンやリンクタンパク質のヒアルロン酸結合能を担っていると考えられていた．そこで，G1 ドメインのどの部分にヒアルロン酸が結合するかを生化学的に調べ

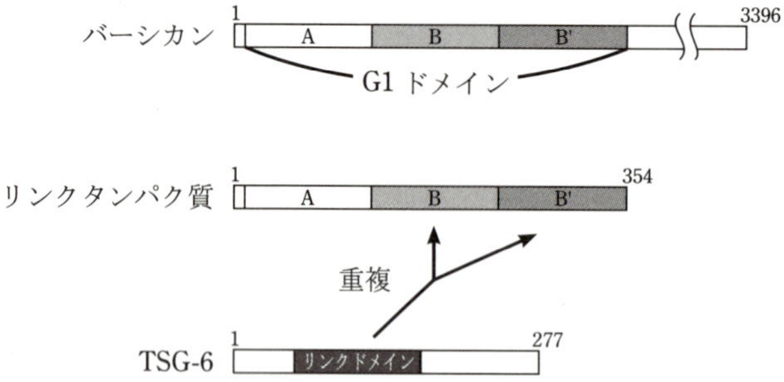

図 5.3　G1 ドメインとリンクドメイン

たところ，B サブドメインと B′ サブドメインからなるポリペプチド（B-B′ セグメント）にヒアルロン酸結合能があることが示された [14]．さらに，B-B′ セグメントがどのような様式でヒアルロン酸と結合するか，また，どのアミノ酸残基がヒアルロン酸との結合にかかわるかを考察するため，ホモロジーモデリングにより作成した B サブドメインと B′ サブドメインのモデル構造を用いて B-B′ セグメントの立体構造の予測を行った [14]．

TSG-6 のリンクドメインの立体構造が決定されている．そこで B サブドメインおよび B′ サブドメインの立体構造は TSG-6 を鋳型としたホモロジーモデリングにより構築した．次に，各サブドメインにおけるヒアルロン酸結合部位を推定するため，TSG-6 および CD44 のリンクドメインにおいて同定されている，ヒアルロン酸結合に重要なアミノ酸残基の情報（図 5.4）を用いた．

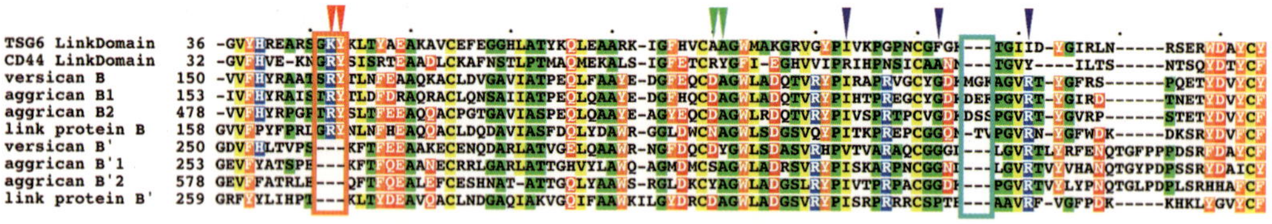

図 5.4　リンクドメインのアラインメントとヒアルロン酸結合に重要なアミノ酸残基
アラインメントの上部にある矢じりは，リンクドメインにおいてヒアルロン酸結合に重要なアミノ酸残基の座位を示す．これらの座位に対応する B サブドメインおよび B′ サブドメインのアミノ酸残基が，ヒアルロン酸との結合に関わっていると予測された [14]．

作成したモデル上に，予測されたヒアルロン酸結合残基をマップした結果を**図 5.5** に示す．B にある 219 残基目の Gly および B′ にある 317 残基目 Gly は，ヒアルロン酸が結合できる位置に存在しない．そのため，219G および 317G はヒアルロン酸結合残基の候補から除くほうがよいと考えた．

それでは，B-B′ セグメント全体の立体構造はどうなっているのだろうか．B サブドメインと B′ サブドメイン間にはリンカー配列がないことと，B サブドメインと B′ サブドメインの両方がヒアルロン酸結合にかかわると考えられることから，2 つのサブドメインはヒアルロン酸結合面が一直線上に並ぶように接していると考えられる．しかし，これらの情報だけでは 2 つのドメインがどのような位置関係になるかを一意的に特定することはできない．そこで，他のリンクドメインと比べて B サブドメインと B′ サブドメインに特徴的な点がないかを調べた．すると，単独のリンクドメ

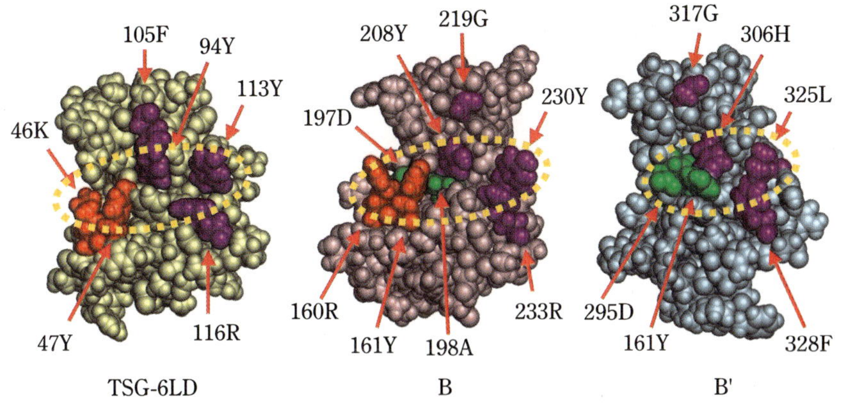

図 5.5　TSG-6 リンクドメインにおけるヒアルロン酸結合残基と B サブドメインおよび B′ サブドメインの予測されたヒアルロン酸結合残基
点線の丸で囲まれた領域がヒアルロン酸結合領域と考えられる．

インと比較して，B サブドメインには特有の挿入，B′ サブドメインには特有の欠失が見られることが明らかとなった（**図 5.4** の枠で囲んだ 2 か所）．これらの挿入／欠失は B サブドメインと B′ サブドメインの祖先型と考えられる単独のリンクドメインには存在しないため，リンクドメインが重複したことと関連性が高いと考えられる．そこで，これらの挿入／欠失がリンクドメイン重複に伴って生じたドメイン間の接触面を広くし，B-B′ セグメントの安定化に寄与しているとの作業仮説を立て，挿入／欠失部位をドメイン接触部位に含まれるように B と B′ を配置して B-B′ セグメントのモデル構造を作成した（**図 5.6**）．

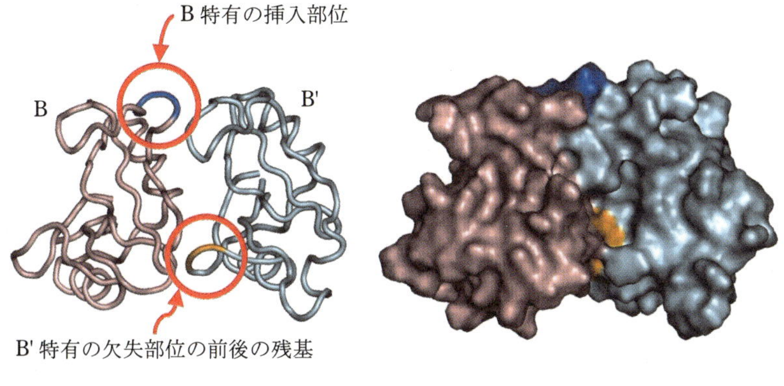

図 5.6　B-B′ セグメントのモデル構造

このモデル構造上にヒアルロン酸分子を配置したところ，ヒアルロン酸結合面には 10 個の糖からなるヒアルロン酸が結合すると考えられた（**図 5.7**）．

これは実験的に示されている B-B′ セグメントのヒアルロン酸最小結合単位と一致する．このことから，作成した B-B′ セグメントのモデル構造は妥当であると考えられ，B-B′ セグメントにおけるヒアルロン酸結合に寄与するアミノ酸残基の推定が可能となった．

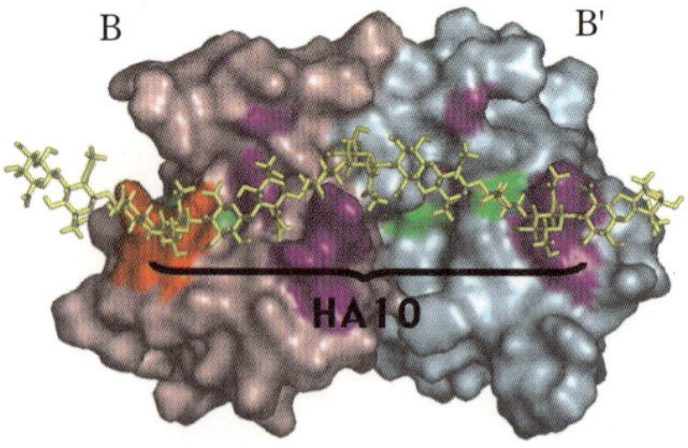

図 5.7　B-B′ セグメントとヒアルロン酸の結合モデル

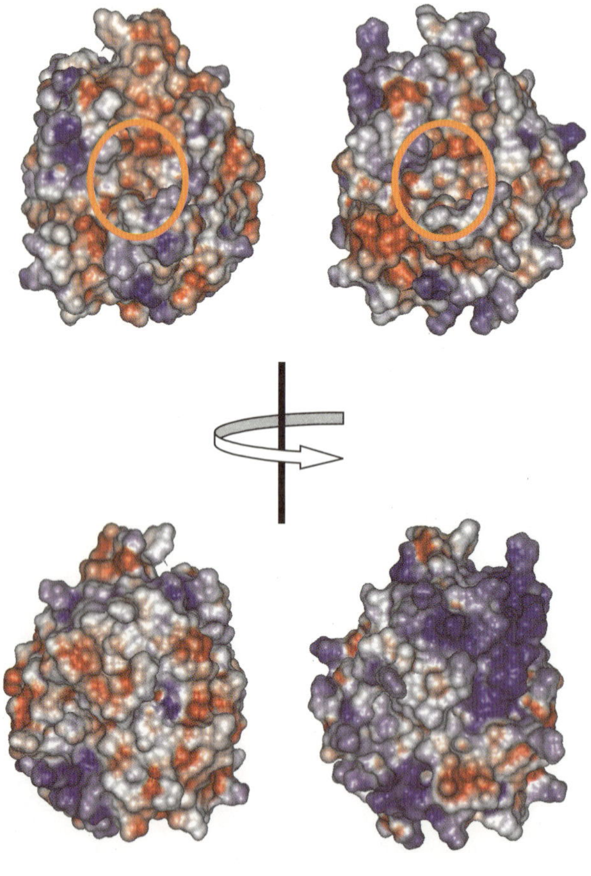

図 5.8　rMCP-II（結晶構造，左）と mMCP4（モデル，右）の静電ポテンシャルの違い
赤色は負，青色は正の電場を表す．活性部位（オレンジの丸）の裏側における静電ポテンシャル表面の様子が，両者で異なっている．

(3)　マウス肥満細胞プロテアーゼのプロテオグリカン糖鎖結合部位の予測

マウスの肥満細胞表面に局在する mast cell protease 4 (mMCP4) というセリンプロテアーゼの立体構造を，ラットの rMCP-II protease の立体構造を鋳型としてモデリングし，その表面の電荷の分布を比較したところ，活性部位側の電荷は，両者でほぼ同様であるのに対し，その裏側の電荷分布はまったく異なっていることがわかった [15]．両者のアミノ酸配列の一致度は 74%であり，**図 5.8** からも，両者の立体構造の主鎖構造のずれはほとんどないと考えられる．しかしながら，残り 26%のアミノ酸残基の違いは，モデル構造を構築することによって初めて明らかとなった．mMCP4 が，細胞表面のヘパリンプロテオグリカンと呼ばれる酸性の糖鎖がひしめく環境に局在していることから，強い正の電荷が糖鎖との相互作用に重要な役割を果たしていると予測できる [15]．このように分子表面の物理化学的な性質の違いが，モデルを構築することで初めてわかってくる．他の分子との相互作用に重要なアミノ酸残基が推定でき，さらにこの結果をふまえた実験への提案ができる．

5.2 実　習

5.2.1 ウェブサーバーによるホモロジーモデリング

この実習では，実際にタンパク質の立体構造モデリングを行い，得られたモデルから，機能部位を解析することにしよう．具体的には，基礎で解説した，マウスの肥満細胞プロテアーゼの立体構造をモデリングし，鋳型とモデルの間でどのように表面のアミノ酸残基が異なっているか，に焦点を当てて見ていく．インターネット上で，アミノ酸配列を投げると立体構造モデルを返してくれるサーバーがいくつかある．ここでは，SWISS-MODEL サーバーを用いてモデリングする．

まず，マウスの肥満細胞プロテアーゼのアミノ酸配列を取得する．アミノ酸配列は，Swiss-Prot (http://us.expasy.org/sprot/) から取得できる（**図 5.9**）．

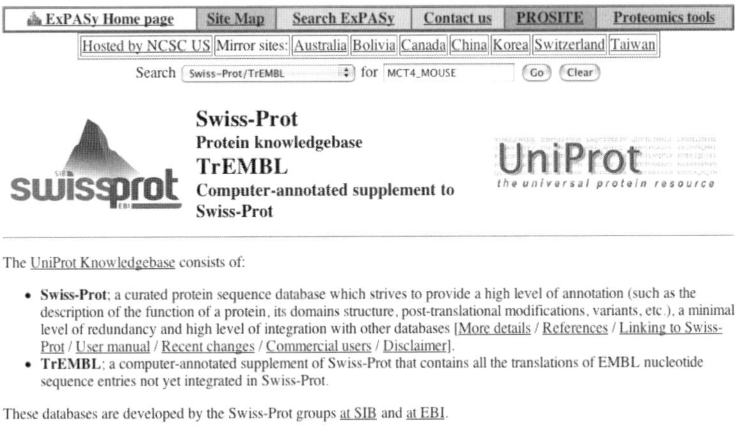

図 5.9　Expasy のホームページトップの画面

Swiss-Prot のホームページにアクセスし，Search のところにある枠に MCT4_MOUSE と入力し，"Go" をクリックする（**図 5.10**）．

画面をスクロールし，Sequence information の右下にある，"P21812 in FASTA format" をクリックし，この配列を，テキストファイルに保存する（**図 5.11**）．保存名は，たとえば，mMCT4.fa

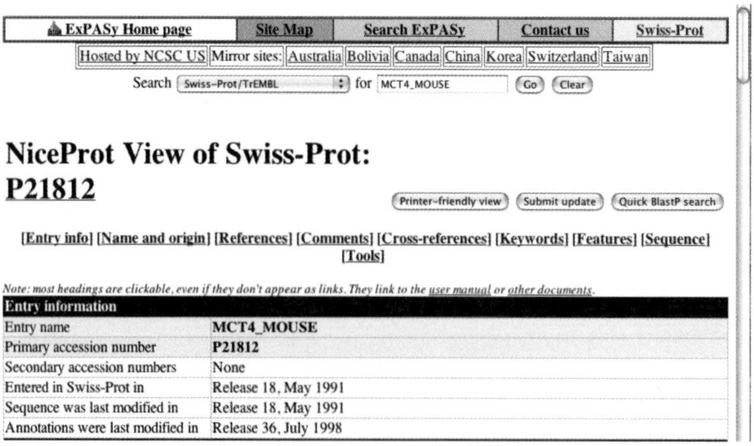

図 5.10　MCT4_MOUSE の検索結果

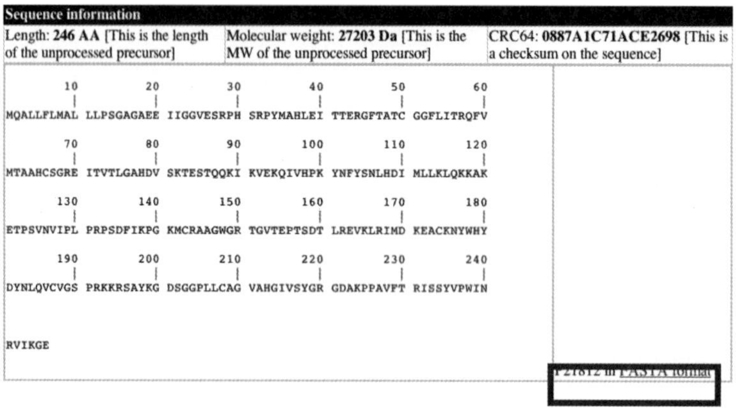

図 5.11　Niceprot 画面を下にスクロールさせたところ
FASTA format をクリックする．

などとする．

次に，このタンパク質の立体構造モデルを構築する．ブラウザから，SWISS-MODEL (http://swissmodel.expasy.org) にアクセスする（**図 5.12**）．

左のメニューの中の “First Approach mode” をクリックすると，E メールアドレス，アミノ酸配列などを入力する画面が，メイン画面に表示される（**図 5.13**）．ここで，E メールアドレス，自分の名前，タイトルを入力し，アミノ酸配列をコピーアンドペーストなどで入力する．画面を下にスクロールさせて，“Swiss-PdbViewer mode” を “Normal mode” に変更する（**図 5.14**）．以上の入力が終わったら，上に戻って，“Send Request” をクリックする．しばらくすると，入力した E メールアドレスに，モデリング結果の座標ファイル (xxxx.pdb) が添付されて送り返されてくる．

5.2.2　モデル構造の評価

得られた構造が “もっともらしい” 構造かどうか評価する必要がある．ここでは，Verify3D [8,9]

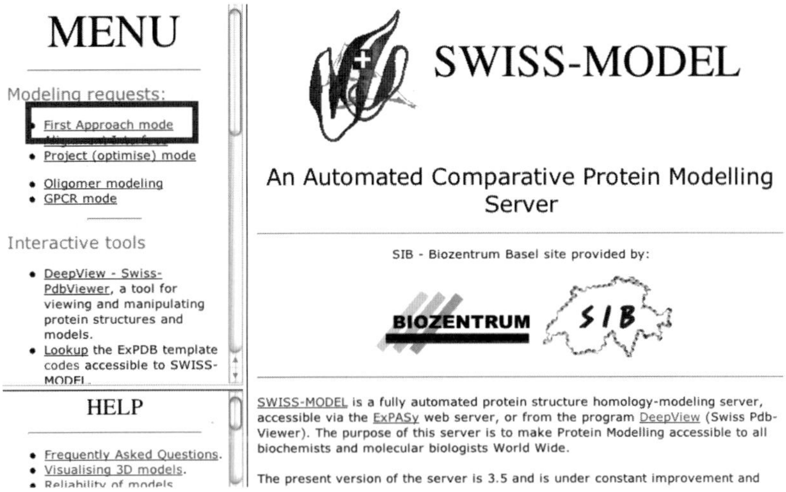

図 5.12　SWISS-MODEL のメインページ

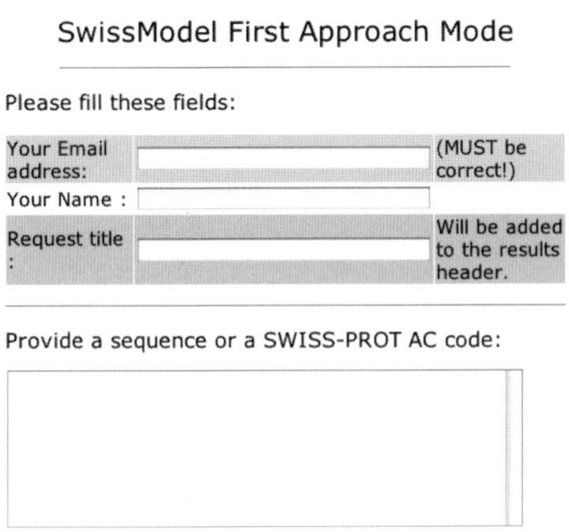

図 5.13　SWISS-MODEL の入力画面

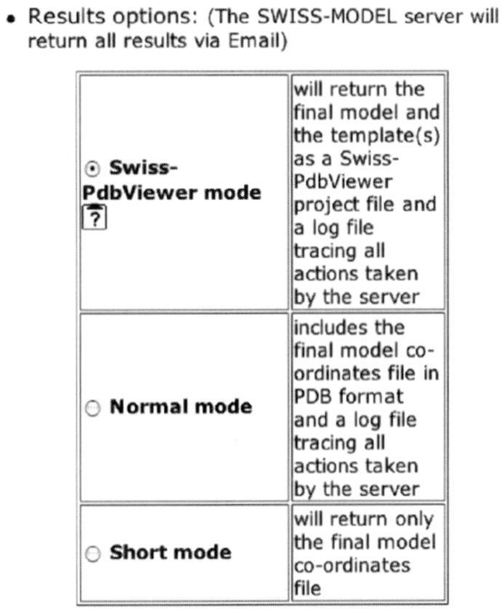

図 5.14　結果のフォーマット選択オプション
ここでは，Normal mode を選択しておく．

というプログラムを用いてモデルを評価する．Verify3D を利用するためには，次のサイトにアクセスする（**図 5.15**）．

http://www.doe-mbi.ucla.edu/Services/Verify_3D/

では，実際に評価をしてみよう．

「ファイルを選択」をクリックし，モデル構造の座標ファイル (xxxx.pdb) を選択し，「send file」をクリックする．しばらくすると評価結果がブラウザに表示される（**図 5.16**）．

残基ごとのデータとして，ページの下のほうにある “Display the raw data” をクリックすると

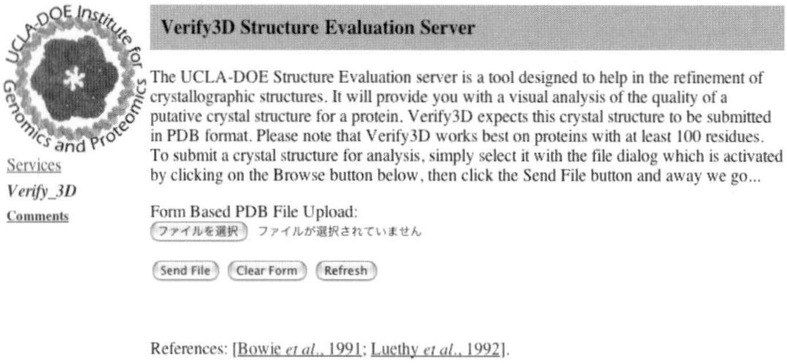

図 5.15　Verify3D のメイン画面

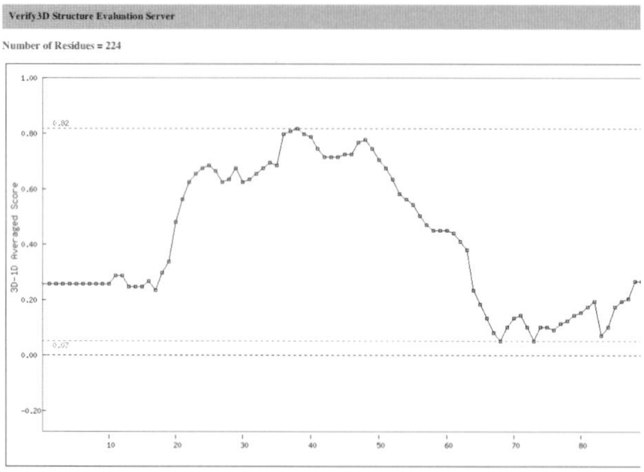

図 5.16　モデルのスコアプロット

アミノ酸残基ごとにスコアの値をプロットしてある．スコアが負の値をとる残基は，その残基の周囲の環境に適合していないことを示す．

生のスコアが出力される．このページの最後に，このモデルのトータルのスコアが出力される．モデルが妥当かどうかの判断基準としては次の S を使う，開発者の Eisenberg らによると，ある残基数 L が与えられた時の評価スコア S は，以下の式で求めることができる [9]．

$$\mathrm{S} = \exp(-0.83 + 1.008 \times \ln(\mathrm{L}))$$

この値に近いものであれば，モデルは妥当であると考えられる．明らかにモデルとして不適切であるという判断のためのしきい値は，

$$0.45 \times \mathrm{S}$$

で計算できる．この値を下回るようだと，鋳型を変更するか，アラインメントを修正する必要がある．このモデルの場合のトータルスコアは，105 前後の値となっているであろう．S の値を求めてみると，およそ 102 となるので，Verify3D によれば，妥当なモデルであるといえる．

5.2.3　モデル構造の表示

このモデル構造を立体的に表示して眺めてみることにしよう．ここでは，UCSF で開発されている Chimera というソフトウェアを用いることにする（**図 5.17**）．Chimera は以下のサイトから無償でダウンロードできる．

http://www.cgl.ucsf.edu/chimera/

このテキストでは，バージョン 1.1872 を用いている．Chimera を起動するときは，コマンドラインから，chimera と入力する（Windows の場合は，アイコンをダブルクリックする．Mac の場合は，アイコンをダブルクリックするか，ターミナルを開き，open -a chimera と入力する．ただし，X11 を起動しておく必要がある）．

プルダウンメニューの File から Open を選択し，Open File ウィンドウから，座標ファイルを選択する（**図 5.18**）．このとき，File type を PDB[.pdb,.ent] にしておく．分子はマウスを使って操作することができる（括弧中は，Mac の 1 つボタンの場合）．

分子の回転-左ボタン（マウス）
分子の並進-中ボタン（マウス＋ option キー）
拡大・縮小-右ボタン（マウス＋ command キー）

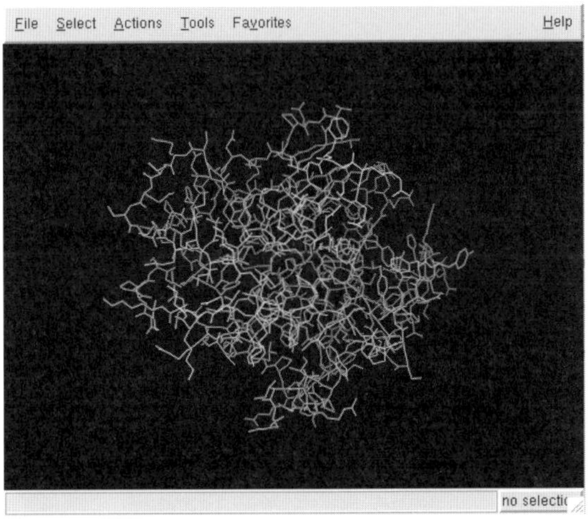

図 5.17　Chimera で，モデル構造を読み込んだところ

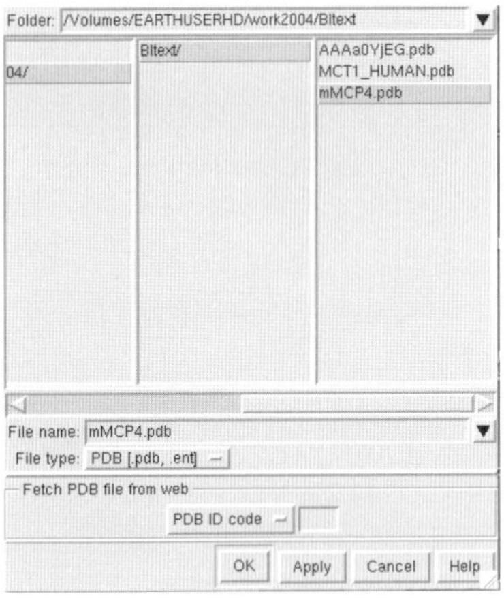

図 5.18　Open file ウィンドウ

5.2.4　保存部位の表示

タンパク質のアミノ酸配列をいろいろな生物種間で比較し，保存されているアミノ酸残基が，立体構造上どのような位置にあるのかを見てみることにする．各アミノ酸残基が保存されているかどうかは，1) 複数の相同なアミノ酸配列を集め，2) それらの配列間で対応するアミノ酸残基どうしを並べる（アラインメント）ことで，調べることができる．

(1) BLASTによるホモロジーサーチ

BLASTプログラムによって，相同なタンパク質の配列を検索する．ここでは，NCBIのnr (non-redundant) データベースに対して検索することにする．BLASTおよびnrは以下のURLからダウンロードできる．

ftp.ncbi.nlm.nih.gov

BLASTを以下のようにして実行する．

```
% blastall -p blastp -i mMCT4.fa -o mMCT4.bl -d /Users/fasta/nr
```

ここで，/Users/fasta/nrは，nrのデータがおいてあるディレクトリを入力する．

(2) 相同な配列の収集

BLASTの結果ファイル (xxx.bl) から，相同な配列のIDを抜き出し，そのIDからデータベースに対してアクセスし，配列情報を取得する．参考までに，以下のようなPerlプログラムを用意したので，このスクリプトに適当な名前をつけて（たとえば，getID.pl）保存する．

```
#!/usr/bin/perl -w

# getID.pl
# A perl script for get homologous sequences.

while(<>){
    next if ( /^¥s/ );
    chomp;
    @data = split(/[¥s|¥|]+/, $_);

    if (($data[0] eq "ref") || ($data[0] eq "gb") ||
        ($data[0] eq "dbj") || ($data[0] eq "sp") ||
        ($data[0] eq "pir")){
        push @id, $data[1];
    }
    last if ((substr($_,0,1)) eq ">");
}

for ($j=0; $j<30 and $j < @id; $j++){
    print "fastacmd -s $id[$j] -d /Users/fasta/nr¥n";
}
#EOF
```

このプログラムを実行すると，BLASTの結果見つかった配列のIDを抜き出し，nrデータベースから，そのIDに対応する配列（FASTA形式）を取得するスクリプトが出力される．30アミノ酸配列，もしくは，それ以下である場合は，見つかった配列すべてのIDが出力されるようになっている．

```
% chmod +x getID.pl
% getID.pl mMCT4.bl > z.z
% chmod +x z.z
% z.z > mMCT4.hom.fa
```

上記の3つのコマンドを実行すると，mMCT4.hom.fa というファイルに相同なタンパク質のアミノ酸配列（FASTA 形式）が格納される．

(3) ClustalW によるマルチプルアラインメント

これらの相同なタンパク質のアミノ酸配列をマルチプルアラインメントにより並べてみよう．ここでは，マルチプルアラインメントのプログラムとして，ClustalW[3] を用いる．ClustalW は，以下のサイトからダウンロードできる．

ftp-igbmc.u-strasbg.fr/pub/ClustalW

nr 由来の FASTA ファイルである mMCT4.hom.fa は，その説明行（>で始まる行）に複数の説明（それぞれ>で始まる記述）を含んでいるが，これは ClustalW の処理にとって好ましくないらしいため，1つだけに減らす必要がある．まず以下のプログラムをファイル（OneDef.pl と名づける）に書き込む．

```
#!/usr/bin/perl
while (<>) {
      chomp;
      split(/ >gi/,$_);
      print $_[0],"¥n";
}
```

続いて以下のようにコマンドを実行する．

```
% chmod +x OneDef.pl
% mv mMCT4.hom.fa mMCT4.hom.fa_orig
% OneDef.pl mMCT4.hom.fa_orig > mMCT4.hom.fa
```

これで準備ができたので，ClustalW の方にもどって，

```
% clustalw mMCT4.hom.fa
```

と入力すると，マルチプルアラインメントが実行される．プログラムが終了すると，mMCT4.hom.aln と mMCT4.hom.dnd というファイルができる．.aln ファイルにはマルチプルアラインメントの結果が出力される．.dnd ファイルにはこれらの相同配列の系統樹情報が納められる．

(4) Chimera での保存部位の表示

保存されたアミノ酸残基を，モデル構造上で着色してみることにしよう．次の手順で保存されたアミノ酸残基に色を着けることができる．

1) Chimera を立ち上げ，**図 5.17** でモデル構造を表示させた状態にする．
2) File-Open メニューを選択する．File type を Clustal ALN にセットし，アラインメント結果ファイル (mMCT4.hom.aln) を選択して OK を押す．
3) アラインメントウィンドウ (**図 5.19**) のメニューから，Structure-Select-completely conserved を選択する．
4) メインウィンドウのメニューから，Actions-Color-Orange を選択する．
5) メインウィンドウのメニューから，Select-Clear Selection を選択する．

6) メインウィンドウのメニューから，Actions-Atoms/Bonds-sphere を選択する．

立体構造を回転させながら眺めてみると，くぼんでいる領域に濃い色が集まっていることがわかる（**図 5.20**）．このくぼみには，プロテアーゼの活性部位（活性トリプレット，His50，Asp 94，Ser 202）が存在しており，配列間でよく保存されていることから，この領域がこのタンパク質の機能において重要な役割を果たしているということが，立体構造からもわかる．

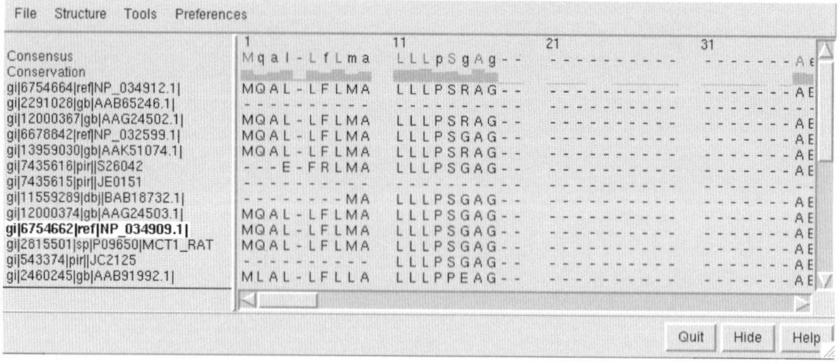

図 5.19 アラインメントウィンドウ

左のカラムには，配列の ID が表示されている．ID の文字が太くなっている配列は，読み込んだ立体構造とまったく同じか，または非常に似ている配列である．

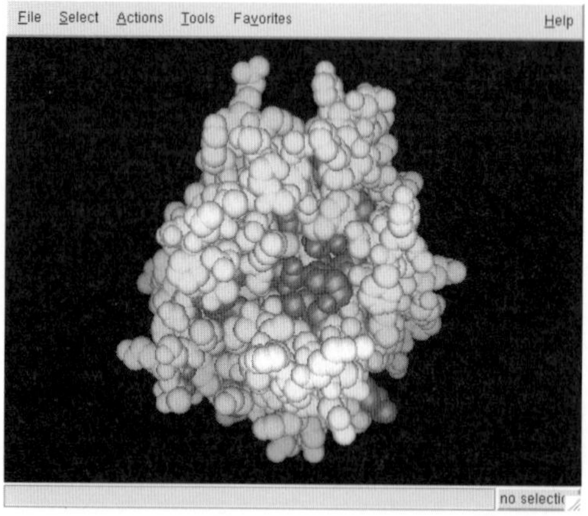

図 5.20 保存されたアミノ酸残基を濃く着色した

タンパク質原子を空間充填モデルで表示してある．

5.2.5 モデル構造と鋳型構造の比較

(1) 鋳型タンパク質立体構造データを読み込む

鋳型に用いたタンパク質の立体構造とモデル構造を比較してみよう．モデルの PDB ファイル (mMCT4.pdb) の中には，モデルを作る際に用いた鋳型の『PDB code』が書かれている．ここでは，ヒトのキマーゼ (PDB code: 1pjp) の立体構造の座標を用いる．Chimera は，PDB のサイト

(www.rcsb.org) から直接，ダウンロードして座標ファイルを読み込んでくれる．座標を読み込むには，次のようにする．

1) File-Open メニューを開く．
2) Open File ウィンドウから，Fetch PDB file from web の PDB ID code に 1pjp と入力し，OK を押す．

(2) 不要な座標データの削除

タンパク質座標データには，アミノ酸残基以外に，水分子や基質分子などの座標データが含まれていることがある．ここでは，立体構造の比較がしやすいようにこれらの座標を削除する．

1) Select-Residue-name-HOH （水分子の座標が選択される）
2) Actions-Atoms/Bonds-delete
3) HOH と同様に，HPC，NAG，ZN についても，1) と 2) を実行する
4) Select-Chain-I （I chain を選択）
5) 2) を実行

(3) モデルと鋳型構造の重ね合わせ

モデル構造に鋳型タンパク質の立体構造を重ね合わせるには，以下のようにする．

1) Tools-Homology-MatchMaker
2) Reference chain: mMCT4.pdb を選択
3) Chain(s) to match: 1pjp(#1) chain A を選択
4) OK を押す

MatchMaker は，2 つのタンパク質のアミノ酸配列をアラインメントすることによって対応づけられたアミノ酸残基の α 炭素原子の位置のずれが最小となるように立体構造を重ね合わせる．

(4) 表面の荷電残基分布の比較

モデルと鋳型の表面のアミノ酸残基の違いを見てみよう．ここでは，電荷をもつアミノ酸残基が，タンパク質表面上でどのように分布しているかを見ることにする（**図 5.21**）．

1) Actions-Surface-show
2) Select-Residue-amino acid category-positive（正電荷をもつアミノ酸残基を選択）
3) Actions-Color-blue
4) Select-Residue-amino acid category-negative（負電荷をもつアミノ酸残基を選択）
5) Actions-Color-red

この状態では，2 つの構造が重なり合っているので見づらいかもしれない．その場合は，モデル構造だけを表示させることができる．

1) Favorites-Model Panel で，ID 1 のオブジェクト（1pjp と MSMS main surface of 1pjp）に対する Shown のチェックをはずす．
2) 鋳型のみを表示させたい場合は，ID2 のオブジェクト（mMCT4.pdb と MSMS main surface

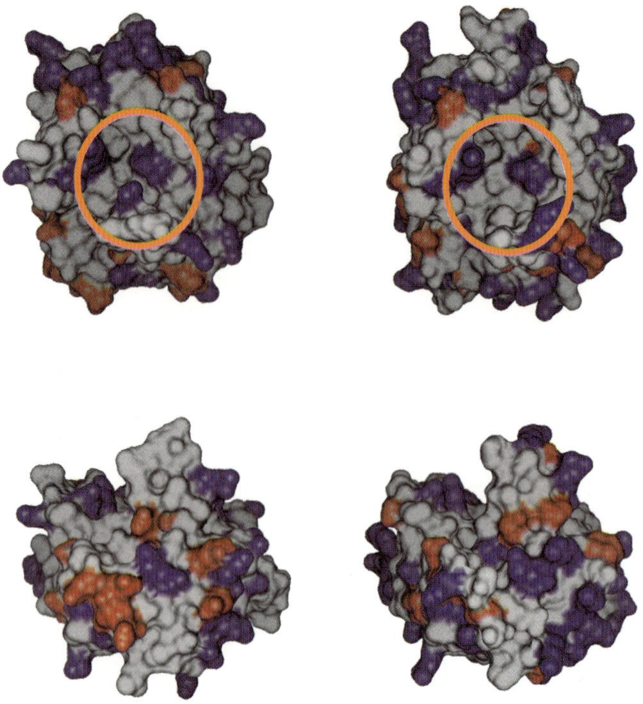

図 5.21　鋳型タンパク質（左）とモデル（右）の荷電アミノ酸残基の分布の違い
オレンジの丸で囲んだ部分は活性部位を表示している．青は正の電荷をもつアミノ酸残基．赤は負の電荷をもつアミノ酸残基を示す．下の図は，上の図の下側の面を見たところ．

of mMCT4.pdb）に対する Shown のチェックはずせばよい．

両者を並べて表示させたい場合は，次のようにする．

1)　mMCT4.pdb と MSMS main surface of mMCT4.pdb の Active のチェックを外す．
2)　鋳型構造を横にスライドさせる．
3)　両方を同時に動かす場合は，Active のボックスをチェックする．

もし，2 つの構造を再び重ね合わせたい場合は，以下のようにする．

1)　MultiAlignViewer ウィンドウの Structure-Match を選択．
2)　Reference structure: mMCT4.pdb を選択．
3)　Structures to match: 1pjp のみを選択．
4)　OK を押す．

両者の荷電アミノ酸残基の分布を比較してみると，活性部位の周囲の電荷をもつアミノ酸残基の分布が類似していることがわかる．活性部位の下（**図 5.21** 下図でみたところ）の面を見ると，両者で電荷の分布が異なっていることがわかる．このように立体構造をモデリングすることで，分子表面の物理化学的な性質の違いを見ることができる．ここでは，単にアミノ酸残基の色分け表示をしただけだが，静電ポテンシャルを計算することによって，より詳細な解析ができる．静電ポテンシャルの計算方法や，表示方法は，第 7 章で詳しく述べている．

文　献

立体構造予測法について

[1] Lesk, A. M. Introduction to Bioinformatics. Oxford Univ. Pr., New York (2002)
邦訳：「バイオインフォマティクス基礎講義——一歩進んだ発想をみがくために」岡崎康司・坊農秀雄 監訳，小沢元彦 訳，メディカルサイエンス・インターナショナル (2003)

[2] Bourne, P. E. and Weissig, H. Structural bioinformatics. John Wiley and Sons Inc., NJ (2003)

BLAST について

[3] Altschul, S. F., Gish, W., Miller, W. Myers, E. W. and Lipman, D. J. "Basic local alignment search tool" *J. Mol. Biol.*, **215**, 403–410 (1990)

PSI-BLAST について

[4] Altschul, S. F., Madden, T. L., Schaffer, A. A., Zhang, J., Zhang, Z., Miller, W. and Lipman, D. J. "Gapped BLAST and PSI-BLAST: a new generation of protein database search programs" *Nucleic Acids Res.*, **25**, 3389–3402 (1997)

ClustalW について

[5] Thompson, J. D., Higgins, D. G. and Gibson, T. J. "CLUSTAL W: improving the sensitivity of progressive multiple sequence alignment through sequence weighting, position-specific gap penalties and weight matrix choice" *Nucleic Acids Res.*, **22**, 4673–4680 (1994)

T-Coffee について

[6] Notredame, C., Higgins, D. G. and Heringa, J. "T-Coffee: A novel method for fast and accurate multiple sequence alignment" *J. Mol. Biol.*, **302**, 205–217 (2000)

MODELLER について

[7] Sali, A. and Blundell, T. L. "Comparative protein modelling by satisfaction of spatial restraints" *J. Mol. Biol.*, **234**, 779–815 (1993)

SWISS-MODEL について

[8] Schwede, T., Kopp, J., Guex, N. and Peitsch, M. C. "SWISS-MODEL: An automated protein homology-modeling server" *Nucleic Acids Res.*, **31**, 3381-3385 (2003)

3D-JIGSAW について

[9] Bates, P. A., Kelley, L. A., MacCallum, R. M. and Sternberg, M. J. "Enhancement of protein modeling by human intervention in applying the automatic programs 3D-JIGSAW and 3D-PSSM" *Proteins Suppl.*, **5**, 39–46 (2001)

モデル構造の評価法について

[10] Bowie, J. U., Luthy, R. and Eisenberg, D. "A method to identify protein sequences that fold into a known three-dimensional structure" *Science*, **253**, 164–170 (1991)

[11] Luthy, R., Bowie, J. U. and Eisenberg, D. "Assessment of protein models with three-dimensional profiles" *Nature*, **356**, 83–85 (1992)

[12] Sippl, M. J. "Recognition of errors in three-dimensional structures of proteins" *Proteins*, **17**, 355–362 (1993)

モデリング適用範囲について

[13] Marti-Renom, M. A., Stuart, A. C., Fiser, A., Sanchez, R., Melo, F. and Sali, A. "Comparative protein structure modeling of genes and genomes" *Annu. Rev. Biophys. Biomol. Struct.*, **29**, 291–325 (2000)

機能予測の例について

[14] Matsumoto, K., Shionyu, M., Go, M., Shimizu, K., Shinomura, T., Kimata, K. and Watanabe, H. "Distinct interaction of versican/PG-M with hyaluronan and link protein" *J. Biol. Chem.*, **278**, 41205–41212 (2003)

[15] Sali, A., Matsumoto, R., McNeil, H. P., Karplus, M. and Stevens, R. L. "Three-dimensional

models of four mouse mast cell chymases. Identification of proteoglycan binding regions and protease-specific antigenic epitopes" *J. Biol. Chem.*, **268**, 9023–9034 (1993)

プログラムおよびサーバーのダウンロード・ウェブサイト

（S はサーバー，P はプログラムを表す）

ホモロジーサーチ

BLAST, PSI-BLAST	S	www.ncbi.nlm.nih.gov
	P	ftp.ncbi.nih.gov

アラインメント

ClustalW	P	ftp-igmc.u-strasbg.fr/pub/ClustalW
T-Coffee	P	igs-server.cnrs-mrs.fr/~cnotred/Projects_home_page/t_coffee_page.html

モデリング

MODELLER	P	www.salilab.org/modeller/modeller.html
SCWRL	P	www.cmpharm.ucsf.edu/~bower/scwrl/scwrl.html
WHATIF	P	www.cmbi.kun.nl/whatif
COMPOSER	P	www-cryst.bioc.cam.ac.uk/
SWISS-MODEL	S	swissmodel.expasy.org/
3D-JIGSAW	S	www.bmm.icnet.uk/servers/3djigsaw/

モデル評価

Procheck	P	www.biochem.ucl.ac.uk/~roman/procheck/procheck.html
Verify3D	S	www-doe-mbi.ucla.edu/Services/Verify_3D/
ERRAT	S	www-doe-mbi.ucla.edu/Services/ERRAT/

モデル構造の可視化

Chimera	P	www.cgl.ucsf.edu/Chimera
RasMol	P	www.bernstein-plus-sons.com/software/rasmol/
PyMOL	P	pymol.sourceforge.net/

第6章　データベースの構築と活用

由良　敬

Point

本章では，なぜデータベースを構築する必要があるのかから考え始め，どのようにデータベースを構築するのか，さらに世界にどのようなデータベースが存在するのかを概観するところまでを扱う．バイオインフォマティクス研究においては，データベースの使用と作成が大変重要な位置を占めている．データベースという道具を自由自在に使えるようになることが大切である．

6.1 基　礎

6.1.1　データベースとは何か

データベースの利用は，インターネットの発達に呼応して急激に増加している．しかしデータベースは，インターネットとは独立に存在するものであった．インターネット上で公開されているデータベースにはきれいな図柄と，よくできたインターフェースがついているが，データベースそのものにそれらは必須ではない．データベースの本来の目的は，データを簡単に蓄積，検索，修正できるようにすることである．したがって，データベースの本来の意味にはコンピュータすらかかわってこない．しかし，現実問題としてコンピュータ抜きのデータベースは存在しないだろう．ここでは，コンピュータ上で動くデータベースを作成するソフトウェアと蓄積されたデータとを，データベースとよぶことにする．データベースを作成するというときには，データベースを作成するソフトウェアに，もっているデータを入力して，検索や修正が簡単にできる状態にしたことを意味する．

計算や実験，調査をおこなうと，何らかのデータが生成される．それらのデータは解析の対象であるから，解析がしやすいように整理する必要がある．整理の方法はデータの量によって，当然異なってくる．簡単に数えることができる程度のデータ量ならば，コンピュータを利用する必要はない．量のあるデータならば，パソコンのスプレッドシートを利用してデータベースを作成することができる．データを測定した本人だけが利用するデータなら，フラットファイル（文字を羅列しただけのコンピュータファイル）で十分である．データベース作成にあたって，重要なことの１つには，データをどのように整理するのか，そしてどのように使用するのかがある．

6.1.2 データベースシステムの利用にあたって考えるべきこと

手元にもっている解析結果をデータベースにするか，どの程度のデータベースにするかを判断するには，いくつかの質問をしながら考えてみるとよいだろう．

(1) データの使用者は誰か

データを利用するのが自分だけならば，自分だけにわかる形式でデータを保持してもかまわない．データベースを作成する必要はない．しかし，自分だけが用いるデータというものは，そもそも存在するのだろうか．バイオインフォマティクスの研究活動のなかで，そういうことはたぶんない．データは誰かと共有することが必須となるはずである．あなたが生み出したデータを研究室のメンバーにも使ってもらうのならば，データベースを作成するまでもないかもしれない．データを渡して，中身を説明すれば十分だろう．もし各人がいろいろなデータを生み出し，それらのデータを集積し，それらをまた利用して研究を展開するならば，データベースを作成し，データの追加と修正の記録をとっておくほうがよいだろう．不特定多数にデータを公開するとなると，データの意味の説明が必要となるし，データの改ざんを防ぐ必要もでてくる．データの保護がしっかりしているデータベースが必要になってくる．

(2) どの程度のデータ量か

データの量が数個ならば，データベースを作成する必要がないのは自明である．生体高分子の三次元座標データが 100 個あった場合はどうするか．1000 個のアミノ酸配列とそれらのアミノ酸配列におけるアミノ酸残基の使用頻度だったらどうだろう．1 万種類のタンパク質名だったらどうだろうか．データの量だけでは，データベースを作成するかどうかを決定することはできない．たとえば，19 世紀までの英国社会では，コンピュータによるデータベースを作成しないで，英単語すべてをきちんと管理していた（コンピュータが存在しなかったので，そうせざるをえなかったというのが正確なところである）．コンピュータによるデータベース化を実行するか否かは，データの量よりも，データの利用方法にかかってくると考えるべきだろう．データをやみくもにコンピュータ上でデータベース化しても，どのように利用するのかが想定されていないと，誰も利用しないただのゴミくずができることになる．

(3) データ検索をどのように行うのか

データの量はそんなにたくさん存在しなくても，データをどのようにして用いるかによって，データベース化したほうがよい場合がある．データを使うと想定されている人が，コンピュータプログラミングを簡単に行うことができるならば，コンピュータソフトウェアを用いたデータベースを作成するよりは，フラットファイルのままで配ってもらったほうがよいことが多々ある．フラットファイルのデータは一番単純なデータベースといえる．しかし，データを使う方がプログラミングのできない人ならば，コンピュータソフトウェアを用いたデータベースにデータを保存するほうが便利である．データの利用者がプログラミングにたけていたとしても，解析結果に到達するまでにかなり複雑な手続きが必要になってくる場合には，データベースの検索システムを利用したほうがよい場合もある．

(4) データはずっと変化しないのか，修正があるのか

データが頻繁に修正される場合には，コンピュータ上でデータベース化されているほうがデータの修正が楽である．データベースシステムを用いれば，後述する方法によってデータを統一的に修正できる．特に巨大データにおいては，データベースシステムが存在しなければ，データの修正や更新をすることは不可能に近い．

以上の問いは，コンピュータのデータベースシステムを用いることで，何ができるかをも明らかにしている．データベースシステムを用いると，多くの方とデータを安全に共有でき，検索と修正が容易にできるようになる．特に検索と修正に関しては，データ量が莫大になったときにその効果が歴然と現れてくる．

6.1.3 データベースマネジメントシステム

一番単純なデータベースは，データを列挙したフラットファイルである．データの使い方によっては，これで十分である．世界で共有されている遺伝子の配列データは，フラットファイル形式で保存されている．タンパク質などの生体高分子立体構造座標データもフラットファイルで保存されている．フラットファイルでデータを整理する場合には，どの行にどのような意味があり，どの列にはどのような情報が書いてあるのかを正しく理解して，情報を読みとる必要がある．いったん理解してしまえば，ただのフラットファイルなので取り扱いは簡単である．情報検索は，コンピュータのオペレーティングシステムに付随している単純な検索コマンドを用いて実行することができる．このような形式のデータも，データベースと称してインターネットで公開されている．そのような場合には，フラットファイルだけではなく，データ検索システムが付随していることが多い．

データが複雑になってくると，このように簡単にはいかない．特にデータの間に関係がある場合，たとえばデータが階層構造を構成している場合には，フラットファイルでは記述が複雑になり，暗号のようになってしまう．ゲノムの情報を見てみよう．ゲノムそのものはATGCの文字列にすぎないから，フラットファイルで保存しておくことが可能である．しかしゲノムには多くの付随情報が存在する．そのゲノムがどの生物種由来か，ゲノムのどの部分に遺伝子が存在するのか，その遺伝子はタンパク質をコードしているのか，何というタンパク質をコードしているのか，そのタンパク質の機能は何か，遺伝子はどの細胞で発現しているのか，などの情報との関連が存在する．この関係をフラットファイルで記述すると，たとえば**図 6.1** のようになる．このサンプルデータは，DDBJ（§6.1.9 参照）のファイル形式を少し改変して，遺伝子の情報（厳密には cDNA の情報）を記述したものである．このような情報が収められているたくさんのファイルが存在すると，「ゲノムにコードされているタンパク質のアミノ酸配列を例示しなさい」という質問には，すぐ答えることができる．では，「肝臓で発現しているタンパク質をすべて示しなさい」という質問に答えることは簡単だろうか．この質問に答えるには，上記のフラットファイルを１つ１つチェックして，情報を収集する必要がある．必要なデータはすべてファイルの中に書き込まれているが，検索が簡単で

```
ID            0001
DEFINITION   cytochrome b
SOURCE       Apodemus agrarius
EXPRESSION   mitochondrion
FUNCTION     electron transfer
LOCATION     unknown
CODE         1-971
               MTNIRKTHPLFKIINHSFIDLPAPSNISSWWNFGSLLGLCLVIQILTGLF
               LAMHYTSDTMTAFSSVTHICRDVNYGWLIRYMHANGASMFFICLFLHVGR
               GMYYGSYAFMETWNIGVVLLFAVMATAFMGYVLPWGQMSFWGATVITNLL
               SAIPYIGTTLVEWIWGGFSVDKATLTRFFAFHFILPFIIAALVIVHLLFL
               HETGSNNPTGLNSDADKIPFHPYYTIKDILGIVIMIMFLMTLVLFFPDLL
               GDQDNYTPANPLNTPPHIKPEWYFLFAYAILRSIPNKLGGVLALVLSILI
               LALLPLLHTSKQRSLMFRPITQML
SEQUENCE
               atgacaaacatccgaaaaactcacccccctatttaaaatcattaaccattc
               tttcatcgacctccctgccccatctaacatctcatcctgatgaaactttg
               gctccctcctaggtctatgcctcgtaattcaaatccttacaggcttattc
               ctagccatacactacacatcagacacaataacagcattctcatcagttac
               acatatttgccgagacgtaaactatgggtgacttattcgatatatacacg
               ctaatggagcttcaatatttttttatctgcttatttctccatgtaggacga
               ggaatgtactacggatcctatgcatttatagaaacatgaaatatcggagt
               agtcctattatttgcagtaatagctacagcattcataggctatgtgcttc
               catgaggacaaatatccttctgaggggcaacagtaattacaaatctcctc
               tcagccatcccatatatcggcactaccctggtagaatgaatttgaggagg
               attctcagtagataaagccactttaacacgtttcttcgcattccatttta
               ttctcccattcattatcgcagccctggtaatcgtccatctcctatttctc
               cacgaaacaggctcaaacaacccaacaggtttaaactcagacgccgataa
               aatcccatttcacccatactacacaattaaagatattctaggcattgtca
               ttataattatattcctaataaccctggtcctattcttcccagacctactt
               ggagaccaggataattacacaccagcaaacccacttaatacaccaccaca
               tatcaaaccagaatgatactttctatttgcatatgcaatcctacgctcta
               ttccaaacaaactaggaggagtcctagctctagtcctatccatccttatc
               ctagccttactgccacttcttcacacttcaaaacaacgaagcctaatatt
               ccgtcctattactcaaatact
END
```

図 6.1　遺伝子のサンプルデータ

はない．この質問を受けた人が，プログラムを簡単に書けるのならばまったく問題はない．数行のプログラムを書けば，上記の問題は解くことができる．しかしすべての人にプログラミングを期待することはできない．

このように，互いに関連があり，任意の情報から他の任意の情報をたどることが必要な場合には，リレーショナルデータベースシステムを用いるのが一般的である．データベースマネジメントシステムという場合には，リレーショナルデータベースシステムを意味することが非常に多い．リレーショナルデータベースは，すべてのデータをテーブル（表）で保持し，テーブル間の関係を専用の言語を用いて抽出するデータベースである．テーブルは，行と列から構成されている（**図 6.2**）．

Swiss-Prot と呼ばれるアミノ酸配列のフラットファイルに存在する多くの情報のうち，3 つの情報を抽出して，**図 6.2** のテーブルを作成しよう．Swiss-Prot のアミノ酸配列フラットファイルから，各アミノ酸配列の ID と accession 番号，各タンパク質の名称を抜き出し，それぞれの情報を

ID	accession	dsc
7UP1_DROME	P16375	receptor seven-up type 1
AA1R_BOVIN	P28190	Adenosine A1 receptor
ASG2_BACSU	O34482	Probable L-asparaginase

図 6.2　リレーショナルデータベースにおけるテーブル例

テーブル A：ID と accession 番号との関係

ID	accession
7UP1_DROME	P16375
ASG2_BACSU	O34482

テーブル B：ID とタンパク質の名称との関係

ID	dsc
AA1R_BOVIN	receptor seven-up type 1
ASG2_BACSU	Adenosine A1 receptor

図 6.3　2 つのサンプルテーブル

ID	accession	ID	dsc
7UP1_DROME	P16375	AA1R_BOVIN	receptor seven-up type 1
7UP1_DROME	P16375	ASG2_BACSU	Adenosine A1 receptor
ASG2_BACSU	O34482	AA1R_BOVIN	receptor seven-up type 1
ASG2_BACSU	O34482	ASG2_BACSU	Adenosine A1 receptor

図 6.4　2 つのサンプルテーブル（図 6.3）に直積演算を施した結果

列とし，アミノ酸配列ごとに 1 行ずつ記述すると，**図 6.2** に示すテーブルができる．**図 6.2** のようなテーブルがあれば，accession 番号からタンパク質名を検索するのはとても簡単である．リレーショナルデータベースの考え方で大切なことは，1) 列に入る情報は同一の性質をもっていること，2) 行単位でデータが存在すること，言い換えると，行と行の間には関係がないこと，の 2 点である．

リレーショナルデータベースのよいところは，複数のテーブルにまたがった情報も関係（リレーション）をつけて，検索することが可能であることである．この検索方法を理解するには，テーブルの演算を理解する必要がある．リレーショナルデータベースにおける複雑な検索は，テーブルの直積 (direct product) 演算によって行われる．テーブル A とテーブル B が存在するとき，この 2 つに直積演算を施すことで，新しいテーブル C を作ることができる．テーブル A の各行を a_i，テーブル B の各行を b_j とすると（i, j は行番号），A と B の直積 $(\mathrm{A} \times \mathrm{B})$ によってできる C の各行は $\mathrm{a}_i + \mathrm{b}_j$ となる．具体例として，2 つのテーブルを**図 6.3** に示す．**図 6.3** にある 2 つのテーブルの直積として得られるテーブル C が，**図 6.4** である．直積演算によって，2 つのテーブルが巨大な 1 つのテーブルになった．この中から目的の行を抜き出すことで，複雑な検索が可能となる．

テーブル C には ID という列が 2 つ存在する．この 2 つの列の値が異なる行は，バイオインフォマティクスとしてはまったく意味がない．そこで，値が異なる列 ID をもつ行を削除すると，**図 6.5** になる．ただし**図 6.5** では，ID 列を 1 列削除した．2 つ存在する ID 列は，まったく同じ情報を含

ID	accession	dsc
ASG2_BACSU	O34482	Adenosine A1 receptor

図 6.5　直積の結果から意味のある行のみを抽出

んでいるので冗長である．

以上の操作は，ID と accession 番号との関係テーブル（テーブル A）と，ID とタンパク質の名称との関係テーブル（テーブル B）を用いて，「Swiss-Prot において accession 番号が O34482 であるタンパク質の名称は何か？」，あるいは「Adenosine A1 receptor というタンパク質の accession 番号は何か？」という質問に回答を与えたことになる．Swiss-Prot がフラットファイルで存在している場合には，それぞれの質問に対して，異なるプログラムを用意する必要があるが，上手にテーブルを組んでおけば，上記の 2 つの質問は，2 つのテーブルに対する同一の直積演算と行削除演算で，回答を得ることができる．慣れない間は難しく感じるかもしれないが，直積の考え方に慣れれば，かなり複雑な検索も簡単にできるようになる．

上記のデータベースを構築することができるリレーショナルデータベースマネジメントシステムとして，MySQL（フリーウェア），PostgreSQL（フリーウェア），Oracle（商品）などがある．本講義では誰でも簡単に入手できる MySQL を用いて，リレーショナルデータベースシステムを説明する．

6.1.4　MySQL によるデータベースの構築

MySQL は，オープンソースのデータベースマネジメントシステムである．MySQL は MacOS, Linux，Windows など，ほとんどのオペレーティングシステムにおいて使用可能なソフトウェアである．http://www.mysql.com/ から，最新版を入手できる．インストールの方法は非常に簡単で，アイコンをダブルクリックするだけである．Linux へのインストールの場合は，make コマンドだけで完了する．

インストール後すぐに実行しなければならないことは，1) root ユーザにパスワードを設定すること，2) anonymous ユーザを削除すること，および 3) 新規ユーザを追加することである．MySQL を起動するには，Windows の場合は，アイコンをダブルクリックするだけであり，Macintosh や Linux の場合には，コマンドラインから

```
% mysql -u ユーザ名 -p
```

と打ち込むだけである．ただしインストール直後は，ユーザ名やパスワードが決まっていないので，

```
% mysql
```

のみで起動する（**図 6.6**）．正常に起動すると，mysql>というプロンプトが画面に現れる．このプロンプトが出ているときは，リターンキーを打つと->プロンプトが次の行に現れる．MySQL では; が打たれるまでを，1 行のコマンドと解釈する．

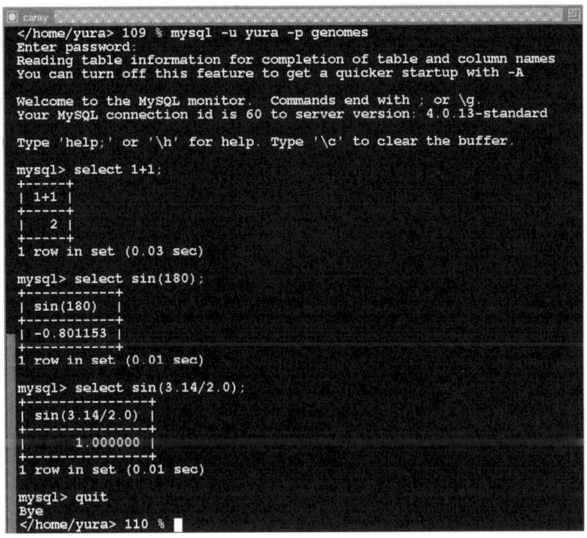

```
</home/yura> 109 % mysql -u yura -p genomes
Enter password:
Reading table information for completion of table and column names
You can turn off this feature to get a quicker startup with -A

Welcome to the MySQL monitor.  Commands end with ; or \g.
Your MySQL connection id is 60 to server version: 4.0.13-standard

Type 'help;' or '\h' for help. Type '\c' to clear the buffer.

mysql> select 1+1;
+-----+
| 1+1 |
+-----+
|   2 |
+-----+
1 row in set (0.03 sec)

mysql> select sin(180);
+-----------+
| sin(180)  |
+-----------+
| -0.801153 |
+-----------+
1 row in set (0.01 sec)

mysql> select sin(3.14/2.0);
+---------------+
| sin(3.14/2.0) |
+---------------+
|      1.000000 |
+---------------+
1 row in set (0.01 sec)

mysql> quit
Bye
</home/yura> 110 %
```

図 6.6　MySQL の起動から終了まで

(1)　root ユーザのパスワード設定

rootとはこのデータベースに関して，いかなることも実行できるユーザのことである．最高の権限をもつユーザなので，パスワードは確実に設定する必要がある．さもないとせっかく作ったデータベースを誰かに壊されてしまうかもしれない．root のパスワード設定は，**図 6.7** の方法で行う．**図 6.7** において，実際に打ち込むのは太字の文字列である．太字斜体の部分は，root ユーザのパスワードであるから，他人に見られないように自分だけが知っている文字列を入れること．**図 6.7** の場合には root ユーザに abcd というパスワードが設定される．

```
mysql> UPDATE  mysql.user
    -> SET Password=PASSWORD('abcd')
    -> WHERE User='root';
Query OK, 0 rows affected (0.00 sec)
mysql> FLUSH PRIVILEGES;
Query OK, 0 rows affected (0.00 sec)
```

図 6.7　root ユーザのパスワード設定方法

(2)　anonymous ユーザの削除

MySQL のインストール初期段階では，パスワードなしで使えるユーザが存在する．このユーザも，悪用されると大変なことになる．誰かがこのユーザでデータベースを利用し，すべてのデータを消してしまうかもしれない．**図 6.8** に示すようにして，このユーザを削除する．**図 6.8** においても実際に打ち込む部分は太字の文字列である．

(3)　新規ユーザの追加

最後に実行すべきことは，データベースを実際に利用する人のユーザを設定することである．こ

```
mysql> DELETE FROM mysql.user WHERE user='';
Query OK, 2 rows affected (0.02 sec)
mysql> FLUSH PRIVILEGES;
Query OK, 0 rows affected (0.00 sec)
```

図 6.8　パスワードなしのユーザを削除する方法

の部分の設定にはパスワードの打ち込みがあるので，実際に使う人が実行するのがよいであろう（**図 6.9**）．太字の文字列が実際に打ち込む部分である．図 6.9 では，yura というユーザが設定され，そのユーザのパスワードは wxyz になる．ここに示す設定を実行すると，yura というユーザは，データベースに対してどんなことでも（検索，更新，削除）実行できるユーザとなる．データベースに対するユーザ権限については §6.1.5 で記述する．

```
mysql> GRANT ALL ON *.* TO yura
    -> IDENTIFIED BY 'wxyz';
Query OK, 0 rows affected (0.00 sec)
mysql>
```

図 6.9　新規ユーザを追加する方法

現在どのようなユーザ名が登録されているかは，**図 6.10** に示す方法でわかる．パスワードは暗号化されて表示される．

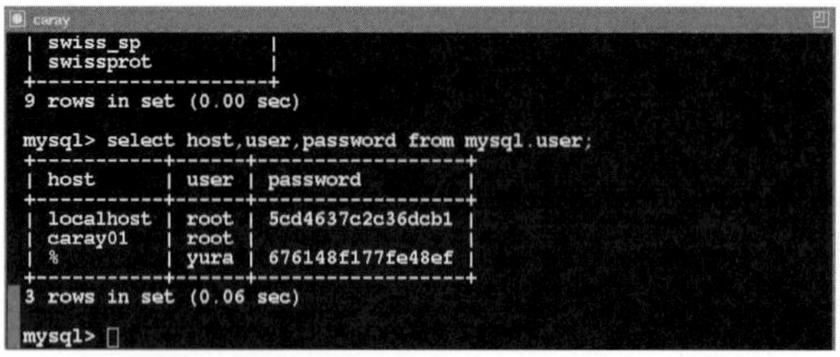

図 6.10　登録されているユーザを確認する方法

6.1.5 SQL によるデータベース検索

リレーショナルデータベースでは，テーブルの演算を SQL（Structured Query Language，構造化問い合わせ言語）と呼ばれる独自の言語を用いて行う．ほとんどすべてのリレーショナルデータベースマネジメントシステムにおいて SQL が利用されているので，SQL を扱うことができるようになれば，MySQL 以外のリレーショナルデータベースを使用することもできるようになる．SQL の記述は，命令の最後が常に; である点を除けば，限られた単語を使って書かれた英語の命令文と似ている．

SQL には，大きく 2 種類のコマンドが存在する．それぞれ DDL（データ定義言語）と DML（データ操作言語）と呼ばれている．DDL はデータベースの開発者が用いるコマンドであり，一般ユーザはあまり使わない．DML は開発者とユーザが使うコマンドである．以下例を示しながら DDL と DML を解説する．例における太字は，ユーザが打ち込む文字列である．斜体の部分は，ユーザが任意に決める文字列を意味する．

(1) DDL

CREATE DATABASE データベース名

リレーショナルデータベースマネジメントシステムでは，テーブルの集合をデータベースと呼ぶ．データベースを新たに作成する時には，そのデータベースの名称を設定する必要がある．テーブル群のうつわに名前をつける行為と考えることができる．

例）
```
mysql> CREATE DATABASE  genomes;
Query OK, 0 rows affected (0.00 sec)
mysql>
```

DROP DATABASE データベース名

データベースを削除するときに用いるコマンドである．実際に利用するときには，十分注意してほしい．

例）
```
mysql> DROP DATABASE  genomes;
Query OK, 0 rows affected (0.00 sec)
mysql>
```

CREATE TABLE テーブル名（列名，列データ型，…）

新規にテーブルを作成する際に用いるコマンドである．手元にあるデータをどのようなテーブルにするかをよく考えてから，テーブルを作成すること．

例）
```
mysql> CREATE TABLE  swissprot (swissid  varchar(20),
    -> length integer, swissac varchar(20),
    -> dsc varchar(255));
Query OK, 0 rows affected (0.00 sec)
mysql>
```

上記の例で示すように，テーブルを作成する段階でテーブルの各列におけるデータの型を決定する必要がある．MySQL では次にあげるデータの型がよく用いられる．

varchar (n)	: n 文字以内の文字列
char (n)	: n 文字の文字列
integer または int	: 整数
float	: 浮動小数
double	: 倍精度浮動小数
time	: 時間（HH:MM:SS フォーマット，21:54:31）
date	: 日付（年-月-日フォーマット，99-08-23）

先の例では，swissid 列のデータは 20 文字以内の文字列，length 列は整数，swissac 列は 20 文字以内の文字列，dsc は 255 文字以内の文字列である（できあがったテーブルの例として，**図 6.11** のテーブル swissprot 参照）．

DROP TABLE テーブル名

テーブルを削除するときに用いるコマンドである．テーブルを消去するので，実際に利用するときは十分注意してほしい．

例）
```
mysql> DROP TABLE swissprot;
Query OK, 0 rows affected (0.00 sec)
mysql>
```

GRANT 権限 ON オブジェクト名 TO ユーザ名

あるユーザがどのデータベースのどのテーブルに対して，どのような操作ができるかを決定するコマンドである．オブジェクト名とは，データベース名.テーブル名のことである．すべてのデータベースに含まれているすべてのテーブルに対する権限を許可する場合には，オブジェクト名を*.*とする．よく使われる権限を以下に示す．

CREATE	：テーブルを作る（CREATE TABLE が使用できる）
DELETE	：テーブルの行を削除できる（DELETE が使用できる）
DROP	：テーブルを削除できる（DROP TABLE が使用できる）
INSERT	：テーブルにデータを追加できる（INSERT TABLE が使用できる）
SELECT	：テーブルを検索できる（SELECT が使用できる）
ALL	：すべての操作ができる

例）
```
mysql> GRANT SELECT ON genomes.swissprot to yura;
Query OK, 0 rows affected (0.00 sec)
mysql>
```

REVOKE 権限 ON オブジェクト名 FROM ユーザ名

あるユーザの権限を取り除くときに用いるコマンドである．権限は，GRANT で説明した権限と同じである．

例）
```
mysql> REVOKE ALL on *.* from yura;
Query OK, 0 rows affected (0.00 sec)
mysql>
```

(2) DML

SHOW DATABSES

すべてのデータベース名を列挙する．

例）
```
mysql> show databases;
+-----------+
| Database  |
+-----------+
| genomes   |
| mysql     |
+-----------+
2 rows in set (0.00 sec)
mysql>
```

USE データベース名

使用するデータベースを設定する場合，およびMySQL使用途中でデータベースを切り替える場合に用いるコマンドである．

例）
```
mysql> USE genomes;
Query OK, 0 rows affected (0.00 sec)
mysql>
```

一般的にはMySQLの起動時に，使用するデータベースを以下のようにして設定する．

```
%mysql -u ユーザ名 -p データベース名
```

SHOW TABLES;

データベース内に存在するすべてのテーブルを列挙する．

例）
```
mysql> show tables;
+--------------------+
| Tables_in_genomes  |
+--------------------+
| genomeswblast      |
| genome             |
| pdb                |
| swisspr            |
+--------------------+
4 rows in set (0.00 sec)
mysql>
```

DESCRIBE テーブル名

既存のテーブルがどのような列をもっているかがわかる．

例）
```
mysql> DESCRIBE swissprot;
+---------+--------------+------+-----+---------+-------+
| Field   | Type         | Null | Key | Default | Extra |
+---------+--------------+------+-----+---------+-------+
| swissid | varchar(20)  | YES  |     | NULL    |       |
| length  | int(11)      | YES  |     | NULL    |       |
| swissac | varchar(20)  | YES  |     | NULL    |       |
| dsc     | varchar(255) | YES  |     | NULL    |       |
+---------+--------------+------+-----+---------+-------+
4 rows in set (0.00 sec)
mysql>
```

SELECT 列名 FROM テーブル名 WHERE 条件

指定したテーブルにおいて，指定した条件を満たす行に含まれる列の情報を得る（画面に表示する）コマンドである．複数の列名を表示する場合は，各列名をカンマで区切って指定する．すべての列を表示する場合には，アスタリスク (*) を用いることができる．WHERE 以下を省略すると，テーブルに含まれる全行を画面に表示することになる．条件の設定方法は，主に以下の4つと，AND および OR によるそれらの組合わせである．

i) WHERE 列名 = 値

列にある値が等号の右辺にある値と一致するかどうかを意味する．一致しない条件の場合は！=を用いる．値が文字列の場合は，値をシングルクォーテーションで囲む．

ii) WHERE 列名 LIKE パターン

パターン部分に用いる形式は，たとえば，'%ACTIN%' である．これは ACTIN という文字列を含む文字列パターンすべてを意味する．

iii) WHERE 列名 BETWEEN 値1 AND 値2

列に存在する値が値1以上，値2以下を意味する．この表記方法は，WHERE 列名 >= 値1 AND 列名 <= 値2 と同値である．

iv) WHERE 列名 IN (値1, 値2, 値3, ...)

列名に存在する値が，値1，値2，値3，... のいずれかと一致することを意味する．この表記方法は，WHERE 列名 = 値1 OR 列名 = 値2 OR 列名 = 値3…と同値である．

例）
```
mysql> SELECT swissid, dsc
    -> FROM swissprot
    -> WHERE swissid = 'NEBU_HUMAN';
mysql> SELECT swissid, dsc
    -> FROM swissprot
    -> WHERE dsc LIKE '%ACTIN%';
```

SELECT 列名 FROM テーブル名 ORDER BY 列名 ソート順

データの取得結果（画面への表示）を，ある列に存在するデータの大きい順（または小さい順）に並べるときに用いるコマンドである．ソート順では，ASC（昇順）または，DESC（降順）のどちらかを指定できる．ソート順を省略すると昇順になる．

例）
```
mysql> SELECT swissid, length
    -> FROM swissprot
    -> WHERE length > 6000 ORDER BY length;
+------------+--------+
| swissid    | length |
+------------+--------+
| BACC_BACLI |   6359 |
| TYCC_BACBR |   6486 |
| NEBU_HUMAN |   6669 |
+------------+--------+
3 rows in set (0.18 sec)

mysql> SELECT swissid, length
    -> FROM swissprot
    -> WHERE length > 6000 ORDER BY length DESC;
+------------+--------+
| swissid    | length |
+------------+--------+
| NEBU_HUMAN |   6669 |
| TYCC_BACBR |   6486 |
| BACC_BACLI |   6359 |
+------------+--------+
3 rows in set (0.18 sec)
mysql>
```

画面に表示される行数を制限するには，SQL 文の最後に，

LIIMIT 行数

を加えればよい．LIMIT と ORDER BY を組み合わせることで，上位数個のデータ表示などができるようになる．

SELECT count(*) FROM テーブル名

検索結果が何行で構成されているかを計算するコマンドである．

例）
```
mysql> SELECT count(*)
    -> FROM swissprot
    -> WHERE length < 10;
+----------+
| count(*) |
+----------+
|      220 |
+----------+
1 row in set (0.18 sec)
mysql>
```

SELECT 列名 FROM テーブル名 GROUP BY 列名

テーブル内のデータを，ある列に存在するデータごとに集計する場合には，このコマンドを用いる．

例）
```
mysql> SELECT length, count(*)
    -> FROM swissprot
    -> WHERE length < 10 GROUP BY length;
+--------+----------+
| length | count(*) |
+--------+----------+
|      3 |        3 |
|      4 |       10 |
|      5 |       16 |
|      6 |       11 |
|      7 |       32 |
|      8 |       65 |
|      9 |       83 |
+--------+----------+
7 rows in set (0.19 sec)
mysql>
```

SELECT sum（列名）FROM テーブル名

テーブルに含まれるデータのうち，列部分のデータの総和を求めるコマンドである．sum(列名) の部分は，他の関数に置き換えることができる．avg(列名)[列の値の平均値]，max(列名)[列の値の最大値]，min(列名)[列の値の最小値]，sqrt(列名)[列の値の平方根] などがある．

例）
```
mysql> SELECT sum(length) FROM swissprot;
+-------------+
| sum(length) |
+-------------+
|    37315215 |
+-------------+
1 row in set (0.19 sec)
mysql> SELECT max(length) FROM swissprot;
+-------------+
| max(length) |
+-------------+
|        6669 |
+-------------+
1 row in set (0.18 sec)
mysql> SELECT swissid, dsc FROM swissprot WHERE length = 6669;
+------------+----------+
| swissid    | dsc      |
+------------+----------+
| NEBU_HUMAN | Nebulin. |
+------------+----------+
1 row in set (0.17 sec)
mysql>
```

INSERT INTO テーブル名（列名）VALUES（値）

すでに存在するテーブルに，行を追加する際のコマンドである．列名には，値を入力する列（複数可）を書き，値の部分には列名で示した列の順番に，対応する値を列挙する．すべての列に値を挿入する場合，列名の順番がわかっているならば，列名を省略することができる．

例）
```
mysql> INSERT INTO swissprot (swissid, length,
    -> swissac, dsc) VALUES ('7UP1_DROME', 543,
    -> 'P16375', 'Steroid receptor seven-up type 1.');
1 row in set (0.17 sec)
mysql>
```

あるいは

```
mysql> INSERT INTO swissprot VALUES
    -> ('7UP1_DROME', 543, 'P16375',
    -> 'Steroid receptor seven-up type 1.');
1 row in set (0.17 sec)
mysql>
```

なお，値を入れなかった列は，NULL となる．

LOAD DATA LOCAL INFILE "ファイル名" INTO TABLE テーブル名

フラットファイル（テキストファイル）から，データベースのテーブルにデータを入力するコマンドである．フラットファイルには，1 組のデータをテーブルの列と同じ順番に 1 行で記述する．1 行に書かれている複数のデータはタブで区切る．

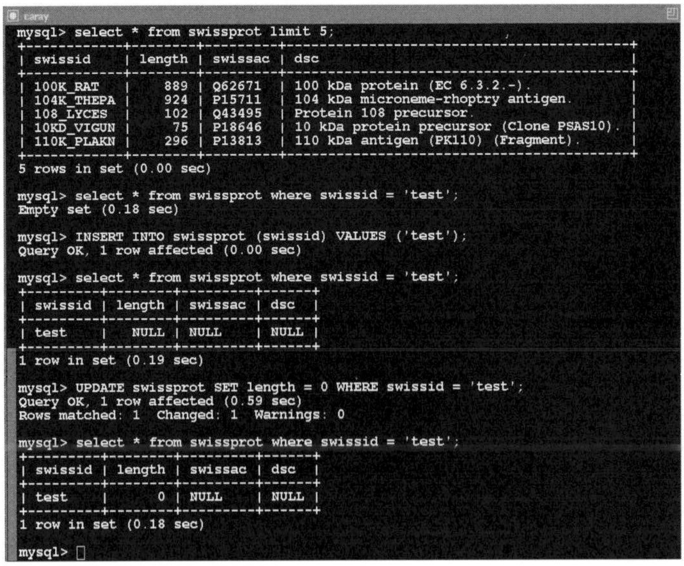

```
mysql> select * from swissprot limit 5;
+------------+--------+---------+----------------------------------------+
| swissid    | length | swissac | dsc                                    |
+------------+--------+---------+----------------------------------------+
| 100K_RAT   |    889 | Q62671  | 100 kDa protein (EC 6.3.2.-).          |
| 104K_THEPA |    924 | P15711  | 104 kDa microneme-rhoptry antigen.     |
| 108_LYCES  |    102 | Q43495  | Protein 108 precursor.                 |
| 10KD_VIGUN |     75 | P18646  | 10 kDa protein precursor (Clone PSAS10). |
| 110K_PLAKN |    296 | P13813  | 110 kDa antigen (PK110) (Fragment).    |
+------------+--------+---------+----------------------------------------+
5 rows in set (0.00 sec)

mysql> select * from swissprot where swissid = 'test';
Empty set (0.18 sec)

mysql> INSERT INTO swissprot (swissid) VALUES ('test');
Query OK, 1 row affected (0.00 sec)

mysql> select * from swissprot where swissid = 'test';
+---------+--------+---------+------+
| swissid | length | swissac | dsc  |
+---------+--------+---------+------+
| test    |   NULL | NULL    | NULL |
+---------+--------+---------+------+
1 row in set (0.19 sec)

mysql> UPDATE swissprot SET length = 0 WHERE swissid = 'test';
Query OK, 1 row affected (0.59 sec)
Rows matched: 1  Changed: 1  Warnings: 0

mysql> select * from swissprot where swissid = 'test';
+---------+--------+---------+------+
| swissid | length | swissac | dsc  |
+---------+--------+---------+------+
| test    |      0 | NULL    | NULL |
+---------+--------+---------+------+
1 row in set (0.18 sec)

mysql>
```

図 6.11　テーブルに情報を追加している現場

例）
```
mysql> LOAD DATA LOCAL INFILE
    -> "/home/yura/input.dat" INTO TABLE swissprot;
Query OK, 4289 rows affected (0.03 sec)
Records: 4289  Deleted: 0  Skipped:  0   Warnings:  3
mysql>
```

UPDATE テーブル名 SET 列名= 値 WHERE 条件

条件を満たす行において，列に存在する値が上記コマンドで設定された値に変更される（**図 6.11**）.

DELETE FROM テーブル名 WHERE 条件

条件に一致する行をテーブルから削除するコマンドである．DELETE FROM テーブル名; とすることで，テーブルに存在するすべての行を削除することができる．このコマンドを使用するときは，十分に注意してほしい．

MySQL には，C や Perl などの組み込み関数が用意されているので，それらの言語でプログラムを組むことができる方は，ご自分のプログラムの中から直接データベースを参照することができる．プログラムを書くことができる方には大変便利な機能である．また，MySQL では，SQL のバッチ処理を実行することができる．以下に，SQL のバッチファイルの中身と実行している様子を示す．

例）
```
% cat swisslength.sql
mysql -u yura -p genomes << !!
select max(length) from swissprot;
quit
!!
% csh swisslength.sql
Enter password: **********
max(length)
6669
%
```

6.1.6 高度な検索をめざす

SQL の基礎が理解できると，テーブルの直積を用いた高度な検索が容易にできるようになる．前節で何回も例として用いたテーブル swissprot に加えて，以下のテーブルを利用して，直積を説明する．

```
mysql> DESCRIBE swiss_sp;
+---------+--------------+------+-----+---------+-------+
| Field   | Type         | Null | Key | Default | Extra |
+---------+--------------+------+-----+---------+-------+
| swissid | varchar(20)  | YES  |     | NULL    |       |
| species | varchar(255) | YES  |     | NULL    |       |
+---------+--------------+------+-----+---------+-------+
2 rows in set (0.00 sec)
mysql>
```

swiss_sp では，swissid 列が Swiss-Prot に格納されているアミノ酸配列の ID を，species 列がそのタンパク質をもつ生物種名を意味する．swissprot と swiss_sp が存在すれば，たとえば「大腸菌がもつ長さ 1500 残基以上のタンパク質を列挙せよ」という質問にも，すぐに答えることができる．swissprot と swiss_sp の直積を求めることで，回答が得られる．

```
mysql> SELECT swissprot.swissid, swissprot.species,
    ->        swissprot.dsc
    ->   FROM swissprot, swiss_sp
    ->  WHERE swissprot.swissid = swiss_sp.swissid
    ->    AND swiss_sp.species like
    ->        '%Escherichia coli%'
    ->    AND swissprot.length > 1500;
+------------+------------------+--------------------------
| swissid    | species          | dsc
+------------+------------------+--------------------------
| GLTB_ECOLI | Escherichia coli | Glutamate synthase [NADPH] large
| LHR_ECOLI  | Escherichia coli | Probable ATP-dependent helicase
| TRI1_ECOLI | Escherichia coli | TraI protein (DNA helicase I)
| TRI2_ECOLI | Escherichia coli | TraI protein (DNA helicase I)
| YDBA_ECOLI | Escherichia coli | Hypothetical protein ydbA.
| YPJA_ECOLI | Escherichia coli | Hypothetical outer membrane
+------------+------------------+--------------------------
6 rows in set (6.13 sec)
mysql>
```

SQL を上手に用いると，プログラムを書くことができなくても，かなり高度な検索も可能にな

```
caray
mysql> DESCRIBE cro;
+---------+------------+------+-----+---------+-------+
| Field   | Type       | Null | Key | Default | Extra |
+---------+------------+------+-----+---------+-------+
| atomno  | int(11)    | YES  |     | NULL    |       |
| atom    | varchar(5) | YES  |     | NULL    |       |
| residue | char(3)    | YES  |     | NULL    |       |
| chain   | char(2)    | YES  |     | NULL    |       |
| resno   | int(11)    | YES  |     | NULL    |       |
| x       | float      | YES  |     | NULL    |       |
| y       | float      | YES  |     | NULL    |       |
| z       | float      | YES  |     | NULL    |       |
+---------+------------+------+-----+---------+-------+
8 rows in set (0.00 sec)

mysql> SELECT DISTINCT A.resno, A.residue, A.chain, sqrt((A.x-B.x)*(A.x-B.x)+(A.y-B.y)*(A.y-B.y)+(A.z-B.z)*
(A.z-B.z))
    ->   FROM cro AS A, cro AS B
    ->  WHERE A.chain = 'L'
    ->    AND B.chain IN ('A', 'B')
    ->    AND sqrt((A.x-B.x) * (A.x-B.x)
    ->            +(A.y-B.y) * (A.y-B.y)
    ->            +(A.z-B.z) * (A.z-B.z)) <= 4.0
    ->  LIMIT 5;
+-------+---------+-------+------------------------------------------------------------------+
| resno | residue | chain | sqrt((A.x-B.x)*(A.x-B.x)+(A.y-B.y)*(A.y-B.y)+(A.z-B.z)*(A.z-B.z)) |
+-------+---------+-------+------------------------------------------------------------------+
|    40 | LYS     | L     |                                                          3.874135 |
|    39 | THR     | L     |                                                          3.828519 |
|    40 | LYS     | L     |                                                          3.605936 |
|    40 | LYS     | L     |                                                          3.240693 |
|    40 | LYS     | L     |                                                          3.749663 |
+-------+---------+-------+------------------------------------------------------------------+
5 rows in set (0.19 sec)

mysql> 
```

図 6.12　転写因子の DNA 結合残基を同定している様子

cro テーブルには，cro タンパク質の X 線結晶解析による構造（DNA との複合体）が収められている．chain 列の記号でタンパク質と DNA が区別されている．A と B が DNA，L と R がタンパク質．タンパク質を構成する原子と DNA を構成する原子の距離が 4.0 Å 以下の場合に，両原子は接触していると定義している．検索結果は膨大になるので，全検索結果の中から 5 つのみを表示している．

る．タンパク質の立体構造座標のデータ (PDB) をテーブルにすると，次のような問いに答えることができるようになる．「DNA との複合体で X 線結晶構造解析がなされているあるタンパク質において，DNA と接触する残基を列挙せよ．」図 **6.12** にあげるようなテーブルを作成すると，単純な SQL で接触残基（たとえば，DNA を構成する原子から 4.0 Å 以内に原子が存在する）を列挙することができる．SQL 文内に新しい文法事項がいくつか現れているが，だいたい推測がつくと思う．また文献にある文法書を参照することで，簡単に理解することができるであろう．

6.1.7　インターネット上でのデータベース公開に向けて

MySQL でつくったデータベースはいろいろな方法を用いて，インターネットやイントラネットで公開することができる．イントラネットの場合には，データベースを運営しているコンピュータに，各ユーザがログインし，そこで自由に SQL を使ってもらう方法が考えられる．しかしこの方法を用いると，すべてのユーザが SQL を理解している必要がある．すべてのデータベースユーザが SQL を理解しているというのはかなり難しいことである．インターネットでデータベースを公開する場合には，ホームページ上に検索画面が現れて，直感的な操作のみでテーブルの検索ができるようになっていないと，誰にも使われないデータベースになってしまうだろう．ホームページへの入力を SQL に変換し，データベース検索を行い，その結果をホームページに掲示するには CGI (Common Gateway Interface) や PHP を用いる方法がある．CGI を用いると，ホームページから入力された情報をもとにして，Perl や C によって SQL が呼び出され，その検索結果を HTML 形式に変換してホームページ上に表示することができる．Perl 用のインタフェースならば，

http://search.cpan.org/ に Sprite や DBD::mysql がある．C の SQL 関数を用いてインタフェースを構築することも可能である．PHP を用いると HTML のテキストの中に直接 SQL を書き込むことができる．PHP の使い方は，本章末の文献を参考にしてほしい．PHP を用いたデータベースの例として，われわれのグループで開発したデータベース（**図 6.13**）がある．

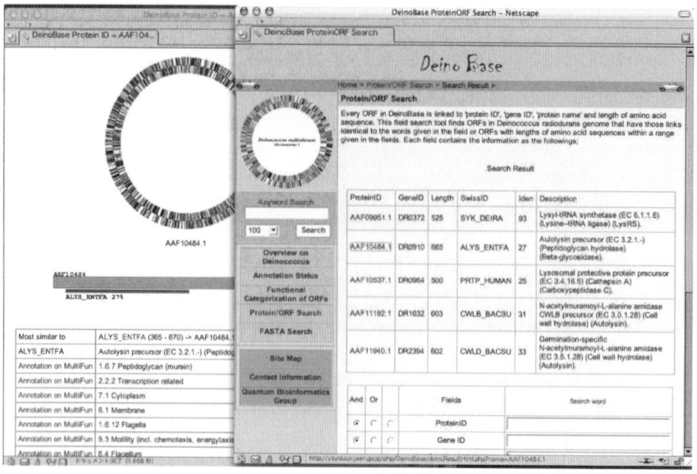

図 6.13　MySQL と PHP によって構築されている *Deinococcus radiodurans* のゲノムアノテーションデータベース（*Deino*Base, URL http://yayoi.apr.jaeri.go.jp/php/DeinoBase/index.php）

6.1.8　どのようなデータベースが開発されているのか

バイオインフォマティクスにおけるデータベースは，莫大な数存在する．それらのデータベースはほとんどの場合，インターネットを介して世界に公開されている．インターネット上に公開されているデータベースは大きく分けて 3 つに分類することができる．第一は，測定結果そのもののデータベースである．この中に含まれるデータベースとして，ゲノムプロジェクトにより判明した生物種の DNA 配列，タンパク質のアミノ酸配列，タンパク質と DNA/RNA などの生体高分子立体構造座標，いろいろな細胞における mRNA の発現量測定結果，生体中における核酸およびタンパク質の修飾部位，各生物種のいろいろな環境下における表現型の写真，塩基置換と病気との関連などがある．第二は，これらの測定結果から得られる情報を整理したデータベースである．たとえば以下のようなデータベースが存在する．ゲノム配列は，4 種類の核酸が長く連なった高分子であり，データベースの中には 4 文字の羅列として表現されている．この中のどの部分にタンパク質がコードされているかを示すことで，ゲノム配列からある種の情報を抽出したことになり，その情報が新たなデータベースとして公開されている．あるいは，次のような情報もデータベースとして存在する．タンパク質のアミノ酸配列には互いに類縁関係がある配列と類縁関係のない配列が存在するため，この類縁性を用いてアミノ酸配列を分類することができる．分類結果は，タンパク質ファミリーとして公開されている．生体高分子の立体構造にもまた類縁性が存在し，その分類結果も公開されている．分類は何に注目して分類するかによってその結果が異なってくるので，これらの分類データベースは複数種類存在する．第三は，第一と第一，第一と第二，または第二と第二のデータベースを関連づけることでうまれる新たな情報のデータベースである．mRNA の発現量と生物の表現型との関係を調べたデータベース，DNA 上近くにコードされているタンパク質には類似のタンパク質があるかどうかを調べたデータベース，タンパク質の配列類縁性と立体構造類縁性の関係のデータベース，これらのデータと文献とを関連づけたデータベースなどである．

すべてのデータベースには，2 つの重要な側面が存在する．第一は何のデータをデータベースとしたのか，そして第二はどのようにしてデータベース化したのかである．これらは車の両輪であってどちらも重要であるが，バイオインフォマティクスは，生命現象の普遍性と特異性を発見することにその学問の意義があるので，どのような現象をデータベース化するかが重要であるのは自ずと明らかである．

生物学においては，各データの関連が非常に複雑になっており，データの関連をつけるだけでも莫大な人材と計算機能力を投入する必要がある．さらに，集めたデータをどのようにして人に提示するかも重要な問題となる．データを集めるのは，自分を含む研究者や学生に生命現象のある切り口を見せ，解釈し理解することに目的があり，集めることそのものが目的ではない．データをどのように可視化するかもまた，バイオインフォマティクスにおける大きなテーマである．

6.1.9 インターネットに存在する生命情報データベース

ここでは，インターネットに散在する生命情報関連のデータベースの一部を紹介する．ここに紹介できない重要なデータベースもたくさんある．それらは，http://us.expasy.org/alinks.html や http://www3.oup.co.uk/nar/database/cap/ のデータベース紹介ページからリンクされている．

PDB　　http://www.rcsb.org/pdb/

タンパク質および核酸の立体構造座標を集めたデータベースである（**図 6.14a**）．データベースといっても，座標はすべてフラットファイルで保存されている．タンパク質名などはリレーショナルデータベース化されており，各種事項で検索可能になっている．

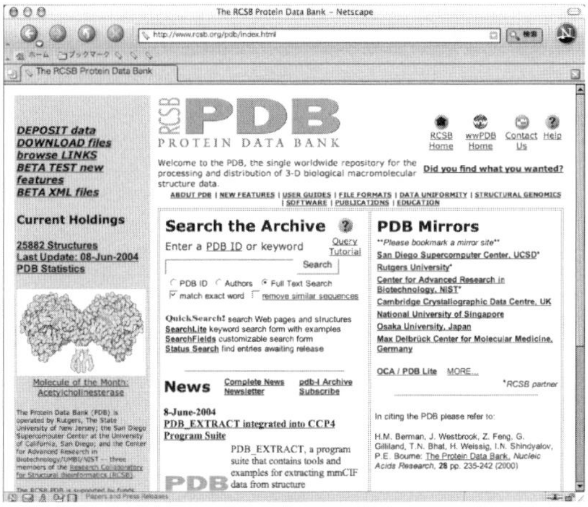

図 6.14a

DDBJ　　http://www.ddbj.nig.ac.jp/Welcome-j.html

核酸配列のデータベースである（**図 6.14b**）．世界の3大配列データベース (DDBJ，Genbank，EMBL) では，互いのデータに差がないように，定常的に情報をやりとりしている．核酸配列はフラットファイルで保存されているが，PDB同様各種のデータはリレーショナルデータベース化されている．リレーショナルデータベース部分は，世界の配列データベースによって異なっている．

図 6.14b

Swiss-Prot　　http://us.expasy.org/sprot/

ヨーロッパに存在するアミノ酸配列のデータベースである（**図 6.14c**）．配列のみならずタンパク質の機能の情報なども含まれている．配列データそのものはフラットファイルとしてFTPで配布されている．独自の検索用システムによって，すべての情報がデータベース化されている．

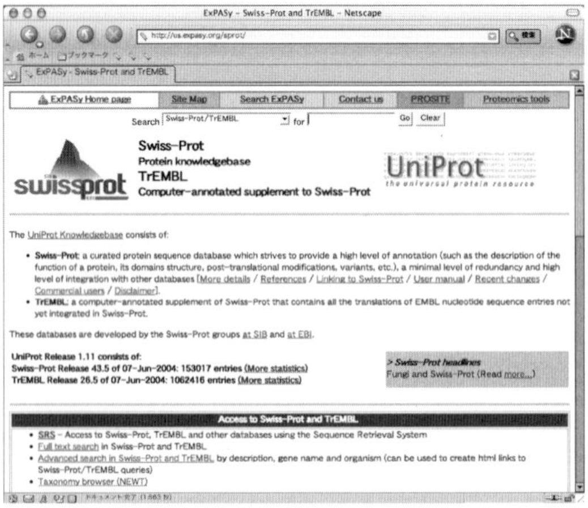

図 6.14c

SCOP　http://scop.mrc-lmb.cam.ac.uk/scop/

タンパク質の立体構造は，多種多様なように見えるが，アミノ酸配列数に比べるとわずかな種類しかない可能性が提唱されている．このデータベースは，タンパク質の立体構造を分類した初めてのデータベースである（**図 6.14d**）．タンパク質の立体構造を目で比較し，手動で分類した結果が格納されている．タンパク質の立体構造を 3 階層に分類し，アミノ酸配列が明らかに類似なタンパク質のグループをファミリー，アミノ酸配列の類似性は低いが，立体構造および機能が類似のタンパク質をスーパーファミリー，そして，立体構造のみが類似のタンパク質グループをフォールドと呼んでいる．

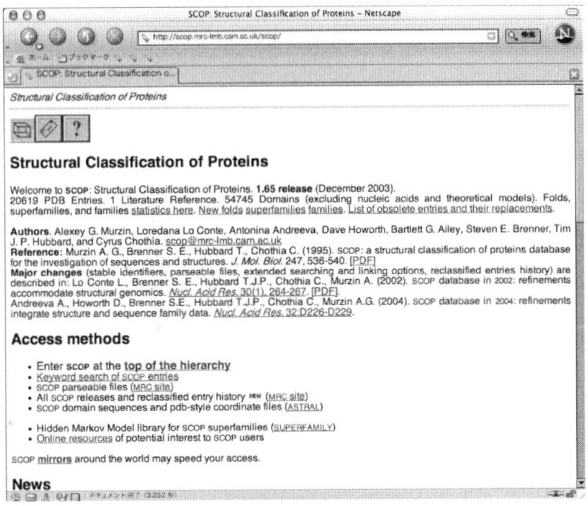

図 6.14d

CATH　http://www.biochem.ucl.ac.uk/bsm/cath/

タンパク質の立体構造は，いくつかのドメイン構造に分割することができる．分割されたドメインには，アミノ酸配列に明らかな類似性がない場合でも，立体構造が類似の場合が多々ある．タンパク質ドメインの立体構造を階層的に整理分類した結果が，このデータベースに収められている（**図 6.14e**）．データベース作成者らが開発したタンパク質ドメイン同定方法，および既存のドメイン同定方法を用いて，立体構造の判明しているすべてのタンパク質をドメインに分割し，分割されたドメインの立体構造を自動比較法と人の目で分類する．立体構造およびアミノ酸配列の類似度に従って，ドメインを配列ファミリー，ホモロガススーパーファミリー，トポロジー，アーキテクチャー，クラスの 5 段階で分類している．

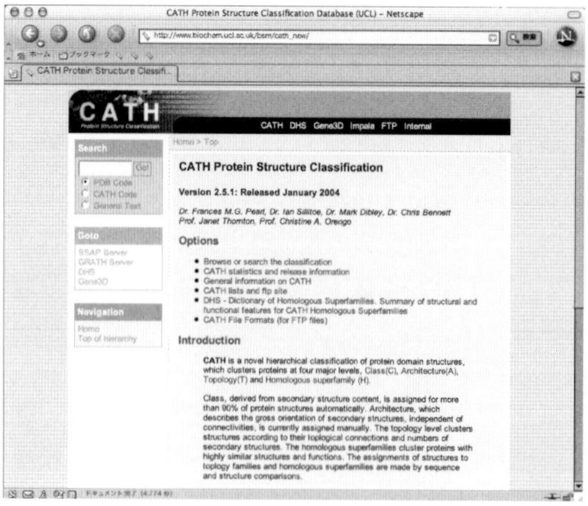

図 6.14e

DIP　　**http://dip.doe-mbi.ucla.edu/**

タンパク質間相互作用を予測するには，相互作用が正しく測定されていなければならない．このデータベースでは，実験的に確かめられているタンパク質間相互作用を実験家から収集している(**図 6.14f**)．データベースを完全に公開し，実験家からの自由な入力により，世界中からデータを収集している．

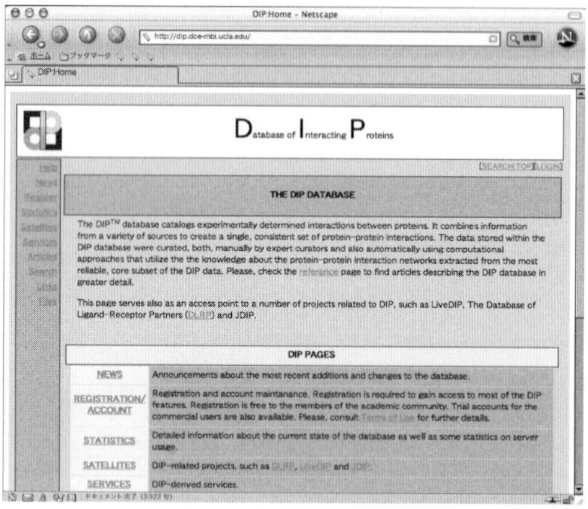

図 6.14f

ProDom　　**http://prodes.toulouse.inra.fr/prodom/current/html/home.php**

莫大に存在するタンパク質アミノ酸配列を，配列ドメインによって分類したデータベースである(**図 6.14g**)．既知の全アミノ酸配列を配列の類似性で分類している．異なるアミノ酸配列間で類似性が見られる部分をドメインと定義し，各アミノ酸配列においてどのようなドメインがどのように配置しているかを図化している．また各ドメインが，どの程度のアミノ酸配列類似度があるかをマルチプルアラインメントで示している．PHP を利用しているデータベースである．

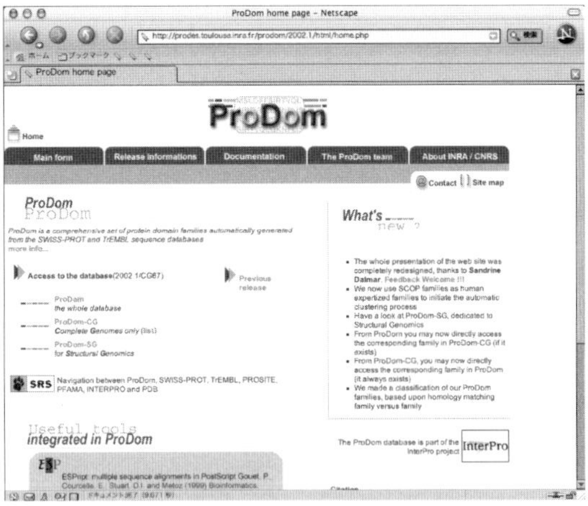

図 6.14g

Pfam　　http://www.sanger.ac.uk/Software/Pfam/

タンパク質配列ドメインと，配列上よく保存されている部分のマルチプルアラインメントのデータベースである（**図 6.14h**）．ドメインのマルチプルアラインメントをもとに，プロファイルを作成し，このプロファイルを用いて，配列データベースから類似配列をさらに検索している．これらの配列がファミリーを形成している．

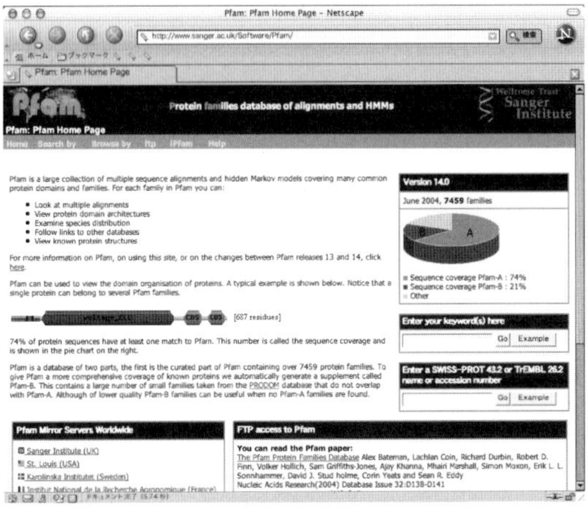

図 6.14h

PROSITE　　http://us.expasy.org/prosite/

タンパク質の機能部位または構造形成に重要と考えられる部位は，アミノ酸配列がよく保存されている．その部位のアミノ酸配列パターンを配列モチーフとよぶ．PROSITE はタンパク質ファミリーの配列モチーフを集めたデータベースである（**図 6.14i**）．Swiss-Prot から同一のファミリーに属する全タンパク質を抽出し，マルチプルアラインメントを行うことで，保存部位を特定している．その保存部位から配列パターンを抽出し，その配列パターンを Swiss-Prot 全体に適用したときに，できるだけ元のファミリーの配列だけが見出せるように配列パターンを洗練し，その結果をデータベース化した．

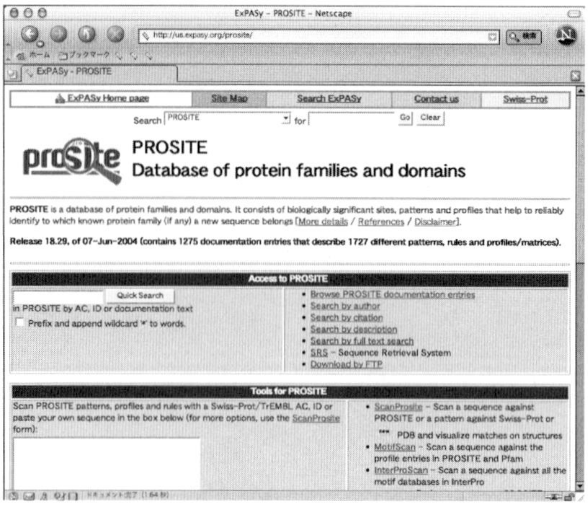

図 6.14i

COG　　http://www.ncbi.nlm.nih.gov/COG/

全ゲノムが決定された生物における，オーソロガスと考えられるタンパク質配列のアラインメントデータベースである（**図 6.14j**）．COG は新規遺伝子の機能同定の基礎になるタンパク質機能データベースと位置づけられている．

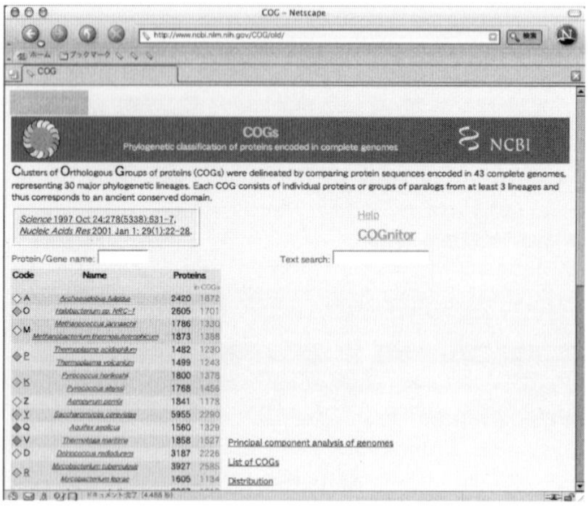

図 6.14j

DBGET　　http://www.genome.ad.jp/dbget/dbget.links.html

核酸配列，アミノ酸配列，立体構造，配列モチーフ，文献などのデータベースに散在する情報を，1 つのシステムで検索を可能とすることを目的とした日本発のデータベースである（**図 6.14k**）．

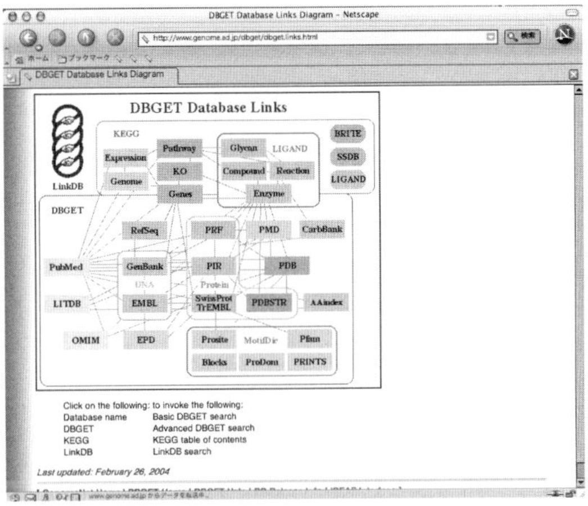

図 6.14k

KEGG　　http://www.genome.ad.jp/kegg/kegg2.html

生体中で見られる代謝や転写におけるタンパク質の前後関係をパスウェイとよぶ．このデータベースは，現在まで知られているすべてのパスウエイに関する情報を収集し，図によって情報を提供している（**図 6.14l**）．

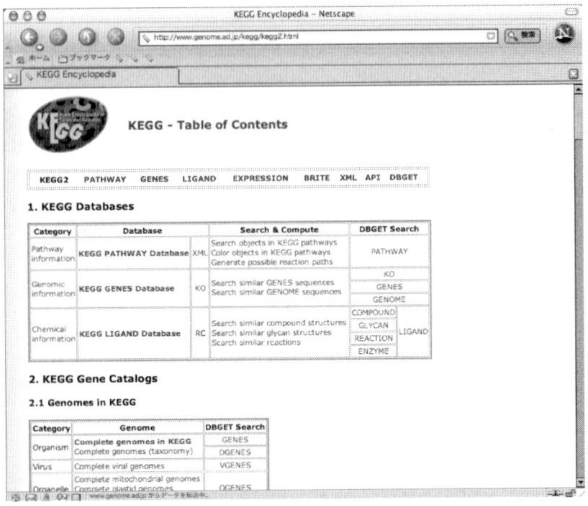

図 6.14l

Het-PDB Navi.　　http://daisy.nagahama-i-bio.ac.jp/golab/hetpdbnavi.html

PDB には，タンパク質と低分子との共結晶構造が非常に多く存在する．共結晶構造は，タンパク質が低分子をどのように認識するのかを知る上で重要な情報である．このデータベースでは低分子から PDB を検索できるようになっている．Perl で動くフラットファイル形式のデータベースである（**図 6.14m**）．

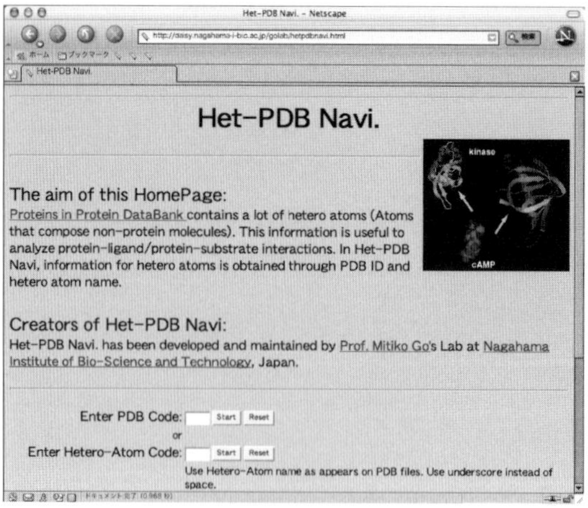

図 6.14m

GTOP **http://spock.genes.nig.ac.jp/~genome/gtop-j.html**

全ゲノムが判明している生物種のプロテオームの立体構造を PSI-BLAST を利用して予測し，その結果をすべて公表しているデータベースである（**図 6.14n**）.

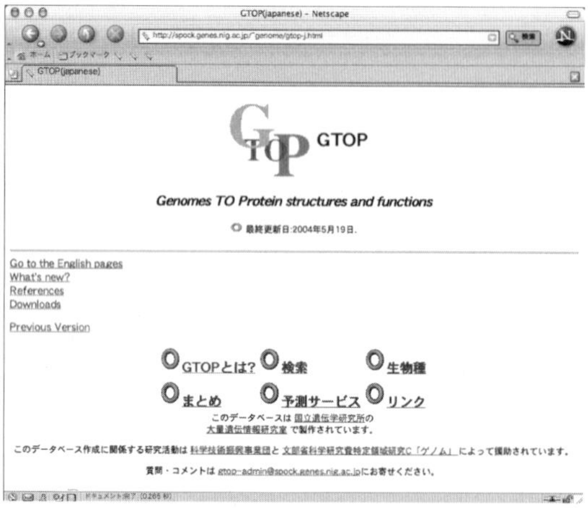

図 6.14n

FAMSBASE **http://daisy.nagahama-i-bio.ac.jp/famsbase/index.html**

全ゲノムが判明している生物種のプロテオームを可能な限りモデリングした，タンパク質立体構造モデルのデータベースである（**図 6.14o**）．モデル数は世界 1，2 を争っている．

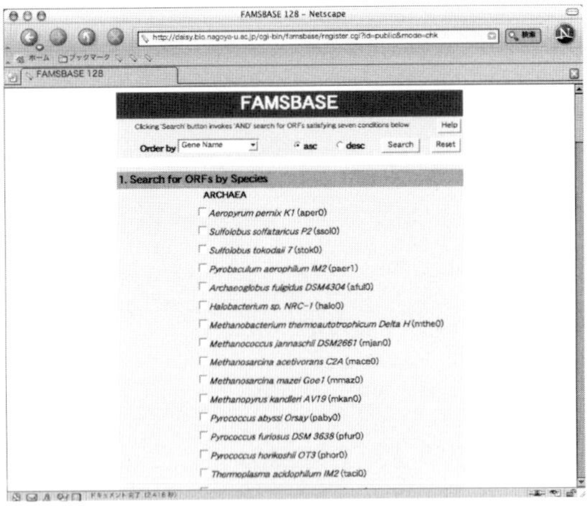

図 6.14o

PubMed **http://www.ncbi.nlm.nih.gov/entrez/query.fcgi?db=PubMed**

医学生物学に関する文献のデータベースである（**図 6.14p**）．文献のアブストラクトと文献に現れるデータが可能な限り集積されている．

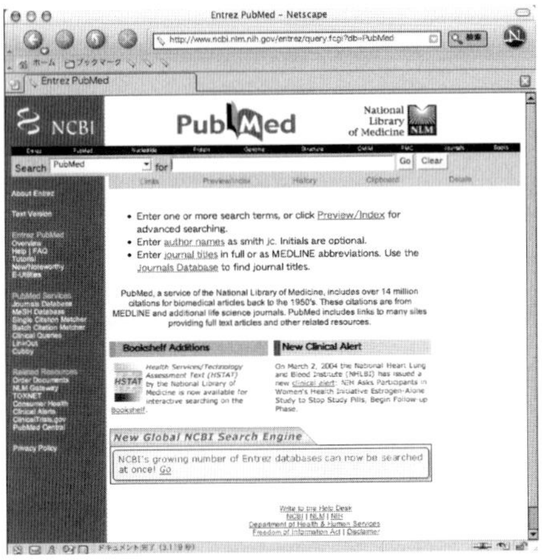

図 6.14p

6.2 実　習

本実習では，ゲノム情報のリレーショナルデータベースを実際に作成してもらう．MySQL を利用して，§6.1 基礎で用いた例を各自の手で実行しながら，SQL を理解する．SQL を自由に使えるようになったら，ゲノム情報のリレーショナルデータベースを利用して，ゲノムのアノテーションを各自試みる．

6.2.1 MySQL によるデータベース作成

まず，MySQL をパソコンにインストールする．http://www.mysql.com/から MySQL をダウンロードする．§6.1.4 で紹介したように，インストールは非常に簡単である．それが終了したら，**図 6.15** に示す手続きを忘れずに行う．

```
% mysql -u root

mysql> UPDATE  mysql.user
    -> SET Password=PASSWORD('abcd')
    -> where User='root';
Query OK, 0 rows affected (0.00 sec)
mysql> FLUSH PRIVILEGES;
Query OK, 0 rows affected (0.00 sec)
mysql> DELETE FROM mysql.user WHERE user='';
Query OK, 2 rows affected (0.02 sec)
mysql> FLUSH PRIVILEGES;
Query OK, 0 rows affected (0.00 sec)
mysql> GRANT ALL ON *.* TO yura
    -> IDENTIFIED BY 'wxyz';
Query OK, 0 rows affected (0.00 sec)
mysql>
```

図 6.15　MySQL を初めて起動したときに行うこと

Macintosh と Linux の場合は，mysql -u root と打ち込むと mysql>が画面に現れる．
Windows の場合はアイコンをダブルクリックすると，mysql>が現れる．

無事にユーザを設定できたら，次はサンプルデータを利用して，データベースを作成する．サンプルデータは，すべて添付 CD の Chapter6/SAMPLEDAT/にある．ここからサンプルデータをコピーした後に，gunzip で解凍して使用する（たとえばコマンドラインから，gunzip pdbsw.sql.gz と入力する）．作成するテーブル名とその書式を以下に示す．

Table : cro（Cro タンパク質と DNA との複合体立体構造情報）

Field	Type	変数の意味
atomno	int(11)	原子の通し番号
atom	varchar(5)	原子の種類
residue	char(3)	アミノ酸残基名
chain	char(2)	チェーン名
resno	int(11)	残基番号
x	float	X 座標
y	float	Y 座標
z	float	Z 座標

Table : genome（大腸菌と枯草菌の全 ORF 情報）

Field	Type	変数の意味
idorder	varchar(20)	Ori から数えた ORF の通し番号

length	int(11)	ORF の長さ（アミノ酸残基数）
gid	varchar(20)	ゲノムの ID
geneid	varchar(20)	遺伝子の ID
proteinid	varchar(20)	タンパク質の ID
5ter	int(11)	5′ のゲノム上の位置
3ter	int(11)	3′ のゲノム上の位置
direct	tinyint(4)	遺伝子の方向（1 または −1）

Table : genomeswblast（全 ORF の Swiss-Prot に対する BLAST 解析結果）

Field	Type	変数の意味
proteinid	varchar(20)	タンパク質の ID
no	int(11)	BLAST のスコア順
swissid	varchar(20)	Swiss-Prot の ID
swissac	varchar(20)	Swiss-Prot の accession 番号
evalue	double	E-value
score	int(11)	スコア
iden	smallint(6)	配列一致度
pstart	int(11)	ORF のアラインメント開始残基
pend	int(11)	ORF のアラインメント終了残基
swissstart	int(11)	Swiss-Prot のアラインメント開始残基
swissend	int(11)	Swiss-Prot のアラインメント終了残基

Table : pdb（PDB 情報）

Field	Type	変数の意味
pdbid	varchar(10)	PDB の ID
length	int(11)	タンパク質の長さ
pdbac	varchar(20)	PDB の accession 番号
dsc	varchar(255)	タンパク質の名称

Table : pdb_sp（PDB の生物種情報）

Field	Type	変数の意味
pdbid	varchar(10)	PDB の ID
species	varchar(255)	生物種名

Table : pdbswblast（全 PDB の Swiss-Prot に対する BLAST 解析結果）

Field	Type	変数の意味
pdbid	varchar(10)	PDB の ID

no	int(11)	BLAST のスコア順
swissid	varchar(20)	Swiss-Prot の ID
swissac	varchar(20)	Swiss-Prot の accession 番号
evalue	double	E-value
score	int(11)	スコア
iden	smallint(6)	配列一致度
pdbstart	int(11)	PDB のアラインメント開始残基
pdbend	int(11)	PDB のアラインメント終了残基
swissstart	int(11)	Swiss-Prot のアラインメント開始残基
swissend	int(11)	Swiss-Prot のアラインメント終了残基

Table : swiss_kw (Swiss-Prot のキーワード)

Field	Type	変数の意味
swissid	varchar(20)	Swiss-Prot の ID
swissac	varchar(20)	Swiss-Prot の accession 番号
keyword	varchar(255)	Swiss-Prot の配列がもつキーワード

Table : swiss_sp (Swiss-Prot の生物種)

Field	Type	変数の意味
swissid	varchar(20)	Swiss-Prot の ID
species	varchar(255)	Swiss-Prot の配列の由来する生物種

Table : swissprot (Swiss-Prot)

Field	Type	変数の意味
swissid	varchar(20)	Swiss-Prot の ID
length	int(11)	アミノ酸残基長
swissac	varchar(20)	Swiss-Prot の accession 番号
dsc	varchar(255)	タンパク質の名称

たとえば，テーブル cro を作成するときは，

```
mysql> CREATE TABLE cro (atomno  int(11),
    -> atom varhar(5), residue char (3), chain char(2),
    -> resno int (11), x float, y float, z float);
Query OK, 0 rows affected (0.00 sec)
mysql>
```

となる．atomno 列は整数，atom 列は最大 5 文字の可変文字列，residue 列は 3 文字の固定文字列，chain 列は 2 文字の固定文字列，resno 列は整数，x 列，y 列，z 列は浮動小数である．それぞれの列の意味は，原子の通し番号，原子名，残基名，チェーン名（タンパク質と DNA の区別），残

基番号，XYZ 座標である．

テーブルが正しくできたら，後は CD-ROM からコピーしたデータをテーブルに入力するだけである．

```
mysql > LOAD DATA LOCAL INFILE "pdb3cro.sql" INTO TABLE cro;
```

自分で作成したデータを cro に追加する場合は，上記のコマンドと同様のコマンド（" "内のファイルに自分のデータが含まれていること）を実行すれば，cro にデータが追加される．

同じ要領で，すべてのテーブルを作成する．

6.2.2 SQL によるデータベース検索

テーブルが無事作成できたら，基礎で説明した各種の SQL を実行する．実際に使ってみることで，SQL がどういうものかがわかる．使い方になれてきたら，次の問に答えること．

1. Swiss-Prot に登録されているタンパク質の平均アミノ酸残基数は？
2. Swiss-Prot に登録されている最短のアミノ酸配列は？ 最長アミノ酸配列は？
3. Swiss-Prot の中にヒト由来のタンパク質は何個登録されているか？

```
mysql> SELECT count(*) FROM swissprot
    -> WHERE swissid LIKE '%HUMAN%' ;
+----------+
| count(*) |
+----------+
|     7471 |
+----------+
1 row in set (0.24 sec)
mysql>
```

ヒトのタンパク質はいくつ
判明しているのかなあ？

4. 大腸菌のタンパク質の平均長は？

```
mysql> SELECT avg(length) FROM swissprot
    -> WHERE swissid LIKE '%ECOLI%' ;
+-------------+
| avg(length) |
+-------------+
|   312.5718  |
+-------------+
1 row in set (0.23 sec)
mysql>
```

大腸菌のタンパク質長は平均
どれくらいかなあ？

5. Cro タンパク質の DNA と接触している残基はどれか？
6. 大腸菌にはあって，ヒトにはないタンパク質（BLAST 検索では見つからない）に，どのようなタンパク質があるか？ それらのうち，立体構造が判明しているタンパク質はどれか？

上記の質問に答えることができたら，もう SQL の基礎は完璧である．

検索をしていて，結果を得るのに時間が非常にかかる場合が出てくるかもしれない．そういうときは，どの検索（どのテーブルのどの列の検索）で時間がかかっているかをつきとめてから，テーブルに新しいインデックスを作成する．

```
mysql> ALTER TABLE テーブル名 ADD INDEX インデックス名 (列名);
```

たとえば，テーブル cro の resno 列の検索に時間がかかるようならば，

```
mysql> ALTER TABLE cro ADD INDEX cro_I (resno);
```

とする．上記のコマンドにおいてインデックス名は，適当な文字列でかまわない．このコマンドを実行してから，検索を再度実行してみよう．検索スピードが格段に上がったことがわかるはずである．

文　献

MySQL については [1] にすべての情報が存在する．

[1] http://www.mysql.com/

[2] Yarger, R.J., Reese, G. and King T. “MySQL & mSQL” O’Reilly (1999) 日本語訳も同じ書名で出版されている．

[3] 日本 MySQL ユーザー会 著，「MySQL 徹底入門」SHOEISHA (2002)

PHP については，[3] にも多少記されているが，以下の文献が詳しい．

[4] 立岡佐到士 著，「MySQL×PHP による本格 Web-DB システム入門」技術評論社 (2003)

データベース一般について

[5] Date, C.J. “An introduction to database systems” The Systems Programming Series (1990)

[6] 増永良文 著，「リレーショナルデータベース入門」 サイエンス社 (1991)

第7章　タンパク質の物理化学

依田隆夫

Point

タンパク質の立体構造のデータベースの登録件数は日々大変な勢いで増大している．また，実験的に立体構造が明かされていないタンパク質についても，ホモロジーモデリングなどによって分子の座標データが得られる場合がある．このように様々な手間をかけて立体構造を求めるのは，得られた結果を使ってその分子の働きを理解するためで，ただ構造を求めることが目的の場合はないといってよい．タンパク質の原子の座標データそのものは x, y, z 座標の数値の羅列だが，研究の対象はあくまでも現実のタンパク質分子なので，原子・分子間の相互作用を考えることが重要だ．

「タンパク質の物理化学」とは大仰なタイトルだが，この章で実際に扱うのはタンパク質の原子座標を利用して相互作用を考えるための道具としての古典的な分子動力学計算やエネルギー極小化，ポアソン・ボルツマン方程式による静電ポテンシャルの計算である．これらの手法の理論的な詳細はすでに多くの書籍，文献に記載されているので省略し，インターネットを通じて（学術目的であれば）低コスト，あるいは無償でダウンロードして使用することができるプログラムを実際に操作して結果を得るまでの手順の一例を示すことに重点を置く．そのために最低限理解しておくべき背景については前半で解説するか，参考文献を示すことにする．

7.1　基　礎

7.1.1　タンパク質のシミュレーション

まずポテンシャルエネルギーの極小化，分子動力学 (MD) 法について簡単に解説する．より詳細に知りたい人は参考文献 [1–4] を読んでいただきたい．

(1) ポテンシャルエネルギー関数

ポテンシャルエネルギー極小化，分子動力学法などで通常使われるポテンシャルエネルギー関数（力場）にはいろいろなものがある．ここではその中でもタンパク質，核酸などの生体分子のシミュレーションを行うために開発されたものを取り上げる．生体分子用に開発された力場の主なものとしては AMBER，CHARMM，GROMOS，OPLS などがあり，時々新しいバージョンが発表される．いずれも開発者グループだけでなく世界中の研究者によって利用され，通常のタンパク質のシミュレーションでは実験結果と一致するデータが得られると考えられている．これらの力場は GROMOS を除くと最新版はすべての原子を個別に取り扱う全原子力場 (all-atom force field) である．

下に示すのは，最も広く使われている力場の 1 つである AMBER 力場の（ポテンシャルエネルギーの）計算式である．上にあげた他の力場の計算式もこれに類似している．

$$E_{total} = \sum_{bonds} K_r(r - r_{eq})^2 + \sum_{angles} K_\theta(\theta - \theta_{eq})^2 + \sum_{torsion} \frac{V_n}{2}[1 + \cos(n\phi - \gamma)] + \sum_{i<j} \left[\frac{A_{ij}}{R_{ij}^{12}} - \frac{B_{ij}}{R_{ij}^{6}} + \frac{q_i q_j}{\varepsilon R_{ij}} \right]$$

結合の伸縮（第一項）のイメージ

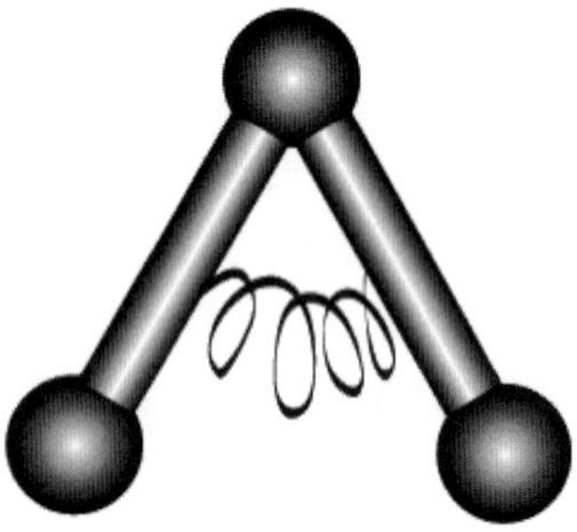

結合角のベンディング（第二項）のイメージ

右辺の第一項は結合の伸縮，第二項は結合角のベンディングのエネルギーで，フックの法則に従うバネで近似されている．K_r はバネの強さを表す定数，r_{eq} はエネルギー的に最も安定な結合長である．第三項は結合のねじれ角のエネルギー（n は整数，γ は位相のずれの角度のパラメータ），第四項は VDW 力とクーロン力のエネルギーである．第三項については，1 つの結合のねじれのエネルギーが n の異なる複数の項の和になっていることもある．

式の形が同じでも K_r とか A_{ij} とかのパラメータの値が異なれば分子の振る舞いは異なったものになる．たとえば上の式で計算される all-atom の AMBER 力場には parm94，parm96，parm99 などがあるが，パラメータの違いによって小さいポリペプチド分子の安定な二次構造に違いが生じることが知られている．ただし，X 線回折などで解かれたタンパク質構造を元にした通常の MD 計算では，α ヘリックス主体のはずのタンパク質が突然 β シート主体のタンパク質に構造変化するようなことは，まずない．その理由としては，タンパク質の二次構造が配列上は離れた他の部位との相互作用によっても安定化されていて，そのような大きな二次構造変化は（通常実行される MD 計算の時間よりも）長い時間を要することが考えられる．

ところで，生物の体の質量の7割を水が占めることからもわかるように，生体分子のシミュレーションを行うときには溶媒，特に水の取り扱いが重要だ．タンパク質のシミュレーションでよく使われる水分子のモデルとしてはSPC/E，TIP3P，TIP4Pなどの剛体水分子モデルがある[5–7]．

近年，生体膜や，核酸とタンパク質，タンパク質とタンパク質の複合体などの大きな系のシミュレーションも盛んに行われるようになってきた．そのため，脂質や核酸用のパラメータの開発も行われている．最新の力場について知りたいときは各開発グループのwebページなどを訪れるとよいだろう．

(2) クーロンエネルギーの計算

クーロン力を短い距離でカットオフしてしまうと計算結果に大きな影響を及ぼすので，極力カットオフせずに計算を実行する．その場合，すべての静電相互作用の対を計算するのは原子が少ない系では現実的だが，タンパク質などの生体分子の系では原子数が数万から数十万に及ぶことが多く，計算時間が大変長くなる．

周期境界を使用する場合には，系は空間的に繰り返して無限に広がっているため，クーロン力を計算すべきペアの数も無限大となり，これをまともに計算することは不可能である．この問題につ

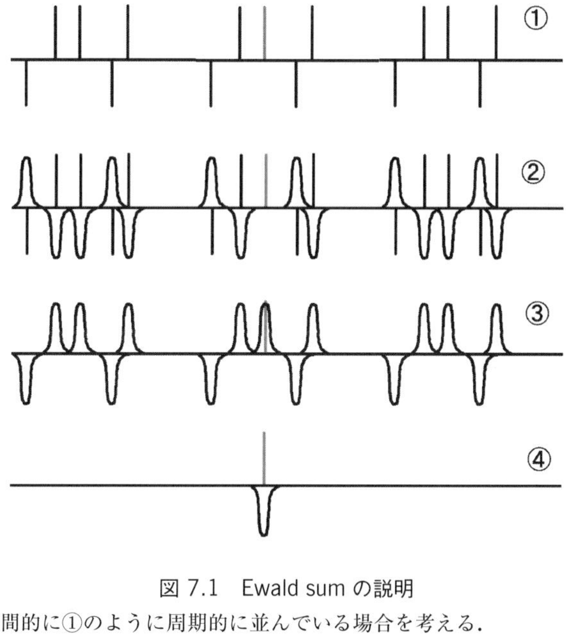

図 7.1　Ewald sum の説明

点電荷が空間的に①のように周期的に並んでいる場合を考える．

今，あみかけの棒で示された電荷とその他の電荷との相互作用を計算するときに，（①の相互作用）を（②の相互作用）＋（③の相互作用）＋（④の相互作用）に分ける．縦軸は電荷分布であり，縦棒はδ関数型の電荷分布を，山型はガウス関数型の電荷分布を表しており，棒の面積と山の面積は等しいとする．

②は相手の電荷との距離が遠ざかるにつれて寄与が急速に減少するのでカットオフが許される．

③はフーリエ変換すると逆空間でカットオフすることが許されるようになる．

いてはEwald Sumという解決法がある．この方法では，クーロンエネルギーを実空間における和と逆空間における和になるように上手に分け，各々が（前者では実空間での，後者では逆空間での）短い距離でカットオフ可能になるようにする．そのために，**図 7.1** のように電荷分布にガウス型の関数を足して，引く．このガウス関数の幅が狭い（つまりより δ 関数に近い）と実空間の和は収束しやすく，その半面，逆空間の和の収束は悪くなる．逆に幅広いと，逆空間の和は収束が速く，実空間の和の収束が悪くなる．Ewald Sum を使用するときにはこれを調節するパラメータ（通常は "α" と呼ばれる）と2種類のカットオフ距離（実，逆）を指定する．本格的にMD計算を行うならば計算時間を犠牲にしない範囲で最適なパラメータの値を調べるべきだろう．しかし，ソフトウェアがそれらの値の無難な候補を算出してくれる場合もある．

分子動力学計算ソフトウェアの中にはParticle Mesh Ewald (PME) 法という高速なEwald Sumのアルゴリズムを搭載しているものもある [8]．注意点として，Ewald Sumの方法を使うときにはユニットセル内の総電荷量をゼロにする．タンパク質分子が電荷をもっている場合はカウンターイオンを入れたりする．

周期境界条件を用いていない場合は原理的にはすべての原子のペアについてクーロン力の計算を行うことができる．しかし，系が大きいと計算時間が長くなる．カットオフすることなく効率的にクーロン力を計算する方法としてセル多極子展開法 (Cell Multi pole Method, CMM)[9] がある．これは空間を子セル，孫セルというふうに分割していき，遠方の電荷の寄与をセルごとにまとめることによって計算量を抑える手法だ．

(3) エネルギー極小化

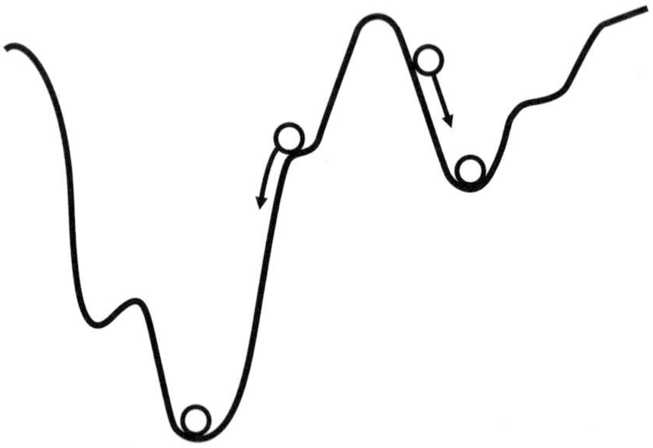

図 7.2 ポテンシャルエネルギー極小化の概念図

初期構造の近くでポテンシャルエネルギーの極小を与える構造を探すことをエネルギー極小化という（**図 7.2**）．データベースからダウンロードした構造に水や水素を追加した場合に原子どうしの重なりを解消する目的で行われることもある．アルゴリズムは一般の多変数関数の極小化のアルゴリズム [7] と同様で，conjugate gradient 法などがよく使われる．

(4) 分子動力学法

エネルギー極小化は初期構造の近傍のエネルギー極小構造を求めるもので，結果として室温における典型的な構造が得られるとは限らない．構造空間をもう少し広く動かして，（たとえば）室温の構造のアンサンブルを得たい場合には，分子動力学 (MD) 法を用いることができる．ただし，タンパク質の MD 計算は大変長い時間を要する場合がある．系に含まれる原子数にもよるが，水中のタンパク質の MD 計算の長さの上限は数十ナノ秒程度である．よって，それよりもゆっくりとした構造変化を観察することはあまり期待できない．

分子動力学法は古典力学の運動方程式を数値的に解くことによって分子の構造の経時変化を計算する手法だ．ポテンシャルエネルギーが力場によって簡単な関数の和の形で与えられているので，各原子に働く力を計算する数式を導出することもできる．一方，時間発展を計算する時間刻みをゼロにすることはできないので有限の時間刻み（0.5〜1 fsec 程度）で計算することになる．SHAKE[10] あるいはそれに類似の手法を用いて水素を含む共有結合の長さを固定した上で 2 fsec 程度まで時間刻みを大きくすることも行われる．座標と速度の時間発展を計算するアルゴリズムとしては Verlet 法，leapfrog 法などがある．なお，通常の MD 計算では，共有結合の変化を伴う化学反応は再現されない．

ところで，最も素直に運動方程式を解くと，粒子数 (N)，体積 (V)，全エネルギー (E) が一定のシミュレーションになる．これを NVE MD，あるいはミクロカノニカル MD という．より実験室に近い条件，たとえば NVT（粒子数，体積，温度一定，カノニカル）や NPT（粒子数，圧力，温度一定）の MD を行うためには温度や圧力を一定に保つようにコントロールする．ここでは，温度をコントロールする方法として Berendsen の方法を簡単に紹介する [11]．

自由度 3N の系の「瞬間の温度」T は次の式で計算される．

$$\frac{3Nk_bT}{2} = \sum_i \frac{mv_i^2}{2} \tag{1}$$

Berendsen の方法では T が，熱浴の温度 T_0 から大きく外れないように次の式で計算される因子で各原子の速度を毎ステップごとにスケールする．

$$\chi = \left(1 + \frac{\Delta t}{\tau_T}\left(\frac{T_0}{T} - 1\right)\right)^{1/2} \tag{2}$$

ここで，Δt は MD の時間刻み，τ_T は時定数である．圧力のコントロールは箱の体積を変化させることによって行うが，Berendsen の方法ではこれを②に類似の数式で表現される因子を使ってスケールすることによって行う．そのために時定数 τ_P を指定する．なお，Berendsen 法は正しい統計集団を与えることが証明されていないので，これが問題になる場合には能勢の方法など [12–14] を使用する．

(5) ソフトウェア

MD 計算を行うことのできるソフトウェアは多くの研究グループによって開発されている．代表的なものの URL を列挙する．ライセンスに関する情報も，ウェブページで確認することができる．

AMBER　　http://amber.scripps.edu/

CHARMM	http://www.charmm.org/
GROMACS	http://www.gromacs.org/
GROMOS	http://www.igc.ethz.ch/gromos/
NAMD	http://www.ks.uiuc.edu/Research/namd/
TINKER	http://dasher.wustl.edu/tinker/

7.1.2 ポアソン・ボルツマン方程式

生体分子の機能を考える上で静電相互作用は重要である．今日では適切なソフトウェアの使用によって簡単にタンパク質分子のまわりの静電ポテンシャルを計算し表示することができる．

しかし，それらのソフトウェアのパンフレットには「ポアソン・ボルツマン (PB) 方程式を解くのだ」としか書かれていないことがある．マニュアル中に数値計算のためのパラメータの説明はあっても，その理論的な背景については読者が基本的な知識をもっていることを前提としている場合がある．

ここでは電磁気学の基本方程式から PB 方程式を導出し，「PB 方程式を解くのだ」といった時点で何を仮定していることになるのか，想定しているモデルが現実の生体分子の特徴をどのように取り込んでいるのか，あるいは無視しているのか，ということを考える．そうすることで，この方法を使う上での注意点も自然に理解できるだろう．

(1) PB 方程式の導出

まずは電磁気学の教科書に載っているポアソン方程式の復習から始めよう．ガウスの法則の微分形

$$\nabla \cdot \boldsymbol{D}(\boldsymbol{r}) = \rho(\boldsymbol{r}) \tag{3}$$

からスタートする．左辺は電束密度 $\boldsymbol{D}$ の発散，右辺は電荷密度である．電束密度と電場 $\boldsymbol{E}(\boldsymbol{r})$，静電ポテンシャル $\Psi(\boldsymbol{r})$ との間には次のような関係がある．

$$\begin{aligned} \boldsymbol{D}(\boldsymbol{r}) &= \varepsilon(\boldsymbol{r})\boldsymbol{E}(\boldsymbol{r}) \\ \varepsilon(\boldsymbol{r}) &= \varepsilon_0\chi(\boldsymbol{r}) \\ \boldsymbol{E}(\boldsymbol{r}) &= -\nabla\Psi(\boldsymbol{r}) \end{aligned} \tag{4}$$

ここで $\varepsilon(\boldsymbol{r})$ は誘電率，ε_0 は真空の誘電率，$\chi(\boldsymbol{r})$ は比誘電率，第三式の右辺は静電ポテンシャルの勾配 $(\times -1)$ である．(4) を (3) に代入するとポアソン方程式

$$\nabla \cdot (\varepsilon(\boldsymbol{r})\nabla\Psi(\boldsymbol{r})) + \rho(\boldsymbol{r}) = 0$$

が得られる．

次に，タンパク質に PB 方程式を適用するときのモデルについてふれておく．

図 7.3 はアラニントリペプチドの構造の模式図だ．通常，PB 方程式を解くときには分子表面を境に内側は小さい比誘電率（1 とか 2 とか）の，外側は大きい比誘電率（水の場合は通常 80）の誘

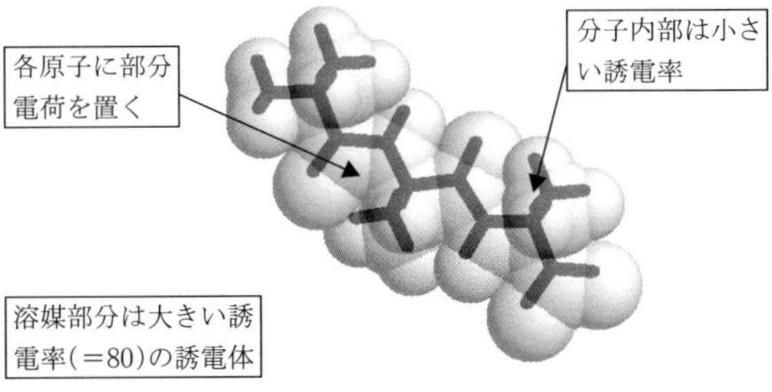

図 7.3　PB 計算における分子のモデルの概念図

電体で満たされていると考える．さらに，溶質を構成する各原子が部分電荷をもっているとする．誘電率は座標に依存する $(\varepsilon(\boldsymbol{r}))$ として扱う．

PB 方程式は，ポアソン方程式で溶媒中の塩が電離してできるイオンの数密度がボルツマン分布に従うと仮定することによって導かれる．電荷 $-z_1$，z_2 のイオンが n_s の数密度で溶けているとして，位置 $\boldsymbol{r}$ における数密度がボルツマン分布であると仮定すると，各イオンの数密度は，

$$n_1(\boldsymbol{r}) = n_s \exp\left(\frac{z_1 e\Psi}{k_b T}\right)$$
$$n_2(\boldsymbol{r}) = n_s \exp\left(\frac{-z_2 e\Psi}{k_b T}\right)$$

である．ただし e は電気素量だ．イオンの電荷密度は $-z_1 e n_1(\boldsymbol{r}) + z_2 e n_2(\boldsymbol{r})$ なので

$$\rho_0(\boldsymbol{r}) = n_s e\left\{-z_1 \exp\left(\frac{z_1 e\Psi(\boldsymbol{r})}{k_b T}\right) + z_2 \exp\left(\frac{-z_2 e\Psi(\boldsymbol{r})}{k_b T}\right)\right\}$$

となる．ここで，簡単のためにイオンが Na^+, Cl^- のような一価のイオンであるとしよう．このとき $z_1 = z_2 = 1$ なので電荷密度は

$$\begin{aligned}\rho_0(\boldsymbol{r}) &= n_s e\left\{-\exp\left(\frac{e\Psi(\boldsymbol{r})}{k_b T}\right) + \exp\left(\frac{-e\Psi(\boldsymbol{r})}{k_b T}\right)\right\}\\ &= -2n_s e \sinh\left(\frac{e\Psi(\boldsymbol{r})}{k_b T}\right)\end{aligned}$$

となる．これをポアソン方程式の ρ に代入すると，PB 方程式が得られる．

$$\nabla\cdot(\varepsilon(\boldsymbol{r})\nabla\Psi(\boldsymbol{r})) - 2n_s e \sinh\left(\frac{e\Psi(\boldsymbol{r})}{k_b T}\right) = 0$$

イオン以外に，空間に固定された電荷があるときにはその電荷分布 $\rho_1(\boldsymbol{r})$ を追加する．

$$\nabla\cdot(\varepsilon(\boldsymbol{r})\nabla\Psi(\boldsymbol{r})) - 2n_s e \sinh\left(\frac{e\Psi(\boldsymbol{r})}{k_b T}\right) + \rho_1(\boldsymbol{r}) = 0 \qquad (5)$$

文献を読んでいると "linearlized PB equation" という言葉に出会うことがある．これは，$y(\boldsymbol{r}) = \frac{e\Psi(\boldsymbol{r})}{k_b T}$ として，⑤の $\sinh(y(\boldsymbol{r}))$ を $y(\boldsymbol{r})$ で置き換えて得られる式のことだ．これは $y(\boldsymbol{r}) \ll 1$，即ち静電ポテンシャルが熱揺らぎのエネルギーと比べて非常に小さい場合によい近似を与える．PB 方程式を実際に解くときには ρ_1 を δ 関数によって表現する．通常，PB 方程式の解析解は求まらな

いので数値的に解くことになる．そのためのアルゴリズムについては文献（[18] など）を参照してほしい．

(2) ソフトウェア

インターネットで無償でダウンロードして使用でき，かつ PB 計算を実行することができるプログラムとしては，この後のチュートリアルでも使用する MOLMOL (http://129.132.45.141/wuthrich/software/molmol/) がある．もちろん，市販のソフトウェアで PB 計算を実行，結果を表示できるものも多い．MOLMOL は他にも分子の表示などで便利な機能が搭載されている．

(3) 計算結果の利用

計算の結果を画面の上で表示してみよう．PB 計算の実行，結果の表示を行うたいていのプログラムでは，等ポテンシャル面を描画したり分子表面の静電ポテンシャルをカラーで表示したりすることができる．このとき，静電ポテンシャルが大きい場所を青で，小さい場所を赤で表示させることが多いようだ．次に色の濃淡を観察してみよう．計算を行う前の予想と一致しているだろうか？

PB 方程式を用いる手法は便利だが，溶媒（多くの場合は水）を連続誘電体として扱っていることに注意する必要がある．水分子とタンパク質分子との相互作用があるので，本来，溶質分子の近くの水をバルクの水と同様に扱ってはいけないからだ．

ところで，原子数の大きい系の MD 計算を長時間実行するときに，陽に水分子を取り入れず，代わりに溶質分子以外の領域を誘電率の大きい連続誘電体とみなすモデルを使うことがある．その際，本来ならば PB 方程式を解いて求める静電エネルギーの値を近似計算する Generalized Born[15] という手法もよく使われる．この方法を使うと，水分子を陽に入れる場合と比べ，計算時間が大幅に節約されると期待できる．これもやはり（PB 方程式による手法と同様に）自分の研究の目的と溶媒を塗りつぶすことの影響，そして計算量の節約のメリットとをよく考慮して採用の可否を決定するべきだろう．

7.2 実　習

ここでは Trp-cage という 20 アミノ酸からなるペプチド（**図 7.4**）を例にとり，TINKER ソフトウェアを使用したエネルギー極小化と MD 計算を行う．その過程で，MOLMOL を使用した PB 計算も行う．操作の流れは大きなタンパク質の場合でも同様だ．また，ほかのソフトウェアを使用して同様の計算を行うときにも基本的な手順や考え方は同じである．

ここではソフトウェアのインストールの手順は示さないが，その際注意すべき点が 1 つある．TINKER をダウンロードして，ダウンロードしたファイルを展開し，使用許諾の手続きを行い，プログラムのコンパイルを行う前に，ソースファイルの以下の部分を変更する．この後で示すチュートリアルを実行するには，ダウンロードしたファイルを展開してできたディレクトリの中の source というディレクトリにある，sizes.i をテキストエディタなどで編集する必要がある．具体的には，maxhess の値を大きく（たとえば 2000000 に）する．なお，TINKER のコンパイルは簡単で，方法はマニュアルに載っている．

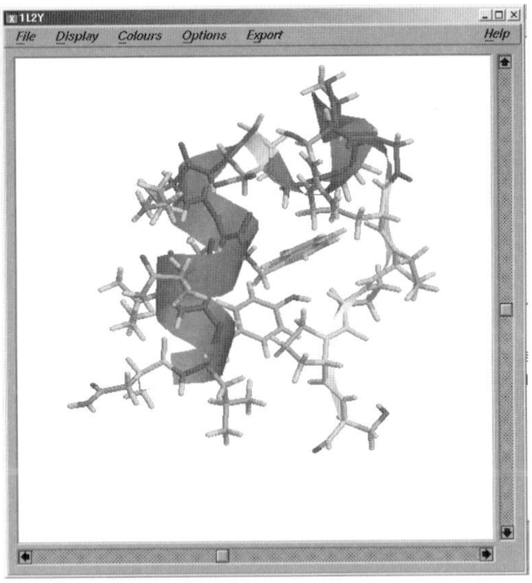

図 7.4　Rasmol で Trp-cage の構造を表示したところ

7.2.1　シミュレーションのための系を構築する

(1)　PDB ファイルを用意

まず，PDB (Protein Data Bank, http://www.rcsb.org/pdb/ または http://pdb.protein.osaka-u.ac.jp/pdb/) から構造のファイル (1L2Y.pdb) をダウンロードしよう．このファイルには複数のモデルが含まれるが，とりあえず MODEL1 を抽出（w_cage.pdb に保存）し，初期構造として採用することにしよう．このファイルはすでに水素原子の座標を含んでいる．足りない場合には付加する．TINKER の場合はこの後で使用する pdbxyz が水素を付加する機能をもっている．

(2)　初期構造ファイルのフォーマットを変換

次に，PDB 形式のファイルを TINKER 標準の構造のファイルのフォーマットに変換する．そのために pdbxyz というプログラムを使うが，前もって次にあげるファイルを（上述の初期構造ファイルとは別に）準備する．

① w_cage.key：キーワードファイル．内容は下の通り．#で始まる行はコメントなので省略可．キーワード "parameters" で使用する力場のパラメータが記述されているファイルを指定する．各人の環境に合わせて該当するファイル名を記述する．今回は Jorgensen らによって開発された OPLS-AA 力場 [16] を使うことにしよう．TINKER では，ほかに CHARMM や AMBER の力場を使用することができる．

```
#
# keyword file for pdbxyz
#  system= w_cage
#  operator= m. ibuki
#  date= 030728
#  input pdb file= w_cage.pdb
```

```
#
parameters /home/ibuki/TINKER4/tinker/params/oplsaa.prm
```

キーワードファイルが完成したら次のようにタイプすると w_cage.xyz というファイルが新たに作られる．このとき，pdbxyz はファイル名が入力構造ファイル (w_cage.pdb) と拡張子だけが異なるキーワードファイル (w_cage.key) を探して読みに行く．このように，TINKER では，使用するファイルの名前（の拡張子以外の部分）をそろえておくと便利だ．

```
Shell> pdbxyz w_cage.pdb
```

(3) 水分子を追加

次にこの分子を水の中に浸す．そのために xyzedit というプログラムを使うが，前もって下にあげる作業を行っておく．

① TINKER に付属している，箱に入った水の構造ファイル (waterbig.xyz) を探しておく．探す場所は，TINKER をインストールしたディレクトリの下の test というディレクトリである．

② waterbig.xyz をコピーして（ここでは waterbig_oplsaa.xyz にする）編集する．具体的には酸素の atomtype（左から数えて 6 番目の数値）を 1 から 186 に，水素の atomtype を 2 から 187 にする．186, 187 は OPLS-AA の場合の数値で，キーワードファイルで指定した力場のファイルの中に記載されている．他の力場を使うときの値は（必要なら）各自で調べてください．手作業では大変なので，perl などでスクリプトを作成するとよいだろう．

以上の準備ができたら，下のようにタイプする．

```
Shell> xyzedit w_cage.xyz
```

このプログラムを実行すると，17 通りの機能の中から 1 つを選ぶように促される (→ TINKER4.2 で 18 通りに増加)．まず，<u>10</u>（重心が原点にくるように平行移動）を選ぶ（→ TINKER4.2 では 1 つずれて 11 番を選ぶ．以下同様に 1 つずつずれる)．「10」(→「11」) と入力して Enter キーを押すと瞬時に処理が終わり，次の操作を尋ねてくる．ここで，<u>16</u> (→ <u>17</u>)（箱に溶媒を充填）と入力する．waterbox のファイル名を聞かれたら②のファイル名を答える．この waterbox の一辺は 36.342 Å である．処理が終わると，w_cage.xyz_2 という新しいファイルができる．

バージョン 4.1 の TINKER には，Force Field Explorer (FFE) というプログラムが付属している．これで.xyz ファイルの構造を表示したり，原子間の距離を測ったり，角度を測ったり，MD 計算の設定を行ったりすることができる (**図 7.5**)．このソフトウェアのセットアップの方法は web (http://dasher.wustl.edu/ffe/) に記載されているのでそちらを参照してほしい．LINUX の場合には，事前に Java 関連のいくつかのコンポーネントがインストールされている必要があるが，通常，使用している LINUX システムによって，新たにインストールすべきものが異なるので，ここでは詳述しない．Red Hat Linux の場合には，rpm –qa で，現在インストールされているパッケージのリストが表示される．ここでは，無事にインストールできたという前提で先に進む．

(4) イオンを追加

次に系の総電荷をゼロにする（Trp-cage のアミノ酸配列は NLYIQWL<u>KD</u>GGPSSG<u>R</u>PPPS)

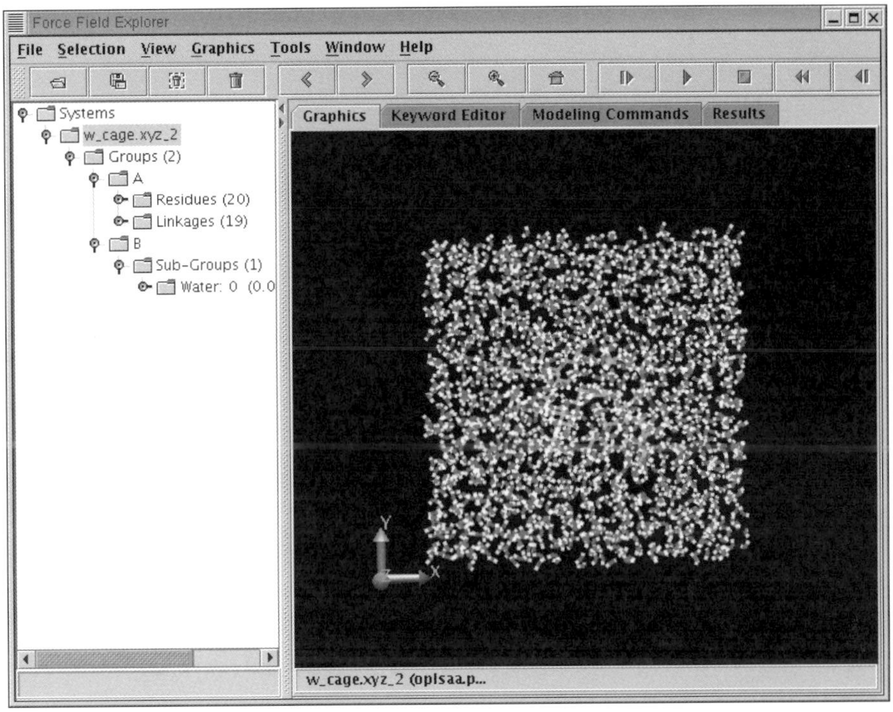

図 7.5　水中の Trp-cage を FFE で表示したところ

ためにイオン（今回は Cl^-）を追加する．追加するイオンの初期座標はどこでもよい気がするが，静電相互作用で最も安定な場所に置くというのも 1 つの考え方である．ここでは，そういう方針でイオンを置く場所を決めるために MOLMOL を使用して PB 方程式を解いてみることにする．

まず，MOLMOL[19] を起動する．ここでは Windows 上の MOLMOL を使用する．起動するとウィンドウが開くが，もし関係ない分子が表示されたら消しておく．やり方は，まずすべてを選択し（「all」のボタンを押す），次に Edit → Molecule → Remove を実行する．以後の手順は以下の通り．

① まず分子を読み込む (File → ReadMol → Pdb)．ここでは先程の w_cage.pdb を読み込もう (**図 7.6**)．原子の名前についての警告が表示されるが気にせずに進む．

② 次に，荷電したアミノ酸残基の名前を変える (File → Macro → ExecuteStandard → Pdb_charge)．たとえば，ASP は ASP+になる．

③ 次に，N 末端のアミノ酸残基の名前を変える．今回は ASN を NASN にする．まず「Selection」を押して，ダイアログボックスの Res の欄に「:1」と入力し，左の「Res」ボタンを押す．現在選択されている残基のリストを表示したいときは Prop → ListSelected → Res を実行する．次に Edit → Residue → Change でアミノ酸の名前を変更する（アミノ酸名の欄には「NASN」と入力）．

④ よく見ると，N 末端の NH_3^+ の水素がなくなってしまっていることに気づく．次にこの水素を追加する．具体的には Calc → Atom を実行し，ダイアログボックスに「HN*」と入力して実行する．

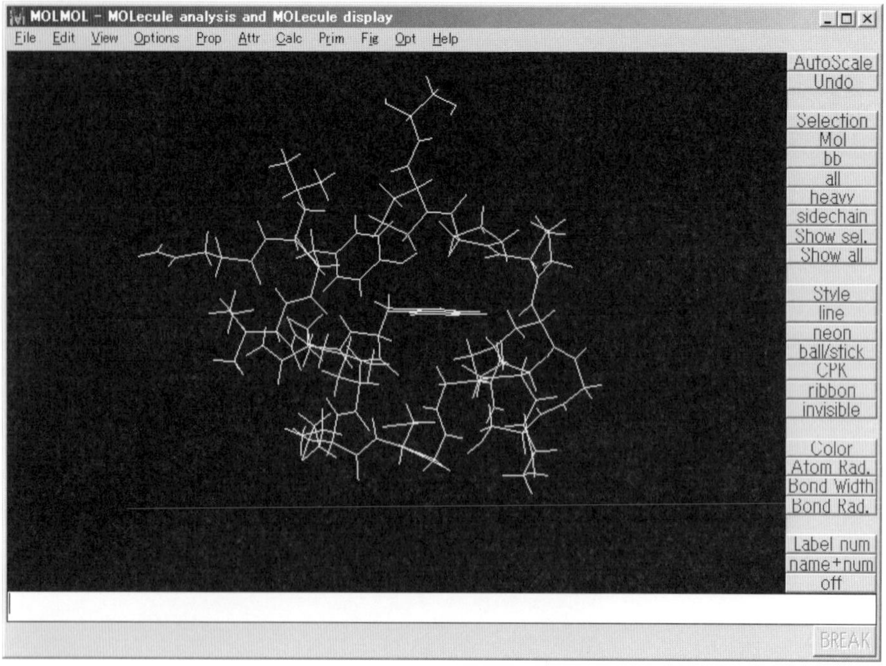

図 7.6　MOLMOL で分子を読みこんだところ

⑤　③と同様にして C 末端の SER を CSER にする．また，④と同様に，末端の COO^- の酸素を追加（「O*」）する．

⑥　すべての原子を選択 (Prop → SelectAll → Atom).

⑦　次に静電ポテンシャルの計算を行う (Calc → Potential)．ダイアログボックスの一番下の出力のファイル名を記入する．ここでは w_cage.pot にしておこう．ほかの設定は既定値のまま（図 **7.7**）でよいだろう．設定を終えたら「OK」を押す．

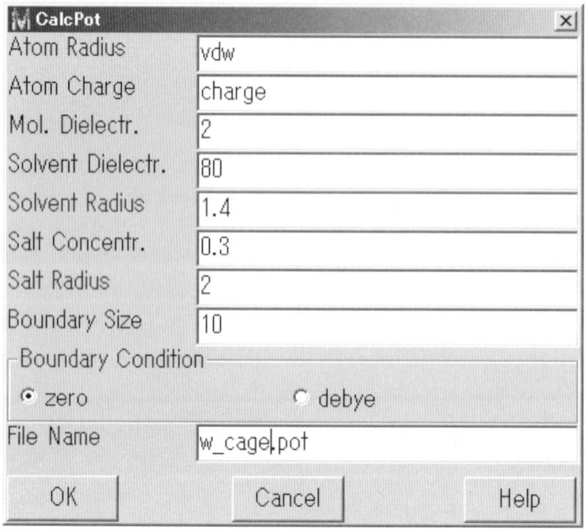

図 7.7　PB 計算の設定画面

計算結果は指定したファイルに書き込まれるが，（図のように）パスを指定しないで実行すると思わぬ場所にファイルが作られるかもしれない．また，Windows の場合は「.pot」という拡張子のファイルが PowerPoint の書類のアイコンで表示される場合がある．

次に，分子表面の静電ポテンシャルを描画しよう．

⑧ まず，表面を描画する (Prim → Surface → Add)．その際，「shaded」を選択しよう（**図 7.8**）．

⑨ 次に先程の計算結果のファイルを読み込む (File → ReadPotential)．

⑩ 次に静電ポテンシャルに応じて色分けを行う (Prim → Surface → Paint)．ダイアログボックスの一番下の欄の数値で色の濃さを調節できるので，いろいろ試してみよう（**図 7.9**）．「paint」

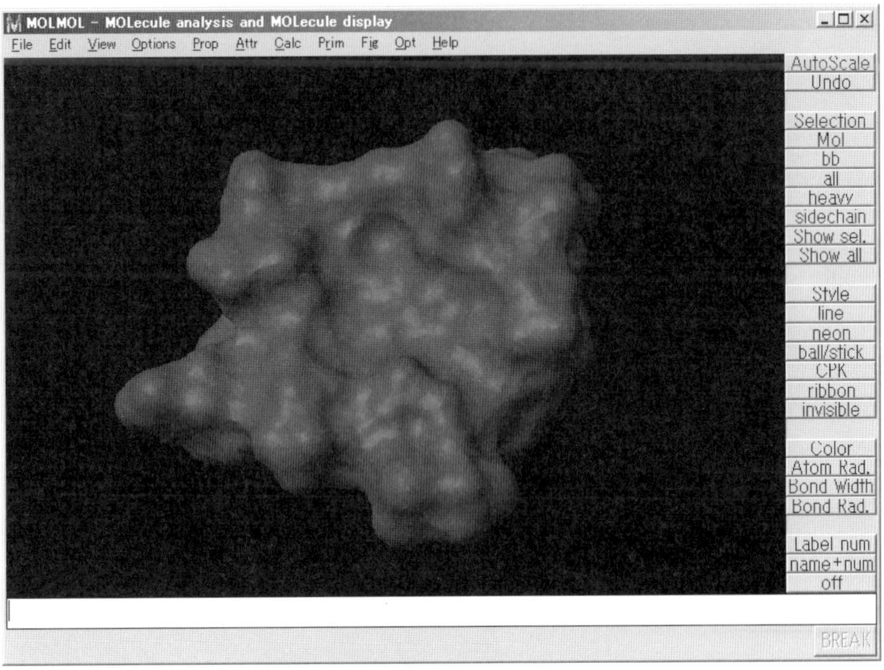

図 7.8 表面を描画したところ

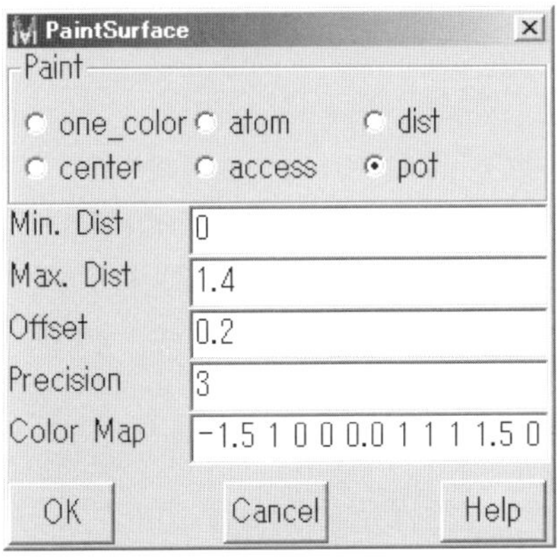

図 7.9 Paint Surface ダイアログ

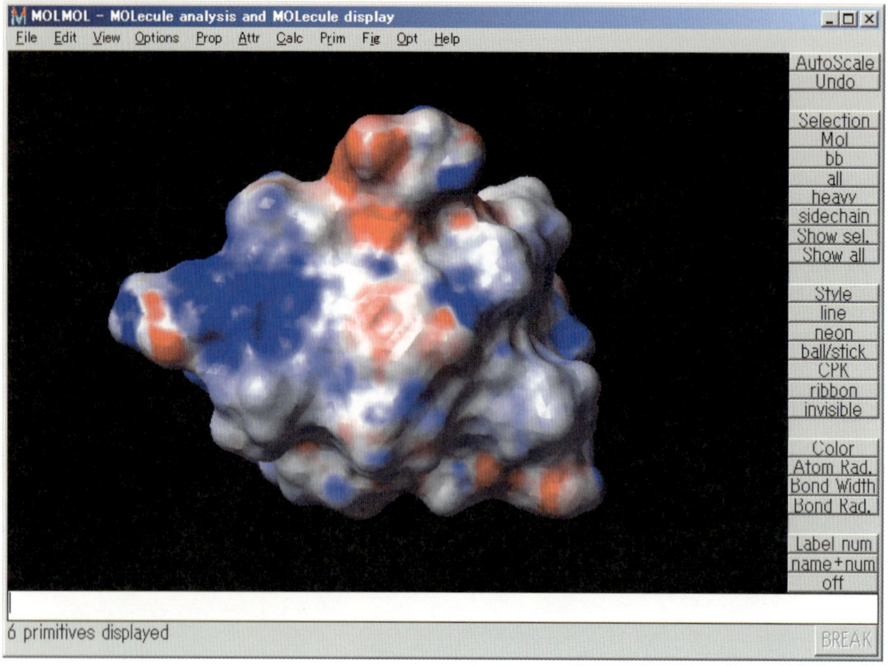

図 7.10 表面を色分けしたところ

の欄では「pot」を選択しよう．

⑪ 一番青っぽくなっている場所を探して，それがどのアミノ酸のどの原子の近傍か，を調べよう（**図 7.10**）．表面の表示を消すには，「Selection Dialog」ボックスの「Prim」欄に「no」と入力して左の「Prim」ボタンを押し，次に分子を選択し，描画ウィンドウの「Show sel.」ボタンを押すとよい．

PB 計算の結果から，Trp-cage の場合，N 末端の NH_3 基の近傍に分子表面の静電ポテンシャルの大きい場所があることがわかった．そこで，N 末端の窒素に最も近い水分子とその隣の水分子を削除し，できた空洞に塩化物イオンを 1 つ配置することにしよう．近い水分子を探すには FFE を使うか，あるいは，三平方の定理で距離を計算するスクリプトを Perl などで作成してもよい．原子の削除や追加の作業はテキストエディタで座標ファイル（拡張子は.xyz）を直接編集するのがわかりやすい．まず，該当する水分子の座標（酸素 2 つと水素 4 つ）を削除する．ただし，事前に塩化物イオンの座標として利用する数値（削除する 2 つの酸素の片方の座標）は控えておく．次に，原子の通し番号（各行の一番左の数値）に欠番が出ないように調整する．具体的にはファイルの一番下に記述されている水分子を，削除した水のかわりにカットアンドペーストで貼り付け，原子の番号を（通し番号になるように）書き換えるのがよいだろう．水の原子の番号を変えたら，結合の情報（どの原子と結合しているか．左から 7 つめ以後の数値）も適切に書き換える．ここでは，新しい構造のファイルを w_cage.xyz_3 という名前にしておく．最後に塩化物イオンの記述を追加しよう．座標はさっき控えた値を書き込む．TINKER で OPLS-AA 力場を使用するときの塩化物イオンの atomtype は 204 である．ここまでの作業の内容を**図 7.11** に図示する．最後に，先頭の行に記述されている全原子数の数値も変更しておく．

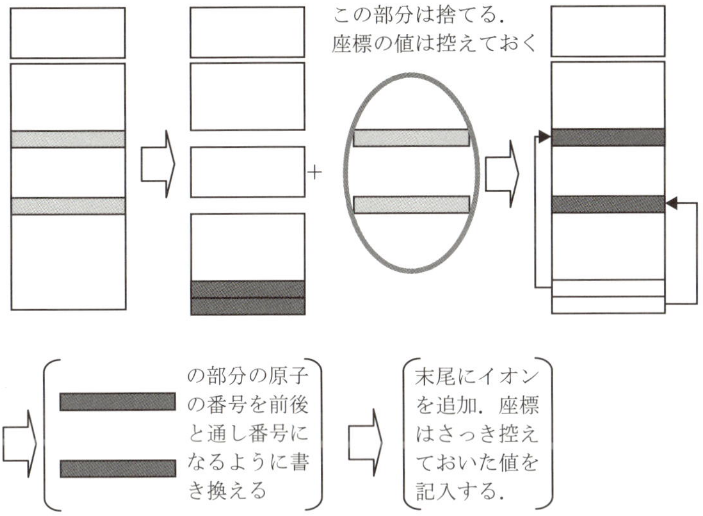

図 7.11　イオン追加のための作業の概略．薄い網かけは，削除する水分子のレコード．濃い網かけは移動する水分子のレコード

以上で，TINKER でシミュレーションを行うための系の構築が終了した．このように，なかなか「全自動」というわけにはいかない．**図 7.12** は FFE で構造を表示したところである．緑色で表示されているのが最後に追加した塩化物イオンだ．一部の原子だけを spacefill 表示するには，左

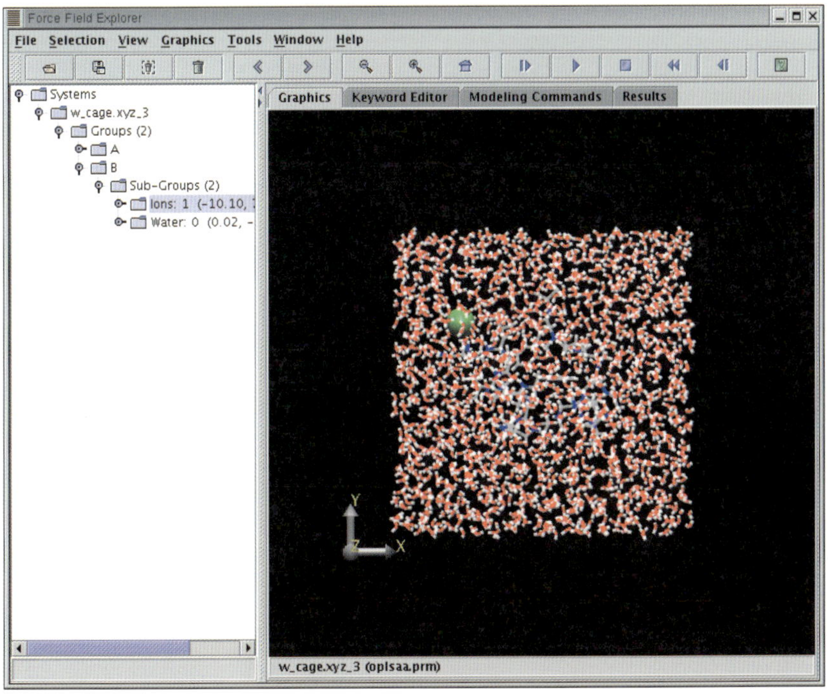

図 7.12　Trp-cage の初期構造を FFE で表示したところ

の枠内で原子や分子を選択し，「Graphics → Style → Spacefill」を実行する．この系の最終的な総原子数は 4790 である．ファイルを読んでも分子が表示されない場合は，前の段階のどこかで間違えた可能性が高い．FFE を起動した端末ウィンドウにエラーメッセージが表示されることがあるが，あまり詳しくエラーの内容を表示してくれない．

7.2.2 エネルギー極小化

このエネルギー極小化の目的は初期構造で原子どうしがぶつかっているのを解消することだ．極小化の過程でタンパク質の構造が崩れてしまわないように，タンパク質の非水素原子の座標を調和的なポテンシャルを使って初期座標のまわりに拘束する．

(1) 準備

TINKER で座標の拘束を行うためには，どの原子をどの座標に拘束するかをキーワードファイルで逐一指定する必要がある．しかし 100 個以上ある原子の座標をタイピングするわけにはいかないので，先程完成したばかりの座標ファイルを入力し，キーワードファイルにそのままペーストできる文字列を出力するスクリプトを Perl などで作成するとよい．極小化のために事前に準備するファイルは以下の通り．

① w_cage.key：キーワードファイル．例を下に掲載する．

```
#
# keyword file for newton
#  system= w_cage
#  operator= m.ibuki
#  date= 030725
#  input pdb file= w_cage.xyz
#

parameters /home/ibuki/TINKER4/tinker/params/oplsaa.prm

a-axis 36.342

ewald
ewald-cutoff    9.00
maxiter     300

verbose

restrain-position     1   -9.338543    4.261740   -0.510792
restrain-position     2   -9.045543    3.269740   -1.573792
restrain-position     3   -7.554543    3.098740   -1.852792
restrain-position     4   -7.071543    1.983740   -1.713792

（中略）

restrain-position   296   -0.824543   11.050740   -0.495792
restrain-position   299    1.534457   11.205740    1.328208
restrain-position   300    2.682457   10.675740    1.955208
restrain-position   304   -1.778543   11.037740    1.517208
```

② 先程完成した初期構造ファイル (w_cage.xyz_3)．

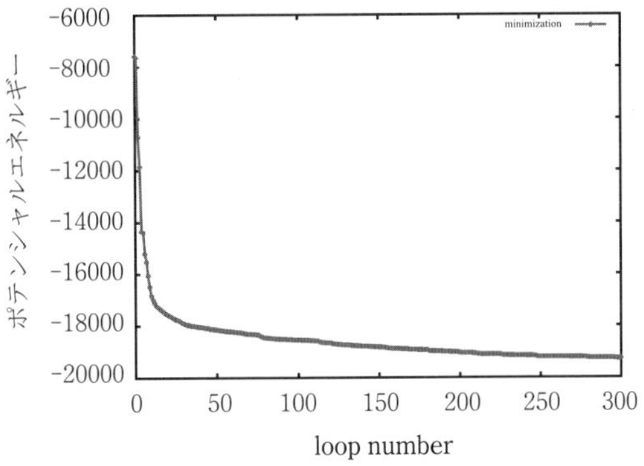

図 7.13　エネルギー極小化における，ポテンシャルエネルギーの変化の例

(2) 実行

ここでは，エネルギー極小化のために newton というプログラムを使用することにしよう．コマンドラインから実行することもできるが，ここでは FFE を使用してみる．まず，w_cage.xyz_3 を読み込む．このとき，自動的に w_cage.key も読み込まれる．「Keyword Editor」のタブをクリックしてプルダウンメニューで「Active Keywords」を選択してみよう．このとき，さっき作成した w_cage.key の内容が表示されていれば OK だ．なお，この状態でキーワードファイルを編集することもできる．計算を実行するには，「Modeling Commands」タブをクリックし，プルダウンメニューで「Newton」を選択する．すると，この計算の設定画面が表示される．設定はすべて既定値のままでよいだろう．右向き△印のボタンを押すと計算が始まる．コマンドラインで実行するときには次のようにタイプする．なお「a」は automatic の頭文字である．

```
Shell> newton w_cage.xyz_3 a a 0.01 > newton.log &
```

この例では極小化を 300 ステップで止めるように設定している（キーワードファイルに記述）が，それでも通常のパソコンで 1 時間ぐらいかかるだろう．途中の段階の構造は w_cage.xyz_4 というファイルに逐次（上書きで）書き込まれる．**図 7.13** はポテンシャルエネルギー (kcal/mol) のプロットである．

7.2.3 MD 計算

次に MD 計算を行う．MD のプログラムは最初に初期構造を読み込み，次にマクスウェルの速度分布を実現するように各原子の初期速度を決める．各原子の速度ベクトルの向きはランダムである．今回は 1 フェムト秒 (fsec) の時間ステップで 50 ピコ秒 (psec) の NPT MD を行うことにする．

TINKER で MD 計算を行うときは dynamic というプログラムを使用する．必要なファイルは以下の通り．

① w_cage.xyz_4：初期構造

② w_cage.key：キーワードファイル．例を下に示す．

```
#
# keyword file for dynamic
```

```
#  system= w_cage
#  operator= m.ibuki
#  date= 030725
#  input pdb file= w_cage.xyz_4
#
parameters /home/ibuki/TINKER4/tinker/params/oplsaa.prm
a-axis 36.342
ewald
ewald-cutoff    9.00
verbose
integrate verlet
tau-pressure 10.0
tau-temperature 1.00
thermostat berendsen
rattle water
archive
```

キーワード "integrate" は積分のアルゴリズムを指定する．ここでは velocity Verlet 法を選択した．また，"thermostat" で Berendsen の方法を選択した．"tau-pressure"と"tau-temperature" は各々，温度，圧力のコントロールの時定数（単位は psec）である．水分子を Rattle[17] というアルゴリズムを使って剛体にする．キーワード "rattle" でその指定を行っている．水分子のモデルは TIP3P である．また，キーワード "archive" で構造のトラジェクトリをばらばらのファイルではなくて 1 つのファイルにまとめて出力するように指示する．

では FFE を使って MD 計算を実行してみよう．まず初期構造ファイル (w_cage.xyz_4) を読み込む．このときに自動的に w_cage.key も読み込まれる．前と同じように内容を確認しておこう．「Modeling Commands」タブをクリックし，プルダウンメニューから「Dynamic」を選択する．各々の設定が何を意味するかについての説明は不要だろう．設定を済ませたら右向き△印のボタンを押す（**図 7.14**）．

コマンドラインからシミュレーションを実行するためには次のようにタイプする．

```
Shell> dynamic w_cage.xyz_4 50000 1.0 0.10 4 300.0 1.00 > dynamic.log &
```

引数は左から順番に，初期構造ファイル，MD を行う総ステップ数，1 ステップあたりの時間 (fsec)，構造を保存する頻度 (psec)，mode（後述），温度 (K)，圧力 (atm) である．上の例では Δt = 1.0 fsec の MD を 50,000 steps (= 50 psec) 行うことになる．mode = 4 で温度と圧力をコントロールすることを指定した．体積は固定したまま温度だけをコントロールするときには mode = 2 にする．

7.2.4 解析

計算が終わると次にやることは結果の解析だ．あたりまえのことだが，自分の研究のために必要な解析用プログラムがソフトウェアパッケージの中に含まれているとは限らない．ない場合には自分で作成することになる．そのためには結果ファイルのフォーマットについての情報が必要だ．これは，たいていは，マニュアルなどに載っている．

通常，MD 計算の解析を行うときには，MD 開始後しばらくのデータは，解析の前に取り除き，解析には含めない．この解析に含めない MD を，平衡化などという．平衡化が短すぎると，初期構

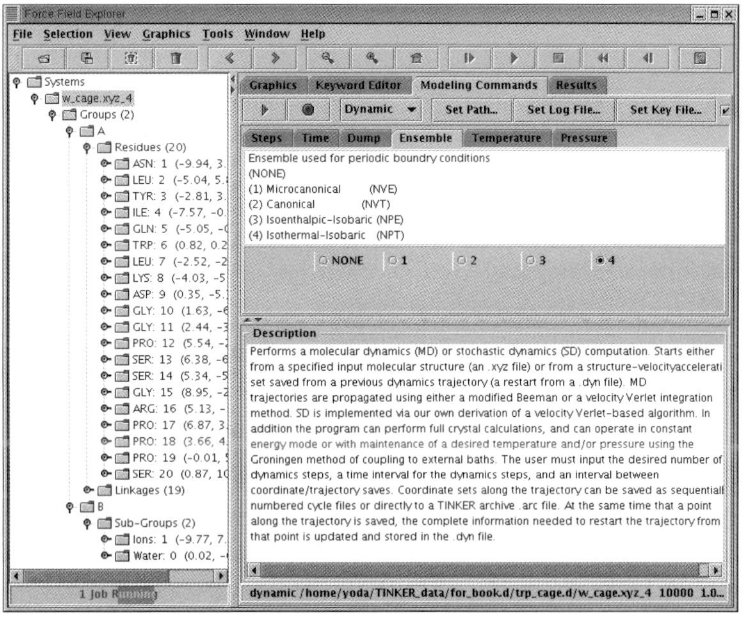

図 7.14　dynamic の設定画面

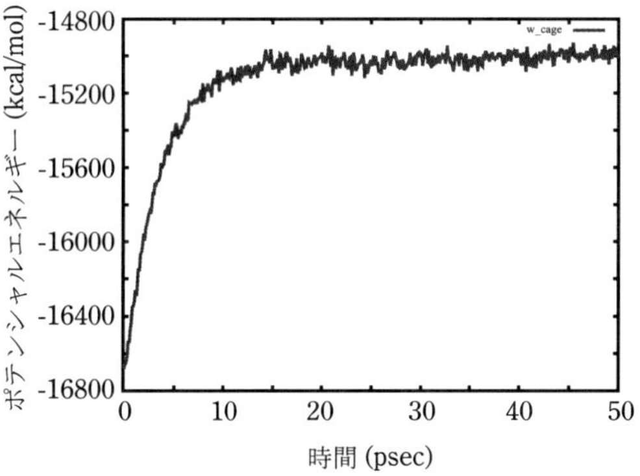

図 7.15　ポテンシャルエネルギーの変化

造の選択が解析結果に過大な影響を与えることになる．

以下の例は，TINKER に含まれるツールを使ってどのような解析ができるか，を示すことを目的としている．そのため，エネルギー極小化を行った直後の MD データに対して解析を行った．

まずはポテンシャルエネルギーをプロットしてみよう．w_cage.log というファイルの中にエネルギーの値が書き込まれているので，プロットしてみよう．**図 7.15** はポテンシャルエネルギーを gnuplot でプロットしたものである．w_cage.log はテキストファイルなので，適当な UNIX ツールを使って（あるいは Perl などでスクリプトを作成してもよいが）ポテンシャルエネルギーの情報のみを抜き出してくることができる．プロットには，自分の使い慣れたソフトウェアを使用すればよい．エネルギー極小化構造を初期構造としたため，最初のほうでポテンシャルエネルギーが大きく変化したことがわかる．

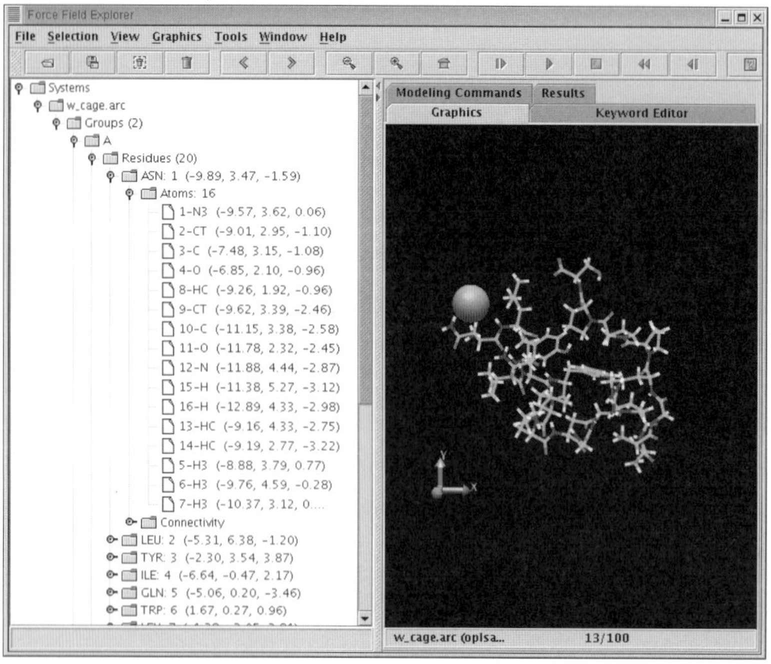

図 7.16　動画を表示しているところ

左のカラムの原子名の隣に，その原子のその瞬間の座標が表示されている．

次に MD 計算の結果を動画で観察してみよう（**図 7.16**）．まず FFE で構造のトラジェクトリのファイル (w_cage.arc) を読み込む (File → Open)．読み込まれたら，メニューバーの直下の列にある右向き△印のボタンを押す．左側のカラムで階層をたどって原子名を表示させると，その原子の各瞬間の座標も表示される．水分子を非表示にするには左のカラムで水すべてを含むグループを選択してから (Graphics → Style → Invisible) を実行する．回転させたいときは Graphics 欄の左下にある立体的な 3 本矢印のところをドラッグする．

次に RMSD (root mean square distance) を計算してみよう．そのためには superpose というプログラムを使う．これも FFE を利用して実行することが可能だ．やり方は以下の通り．

① 構造のトラジェクトリのファイル (w_cage.arc) と天然構造のファイル (たとえば w_cage.xyz_3) を読み込み，（左側のカラムで）後者を選択する．

② 次に「Modelling Commands」タブをクリックし，プルダウンメニューから「Superpose」を選択する．

③ 後は superpose の設定を入力するだけだ．「Second Structure」ではトラジェクトリのファイル (w_cage.arc) を選択し，「Last Atom」は溶質の原子数である 304 を入力する．それ以外の設定の意味するところは自明だろう．

④ 設定し終わったらこれまでと同様に右向き△印のボタンを押す．

⑤ 計算が終わったら「Results」欄が表に出てくる．

「Results」欄の内容は w_cage.log というファイルに保存されているので，このファイル名をわかりやすいものに変えておくとよい．次の**図 7.17** は RMSD の時間変化をプロットしたものである．

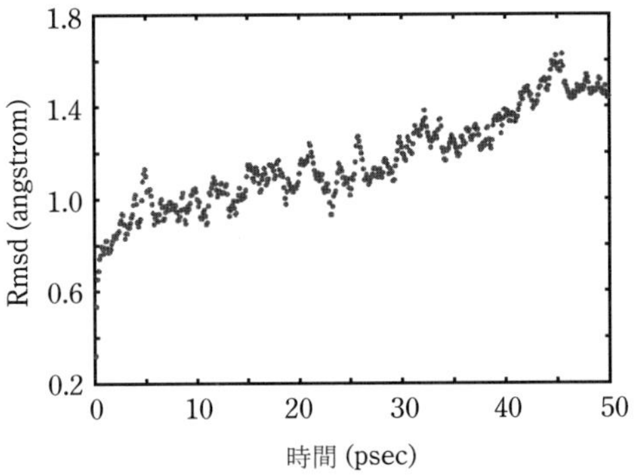

図 7.17　RMSD の変化

【謝　辞】 本章のチュートリアルでは TINKER と MOLMOL を利用しましたが，この 2 つのソフトウェアは定められた手続きを経れば無料でダウンロードして使用できます（使用するための条件などの情報は各々のウェブページなどを参照してください）．これらを作成し，公開している作者の方々に感謝します．

文　献

シミュレーション関連

[1] Allen, M. P. and Tildesley, D. J. 著, "Computer Simulation of Liquids" Oxford Universsity Press (1987)

[2] 岡崎進 著,「コンピュータシミュレーションの基礎」化学同人 (2000)

[3] 上田顯 著,「計算物理入門 分子シミュレーションを中心に」サイエンス社 臨時別冊数理化学 SGC ライブラリ 10 (2001)

[4] 岡崎進・岡本祐幸 編,「生態系のコンピュータ・シミュレーション」化学同人, 化学フロンティア 8 (2002)

[5] Berendsen, H. J. C., Postma, J. P. M., van Gunsteren, W. F., Hermans, J., "Interaction models for water in relation to protein hydration" *In* Intermolecular Forces. B. Pullman, editor. Reidel, Dordrecht, the Netherlands. 331–342

[6] Berendsen, H. J. C., Grigera, J. R., Straatsma, T. P., "The missing term in effective pair potentials" *J. Phys. Chem.*, **91**: 6269–6271 (1987)

[7] Jorgensen, W. L., Chandrasekhar, J., Madura, J. D., Impey, R. W., Klein, M. L., *J. Chem. Phys.*, **79**: 926–935 (1983) "Comparison of simple potential functions for simulating liquid water"

[8] Darden, T., York, D. and Pedersen, L. "Particle mesh Ewald: an Nlog(N) method for Ewald sums in large systems" *J. Chem. Phys.*, **98:** 10089–10092 (1993)

[9] Greengard, L. and Rokhlin, V. *J. Comput. Phys.*, **73**: 325 (1987)

[10] Ryckaert, J. P., Ciccotti, G. and Berendsen H. J. C., "Numerical integration of the cartesian equations of motion of a system with constraints: molecular dynamics of n-Alkanes." *J. Comput. Phys.*, **23**: 327–341 (1977)

[11] Berendsen, H. J. C., Postma, J. P. M., van Gunsteren, W. F., DiNola, A. and Haak, J. R. "Molecular dynamics with coupling to an external bath" *J. Chem. Phys.*, **81**: 3684–3690 (1984)

[12] Andersen, H. C. "Molecular dynamics simulations at constant pressure and/or temperature" *J. Chem. Phys.*, **72**: 2384–2393 (1980)

[13] Nosé, S. "A molecular dynamics method for simulations in the canonical ensemble" *Molecular*

Physics, **52**: 255–268 (1984)

[14] Hoover, W. G. "Canonical dynamics: equilibrium phase-space distributions" *Physical Review* A **31**: 1695–1697 (1985)

[15] Still, W. C., Tempczyk, A., Hawley, R. C. and Hendrickson, T. "Semianalytical treatment of solvation for molecular mechanics and dynamics" *J. Am. Chem. Soc.*, **112**: 6127–6129 (1990)

[16] Jorgensen, W. L., Maxwell, D. S. and Tirado-Rives, J. "Development and testing of OPLS all-atom force field on conformational energetics and properties of organic liquids" *J. An. Chem. Soc.*, **118**: 11225–11236 (1996)

[17] Andersen, H. C. "Rattle: A 'velocity' version of the Shake algorithm for molecular dynamics calculations" *J. Comput. Phys.*, **52**: 24–34 (1983)

その他

[18] Nicholls, A. and Honig, B. "A rapid finite difference algorithm, utilizing successive over-relaxation to solve the poisson-boltzmann equation" *J. Comput. Chem.*, **12**: 435–445 (1991)

[19] Koradi, R., Billeter, M. and Wüthrich, K. "MOLMOL: a program for display and analysis of macromolecular structures" *J. Mol. Graphics*, **14**: 51–55 (1996)

[20] Bourne, P. E. and Weissig, H. 編 "Structural Bioinformatics (Methods of Biochemical Analysis, V.44)", John Wiley & Sons Inc (2003)

[21] Israelachvili, J. N. 著，近藤保・大島広行 訳「分子間力と表面力（第 2 版）」朝倉書店 (1992)

[22] Vetterling, W. T. and Flannery, B. P. 著，丹慶勝市・奥村晴彦・佐藤俊郎・小林誠 訳 "Numerical Recipes in C" 技術評論社 (1994)

[23] Becker, O. M., MacKerell, Jr, A. D., Roux, B. and Watanabe, M. 編 "Computational biochemistry and biophysics" Mercel Dekker, Inc. New York (2001)

第8章　タンパク質相互作用の解析・予測

近藤鋭治

Point

ゲノムにコードされているのはタンパク質の設計図である．生物はタンパク質を含む膨大な数の大小さまざまな分子が相互作用して生きている．

タンパク質相互作用の解析は，実験的には酵母ツーハイブリッド法，HPLC (high-performance liquid chromatography) 法，マイクロアレイ，質量分析法などを使用して行われている．バイオインフォマティクスでは，結晶構造解析，NMR などから得られるタンパク質の立体構造情報を用いて解析・予測しようという研究が進められている．この章では，生体内での分子間相互作用，特にタンパク質と低分子化合物，タンパク質とタンパク質の相互作用を理解し，コンピュータを使ってそれら相互作用を解析する手法について紹介する．解析予測に利用できるツールは数多くあるが，計算の原理を理解して使用しないと無意味な結果に惑わされることになりかねない．そこで，解析・予測の計算手法に重点をおいて解説する．

8.1　基　礎

8.1.1　タンパク質相互作用

(1)　タンパク質相互作用とは

共有結合などの強い結合でなく，ファンデルワールス力，静電力などによる比較的弱い結合（接触）を伴う分子間の働きを指すことが多い．結合が比較的弱いため，分子周囲の環境や条件により分子どうしが着いたり離れたりする．この働きにより，生体内の巨大分子装置のための複合体形成，シグナル（情報），エネルギーや電子の伝達，分子構造の大きな変化による力の伝達，触媒活性などの分子機能の向上・阻害といった生物の営みにかかわる様々な作用が起こる．

(2) タンパク質相互作用にはどんなものがあるか

タンパク質が何らかの分子と相互作用する場合，それらの複合体を形成する（**図 8.1**）．その状態を表す立体構造情報として次のようなものが知られている．

・レセプター-リガンド分子

・タンパク質-核酸

・酵素-阻害剤

・抗体-抗原

・ペプチド認識

・タンパク質多量体

(3) タンパク質相互作用を解析するとどんなことが分かるか

ゲノムの解読ではわからなかったタンパク質の本当の機能が解明できる．生物の営みにかかわる分子間の作用がわかることになるので，病気の治療方法の解明，新薬の開発，生命を健康に保つこと，マイクロアレイの設計・開発，バイオセンサーの開発，酵素機能の改変，生体高分子を利用もしくは模倣した効率的な工業製品の合成などに役立てることができる．

(4) コンピュータを使用してタンパク質相互作用を解析・予測するにはどうしたらよいか

タンパク質-低分子の解析については製薬企業において創薬の前半のステージで応用され始めており，タンパク質-タンパク質の解析については世界中の研究者が優れた手法を開発しようとしのぎを削っている状況にある．タンパク質-低分子とタンパク質-タンパク質とでは相互作用にかかわる物理化学的な原理は共通であるが，コンピュータを用いて解析する場合には相手分子のサイズによって適用する計算手法を変えないと現実的でない．分子が相互作用し結合する様子を解析予測することをドッキングスタディとか単にドッキングと呼んでいる（**図 8.2**）．以下ではタンパク質-低分子とタンパク質-タンパク質のドッキングについて，それぞれの場合について解説する．

8.1.2 タンパク質相互作用解析の課題

タンパク質は巨大分子であることから，低分子や結晶の解析に用いられる相互作用解析方法はそのままでは適用できない．計算時間がかかったり，コンピュータのメモリ資源を非常に多く必要としたりして現実的ではない．そこで様々な近似法を導入することになる．最も粗い近似はタンパク質を剛体として扱う方法である．

タンパク質分子は一定の構造をとっていることが多いが，表面の側鎖アミノ酸残基がフレキシブルであることから，剛体近似では十分な計算精度が得られないことがわかってきた（**図 8.3**）．現在多くの研究者が取り組んでいるのはタンパク質を含む分子のフレキシビリティを考慮した計算手法である．相互作用の解析で重要となるタンパク質のフレキシビリティは，相互作用（結合）しているときとしていないときの構造の違いである．

8.1.3 タンパク質相互作用解析・予測ソフトウェア

タンパク質相互作用のうち，タンパク質-低分子解析用のソフトウェアは創薬におけるリード化合

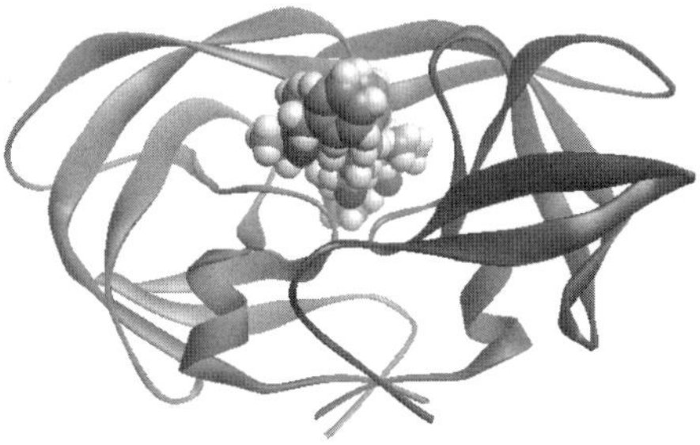

(a)レセプター-リガンド分子
(HIV-1 protease/inhibitor, 1hvj)

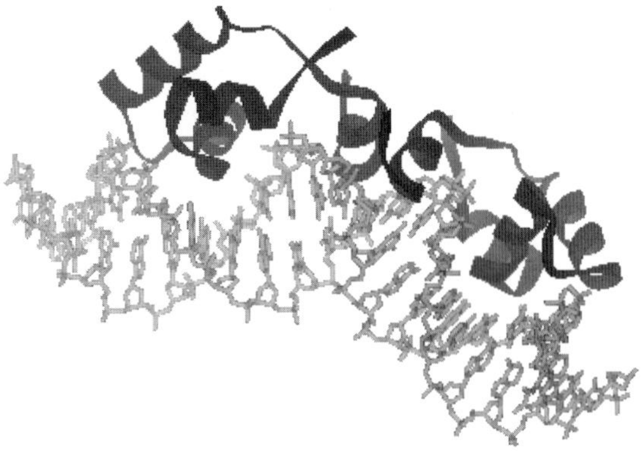

(b)タンパク質-核酸
(DNA/Lac repressor, 1l1m)

(c)酵素-阻害剤 (α-Chymotrypsin/OMTKY Turkey ovomucoid third domain, 1cho)

(d)抗体-抗原 (Fab/Lysozyme, 1mlc)

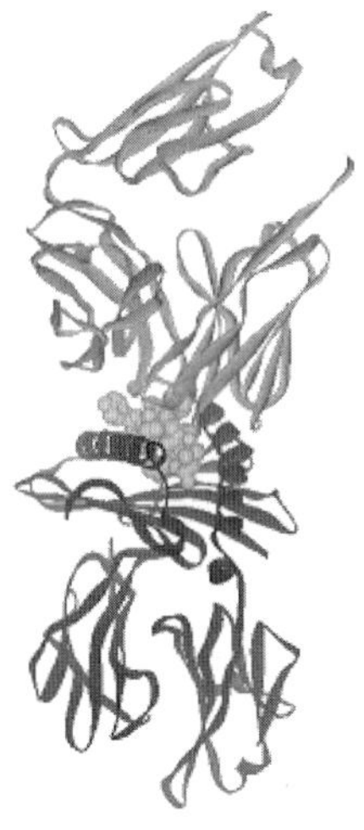

(e)ペプチド認識 (class I MHC/T cell receptor, 1ao7)

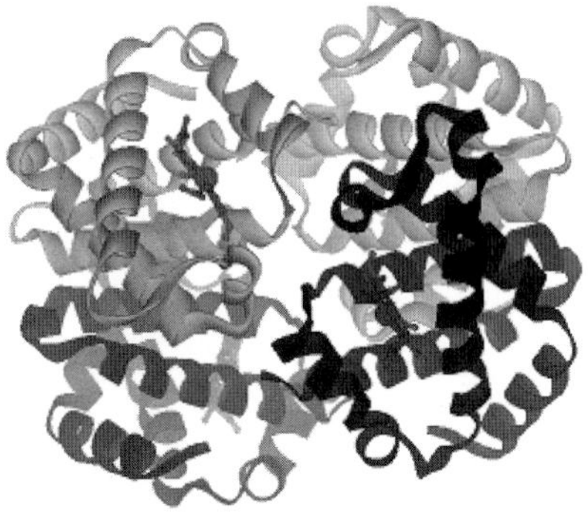

(f)タンパク質多量体
(hemoglobin, 1a3n)

図 8.1　タンパク質相互作用時の複合体立体構造

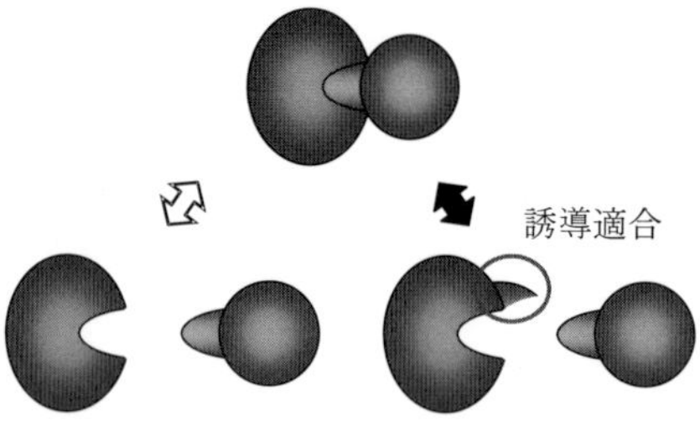

図 8.2　結合状態と非結合状態のタンパク質の構造

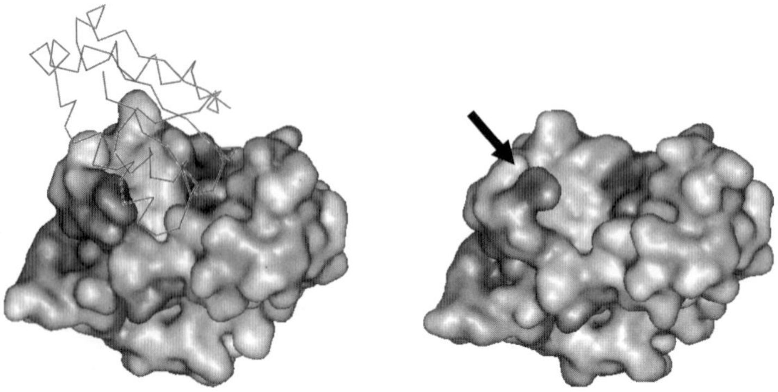

(a)バルナーゼ（表面表示）とバルスター（線表示）複合体 (1brs)　(b) バルナーゼ（表面表示）(1a2p)

図 8.3　立体障害のもととなる側鎖アミノ酸残基

物のコンピュータスクリーニングおよび最適化のために実用化されてきた．一方，タンパク質-タンパク質解析用のソフトウェアは現在計算手法の研究が行われており，今後大きな技術的進展が期待される．以下に代表的なソフトウェアを示す．

タンパク質-低分子解析ソフトウェア：

GOLD, DOCK, AutoDock, ADAM&EVE, FlexX, FlexiDock, Affinity, MOE-Dock, ICM-Docking など

タンパク質-タンパク質解析ソフトウェア：

GRAMM, PUZZLE, ESCHER, FTDOCK, GA-TA, BiGGER, HEX, DRAWIN, DOT, ZDOCK, GAPDOCK, SOFTDOCK, 3D-DOCK, MIAX, PPD など

これらのソフトウェアはインターネットを経由してダウンロードできるものが多い．**図 8.4**, **8.5** にホームページのトップページを紹介する．無償でダウンロードできるソフトウェアであっても，ライセンスに関する契約書を必要とすることがある．

8.1.4　解析手法

(1)　タンパク質-低分子解析とタンパク質-タンパク質解析の違い

タンパク質相互作用解析は相手の分子が低分子なのか高分子なのかで解析手法に大きな違いがある．

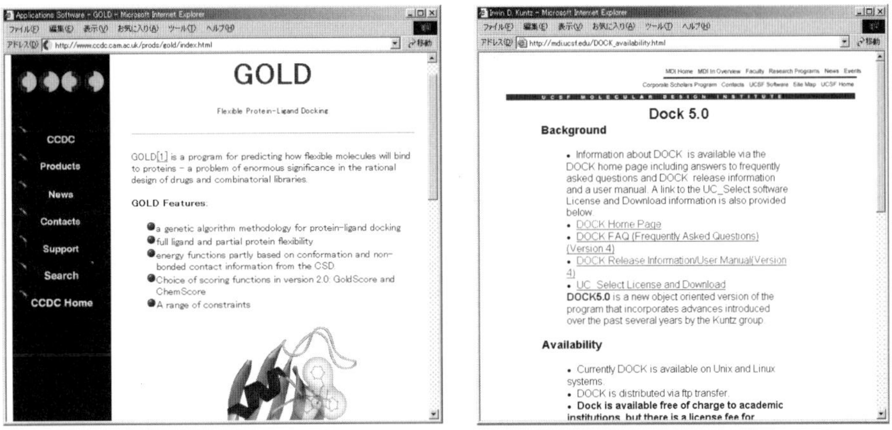

(a) GOLD　　　　(b) DOCK

図 8.4　タンパク質-低分子解析ソフトウェアを紹介するホームページ

・タンパク質-タンパク質のドッキングとタンパク質-低分子のドッキングでは，相互作用の物理的な原理は同じはずだが，現実的な解析を行うため，計算アルゴリズムが異なる．
・タンパク質-タンパク質のドッキングでは単一コンフォメーションによるマッチングを行ってもうまくいくが，タンパク質-低分子のドッキングではうまくいかない（分子自由度の影響が低分子ほど大きい）．
・タンパク質-タンパク質のドッキングでは表面形状の相補性に重きが置かれているが，タンパク質-低分子のドッキングでは静電的な相互作用が支配的である（相対的な重要性）．
・タンパク質-低分子のドッキングでは活性部位内の水分子を考慮する必要がある（水素結合の重要性）．

(2)　タンパク質-低分子相互作用の解析手法

a) タンパク質モデリング

タンパク質のモデルには以下に示す表現が用いられる．
・タンパク質を表現する方法の基本は原子球による表現である．
・タンパク質表面を表現する方法はコノリー表面である．コノリー表面は表面原子のファンデルワールス表面上に接触するプローブ球（水分子であることが多い）の中心を結んだ表面で表現される．

原子で表現されたタンパク質モデルは主にエネルギー計算に用いられ，コノリー表面で表現されたものは主に形状マッチングに用いられる（**図 8.6**）．

b) 低分子モデリング

低分子のモデルには原子球による表現が多く用いられる．低分子はドッキングの際，多くのコンフォメーションを試行する必要があるため，計算時間がかかる．そこで，以下のような手法が開発されている．
・低分子をいくつかのフラグメントに分けてタンパク質に結合し，結合したフラグメントを再結合

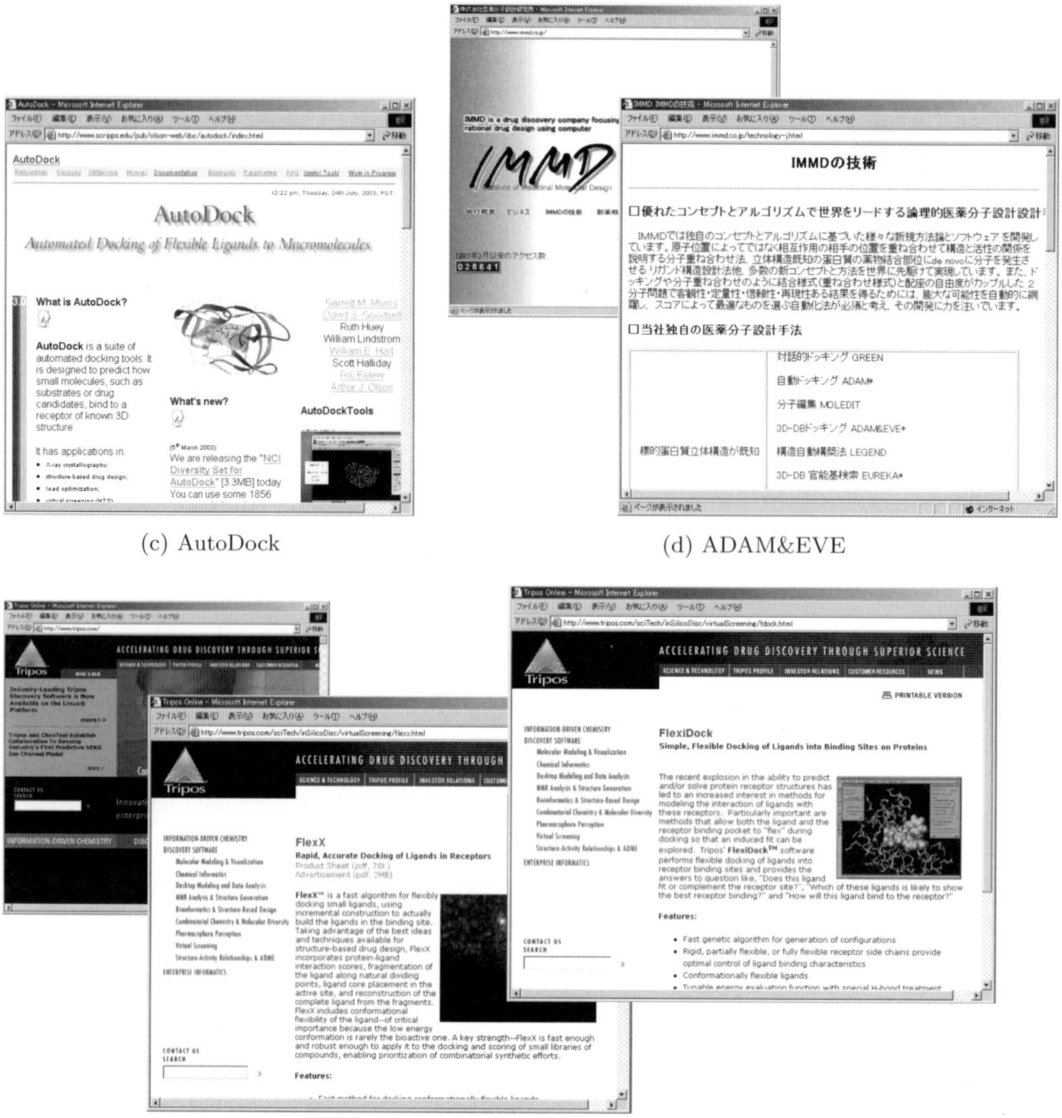

(c) AutoDock　(d) ADAM&EVE

(e) FlexX　(f) FlexiDock

図 8.4（続き）

しながら元の分子として最適なものを選ぶ（**図 8.7**, Mirankar *et al.* [24]).

・あらかじめエネルギーの低い低分子構造のデータベースを用意し，これをタンパク質に結合させ結合状態のコンフォメーションで最適なものを選ぶ (FlexX [13-15]).

・遺伝的アルゴリズム (Genetic Algorithms, GA) でエネルギーの低い構造を探索しながら最適構造を探す（GOLD, AutoDock など [1-3, 8-10]).

c) 分子フレキシビリティ

分子内部の自由度は以下に示す 3 つのモデルが開発されている．剛体モデルは，近似が最も粗い

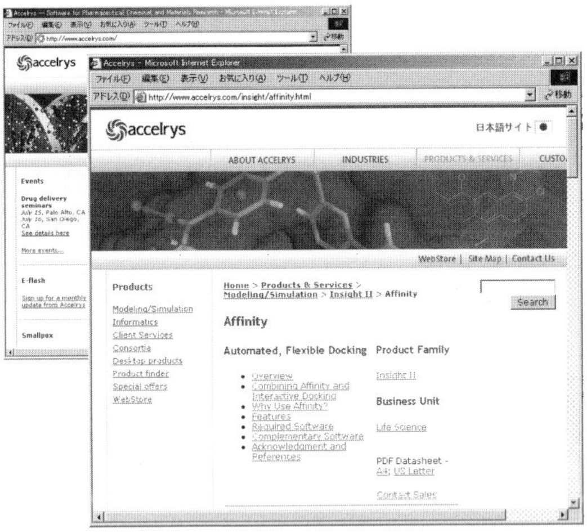

(g) Affinity

(h) MOE-Dock

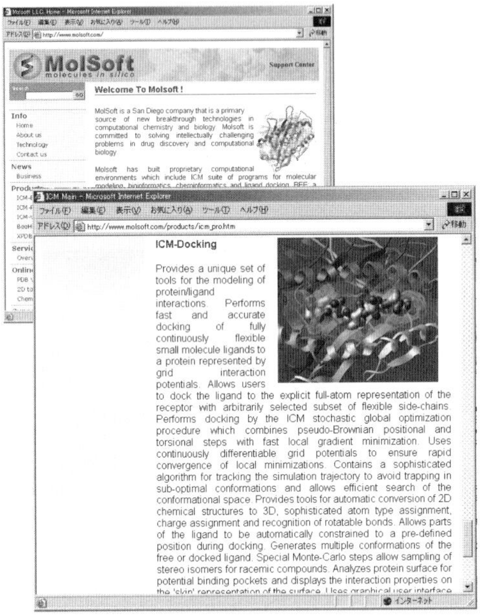

(i) ICM-Docking

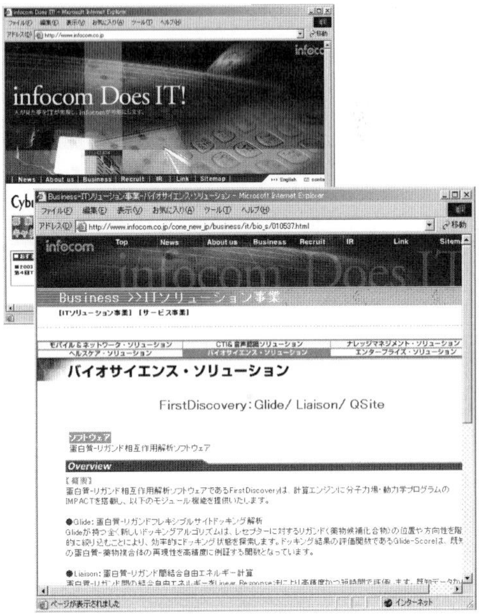

(j) Glide

図 8.4（続き）

が計算速度は速く，自由モデルはその逆である．

・剛体モデル (rigid body)：タンパク質，低分子ともに硬い表面モデルで表す．分子内の結合長，結合角はまったく考慮しない．表面形状はソフトポテンシャルの導入により柔軟性をもたせることがある．

・半自由モデル (semi-flexible)：タンパク質を硬い表面モデルで，低分子内の結合長，結合角は動きの自由なモデルで表現する．

・自由モデル (flexible)：タンパク質と低分子の両方を自由なモデルで表現する．

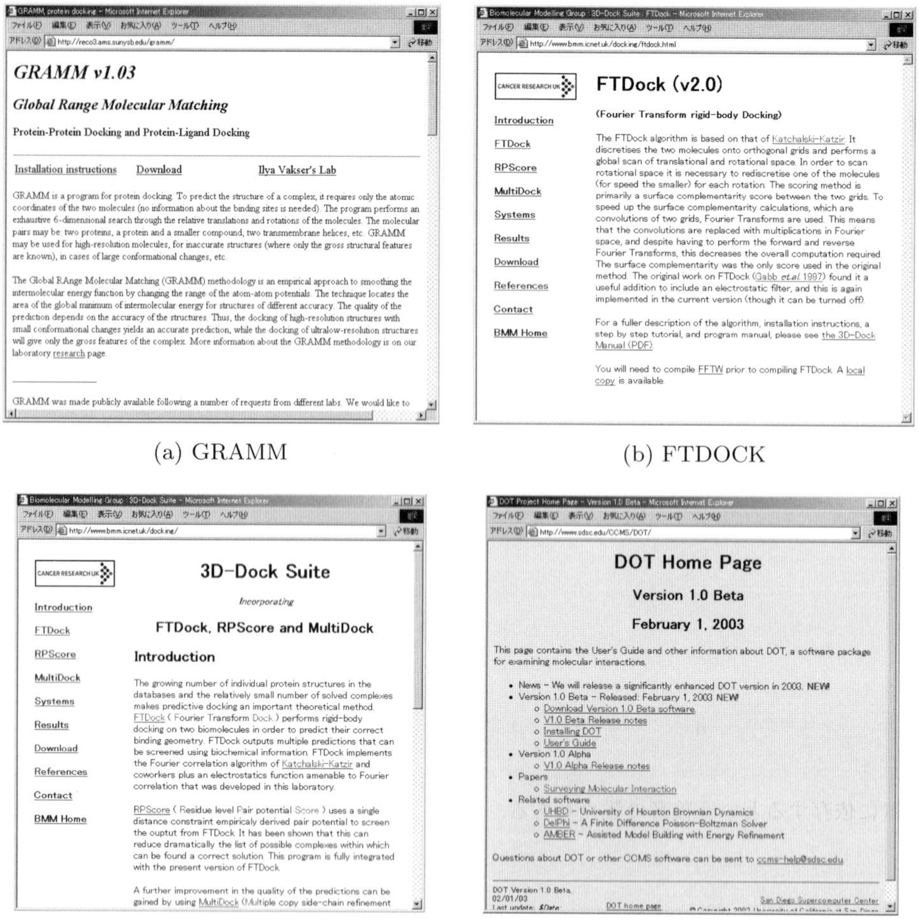

(a) GRAMM　(b) FTDOCK　(c) 3D-DOCK　(d) DOT

図 8.5　タンパク質-タンパク質解析ソフトウェアを紹介するホームページ

d) タンパク質フレキシブルモデル

巨大分子であるタンパク質の自由度を低分子と同じように扱うことは，現在のコンピュータパワーでは不可能である．タンパク質の活性の変化が活性部位から離れた位置の変位からも引き起こされることから，タンパク質のフレキシビリティを結合部位に限定して解析することはあまりよい近似とはいえない．現在利用できるタンパク質立体構造情報の中には，同一のタンパク質について複数の構造が決定されているものがある．これらの構造を用いてタンパク質のフレキシビリティを表現する試みがある．

・多数のコンフォーマーのすべてにドッキングさせるのではなく，アンサンブルを作成しそのモデルに対しドッキングを試みる（**図 8.8**）.
・アンサンブル作成には複数の結晶構造，複数の NMR コンフォーマー，分子動力学 (MD) シミュレーションのデータを用いる．
・HIV-1 プロテアーゼ，ジヒドロ葉酸レダクターゼ，リボヌクレアーゼ H1 などの例がある (DOCK, FLOG, FlexE, MC, CG など [4-6, 27]).

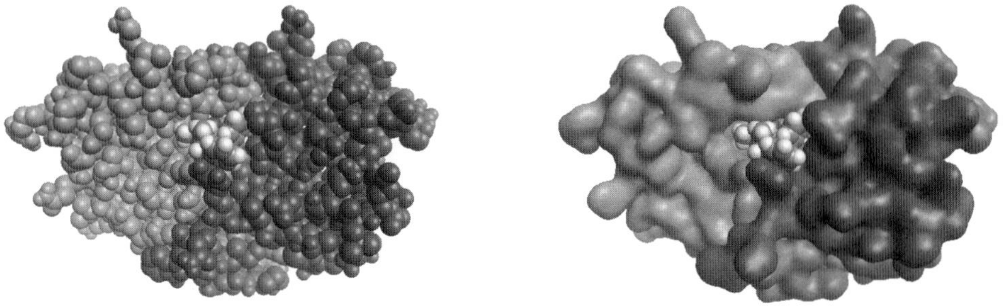

図 8.6　原子表示のタンパク質とコノリー表面

e) 探索マッチング

探索方法には大きく分けて 2 つのアプローチがある．

・全探索空間を網羅的に探索する．計算を高速にするために格子上に限って探索するものもある．

・探索空間を最適なほうへ徐々に移動しながら探索する．モンテカルロ法 (Monte Carlo, MC)，分子動力学法 (Molecular dynamics, MD)，遺伝的アルゴリズム (Genetic Algorithms, GA) などが使われる．

分子間の相対的並進と相対的角度の合計六次元の空間と低分子のコンフォメーション空間という広い空間を探索することになるため，計算時間の関係から後者の手法のほうが有利である．しかし，初期位置に依存するという後者の難点もある．

f) スコアリング

相互作用する六次元の空間内で大きく離れたり接近しすぎて融合している位置関係を除いた非常に多くの候補から最適な位置関係を選び出すために，それぞれの構造をもとに様々なスコアを計算し順位づけを行う．スコアには以下に示す量が用いられることが多い．

・接触表面形状スコア：タンパク質表面と低分子モデルとの接触面積の大きさをスコアにする．

・静電ポテンシャルスコア：一般的な分子シミュレーションに用いられる静電的ポテンシャルエネルギーの値をスコアにする．

・結合エネルギースコア：2 分子の結合状態と非結合状態のエネルギー差から結合に要するエネルギーを求めスコアとする．

・自由エネルギースコア：結合エネルギーに加え，結合することにより減少する結合部位のエントロピー変化を考慮したスコアを求める．

(3)　タンパク質-タンパク質相互作用の解析手法

a) タンパク質モデリング

タンパク質のモデルには以下に示す表現が用いられる．

・タンパク質（あるいはリガンド）の表面を表現する方法の基本は表面に露出した原子による表現である．しかしこの表現方法はポテンシャル関数を用いた予測結果のランキングにしか用いられない．

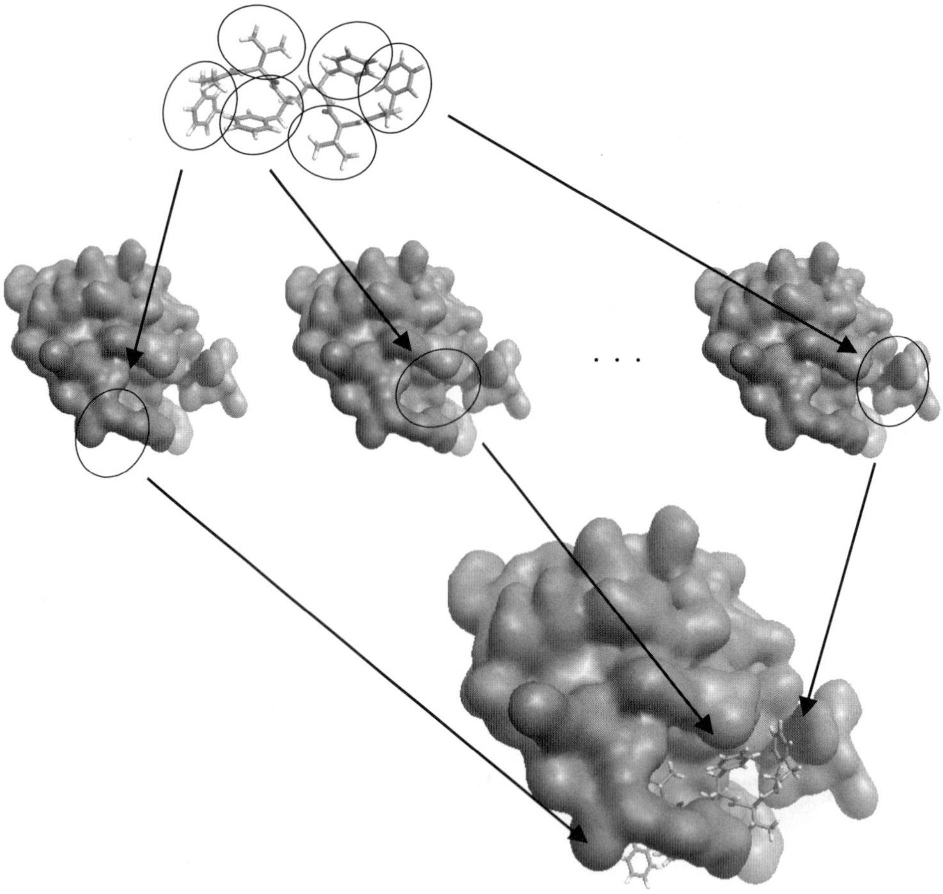

図 8.7　分子フラグメント分割による低分子ドッキング

・頻繁に使用される表面の表現方法はコノリー表面である．タンパク質-低分子の解析と同様，原子で表現されたタンパク質モデルは主にエネルギー計算に用いられ，コノリー表面で表現されたものは主に形状マッチングに用いられる．

b) タンパク質表面モデル

タンパク質表面のモデルはコノリー表面のまま計算に使われることは少なく，さらに粗く近似されて用いられることが多い．これをタンパク質の粗視化と呼んでいる．粗視化のための手法には以下のものが知られている．

・Bit Mapping：コノリー表面を格子状の空間内に置き，表面の内部と外部をデジタル化する方法（**図 8.9**）．以下で説明するマッチングを高速化するための手法であるフーリエ変換法も一度タンパク質をデジタル化してから処理することが多い（BiGGER など [39]）．
・ESCHER：コノリー表面を 1.5 Å 間隔で輪切りにした多角形を用いる (ESCHER[35]) (**図 8.10**)．
・球面調和関数フィッティング：ビットマップによる表面形状を球面調和関数の級数展開で近似する方法 (HEX[40])．

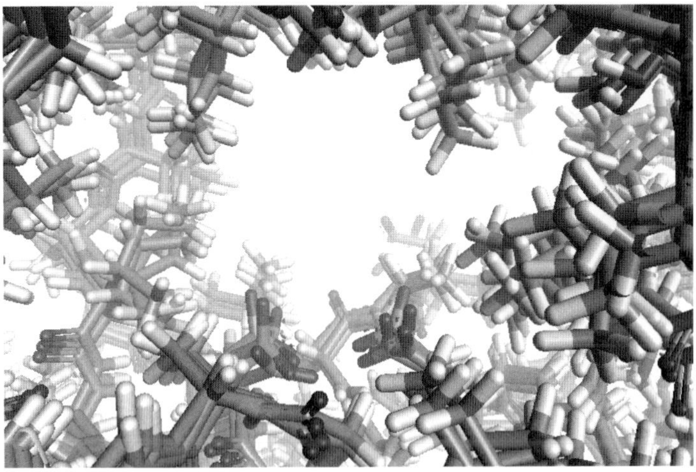

図 8.8　タンパク質コンフォーマーモデル

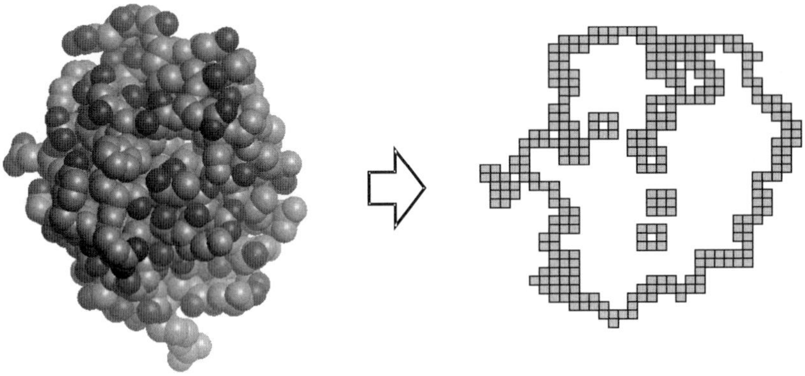

図 8.9　Bit Mapping によるタンパク質の表現（断面表示）

c) タンパク質フレキシブルモデル

タンパク質-タンパク質のドッキングでは，自由度が非常に大きくすべてのコンフォメーション探索ができないことから，剛体モデルが用いられることが多い．剛体モデルのドッキングの多くは結合部位に関する高速の探索に用いられる．

結合部位の探索においてもタンパク質のフレキシビリティをある程度考慮した方法がある．

- 側鎖フレキシブルモデル：Bit Mapping によりデジタル化されたタンパク質モデルに，統計的にフレキシブルなアミノ酸残基の情報を加味する方法（**図 8.11**，BiGGER[39]）．
- ヒンジベンディング：タンパク質のドメイン単位のコンフォメーション変化を考慮したドッキング手法（**図 8.12**）．結合部位，ヒンジ部分が既知である必要がある．ヒンジ以外のタンパク質部分は剛体モデルで扱う (Sandak *et al.* [28])．

d) 探索マッチング

分子間の相対的並進と相対的角度の合計六次元の空間を探索する．空間探索方法には大きく分け

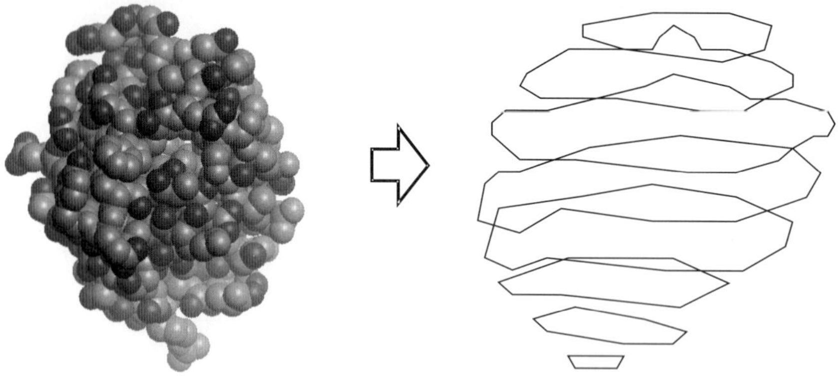

図 8.10　多角形によるタンパク質の表現

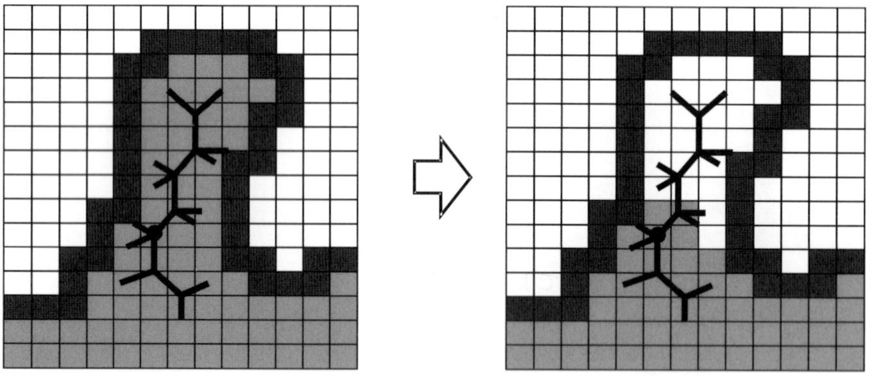

図 8.11　Bit Mapping における側鎖フレキシブルモデル

て 3 つのアプローチがある．

・全探索空間を網羅的に探索する．この方法には，計算の高速化を考えた次の計算手法が用いられることが多い．

高速フーリエ変換：タンパク質に対し三次元のフーリエ変換を行い，網羅的なマッチングを行う (GRAMM，DOT，FTDOCK，3D-Dock[32,33,42,43,36,37,45,46])．

球面調和関数展開してフーリエ変換：球面調和関数を用いてタンパク質表面を展開した後三次元の高速フーリエ変換を行い，網羅的なマッチングを高速化した方法 (HEX[40])．

・探索しながら最適な空間を探す方法．

BiGGER：タンパク質表面を実空間内でマッチングさせるが，独自の方法でマッチング回数を減らした方法．探索空間を限定することで高速化を実現する (BiGGER[39])．

最適化探索：探索空間を最適なほうへ徐々に移動しながら探索する．MC，MD，GA などが使われる (DARWIN[41])．

・何らかの方法であらかじめ探索空間を限定する方法．

Geometric Hashing-based matching：あらかじめ表面の形状解析を行い，結合部位を粗く推

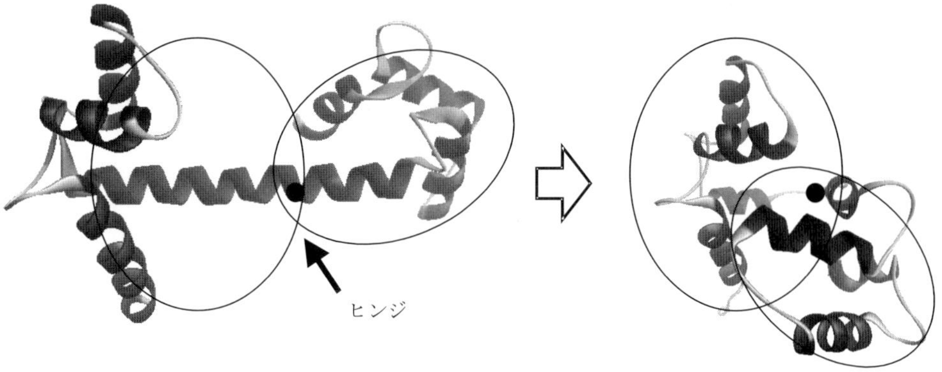

図 8.12　ヒンジ・ベンディングモデル

測することで探索空間を限定する (PPD[50,51]).

e) スコアリング

粗視化モデルによる解析の価値は正解を含む少ない複合体構造候補をいかに速く見出すことができるかにある．そこで，六次元の探索空間の中から得られた数千，数万の候補から正解の構造を逃さないようにふるいにかけるためのスコアリングは計算手法の中でも重要なアルゴリズムである．以下にタンパク質-タンパク質の解析でよく用いられているスコアを示す．

・接触表面スコア：粗視化モデルの接触面積を求めその値をスコアとする．また，多角形で近似されたモデルの多角形の頂点間距離をスコアにする方法もある．

・疎水性接触表面スコア：タンパク質-タンパク質相互作用の主要な結合様式の 1 つである疎水性相互作用の大きさを疎水性アミノ酸残基による接触表面積の値を用いて表す．

・ポテンシャルスコア：探索によって得られた構造を原子モデルに戻し，原子間に働く力に基づくエネルギーを計算してスコアとする．剛体モデルであるため大きな立体障害を含んでおり，厳密なエネルギーを求めて順位づけを行うことには意味がない．

・アミノ酸残基接触頻度スコア：複合体の結合部位に現れるアミノ酸残基の接触を統計的に処理し，出現頻度を数値化したもの．

f) 構造緩和

コンフォメーション変化の空間が低分子に比べ非常に大きいことから，粗視化したモデルを用いた粗い探索により数千から数万の構造候補からスコアの高いものを抽出した後，側鎖などの立体構造障害を除くため構造緩和と再スコアリングを行うことが多い．ここでは，通常の分子シミュレーションの手法が用いられる．

・AMBER，CHARMM ポテンシャルによるエネルギー極小化構造緩和

・接触エネルギー，自由エネルギー計算による再スコアリング

g) 計算手法ごとの相対的計算速度

タンパク質-タンパク質の構造解析においては，実用化を目指して解析精度と計算時間短縮が追及されている．これまでは解析精度にかかわる計算手法について解説してきたが，**表 8.1** に解析手法

表 8.1　モデリング，マッチング手法と計算速度

マッチング手法	計算時間単位	ソフトウェア
高速フーリエ変換 (FFT)	日	GRAMM，DOT，FTDOCK，3D-Dock
球面調和関数展開して FFT	時間	HEX
BiGGER	時間	BiGGER
Geometric Hashing	分	PPD

ごとの計算時間の比較を示す．

(4)　タンパク質-タンパク質相互作用解析の実例

タンパク質-タンパク質の解析におけるもう 1 つの課題である計算精度については以下のような状況である．相互作用解析予測においては，複合体を形成するそれぞれの立体構造が別々に決定されたものどうしをドッキングさせることが要求される．しかし，このドッキングが根二乗平均 (RMSD) で数 Å 以内の精度で実行できるようになったのは今世紀に入ってからである．これは，冒頭で説明したタンパク質相互作用解析の課題によるものである．複合体の状態で立体構造が決定されたものの再ドッキングと別々に立体構造が決定されたもののドッキングについて，複数のタンパク質複合体，複数のソフトウェアを用いて解析された結果の一覧を**表 8.2**，**8.3** に示す．

この数年のうちに，タンパク質相互作用の解析予測技術がさらに発展し，ゲノム情報，遺伝子予測，立体構造予測などの技術と融合することにより，コンピュータ上でタンパク質相互作用マップを予測できるようになるものと期待している．

表 8.2　ソフトウェアごとの対応表（結合構造の再ドッキング）

Complex structures				Docking methods		
PDB	Receptor name	Ligand name	Res.	Nussinov	FTDOCK	BiGGER
Protease-inhibitor						
1ca0(ABC, D)	Chymotrypsin	APPI	2.10	—	—	—
1cbw(ABC, D)	Chymotrypsin	BPTI	2.60	—	—	—
1acb(E, I)	α-chymotrypsin	Eglin C	2.00	1/1121 (0.9)	—	18/1000 (0.6)
1cho(E, I)	α-chymotrypsin	OMTKY	1.80	1/471 (0.5)	40/218 (0.8)	—
1ppf(E, I)	Elastase	OMTKY	1.80	—	—	—
2kai(AB, I)	Kallikrein A	BPTI	2.50	11/1227 (1.2)	38/502 (0.4)	—
2sni(E, I)	Subtilisin novo	Chymotrypsin inh. 2	2.10	1/1367 (1.1)	8/54 (0.6)	—
2sic(E, I)	Subtilisin novo	SSI	1.80	1/1229 (1.1)	22/30 (0.8)	2/1000 (3.8)
1cse(E, I)	Subtilisin carlsberg	Eglin C	1.20	2/1024 (1.3)	—	—
2tec(E, I)	Thermitase	Eglin C	1.98	1/1042 (1.2)	—	77/1000 (3.6)
1taw(A, B)	β-trypsin	APPI	1.80	—	—	—
2ptc(E, I)	β-trypsin	BPTI	1.90	1/1027 (0.6)	91/513 (0.7)	—
3tgi(E, I)	Trypsin	BPTI	1.80	—	—	—
1brc(E, I)	Trypsin	APPI	2.50	—	—	—
Enzyme-inhibitor						
1fss(A, B)	Acetylcholinesterase	Fasciculin 2	3.00	—	—	—
1bvn(P, T)	α-amylase	α-amylase inh.	2.50	—	—	—
1brs(A, D)	Barnase	Barstar	2.00	—	—	—
1bgs(A, E)	Barnase	Barstar	2.60	—	—	—
1ay7(A, B)	Guanyloribonuclease	Barstar	1.70	—	—	—
1ugh(E, I)	Uracil-DNA glycosylase	Uracil glycosylase inh.	1.90	—	—	—
Electron transport (With HEM)						
2pcb(A, B)	Cytochrome C peroxidase	Cytochrome C	2.80	—	—	—
2pcf(B, A)	Cytochrome F	Plastocyanin	NMR	—	—	—
Antibody-antigen						
1mlc(AB, E)	Fab	Lysozyme	2.10	—	2/507 (0.8)	—
1vfb(AB, C)	Fv	Lysozyme	1.80	20/2181 (1.5)	240/631 (0.7)	—

APPI: Alzheimer's amyloid β-protein precursor
BPTI: Bovine pancreatic trypsin inhibitor
OMTKY: Ovomucoid third domain
SSI: Streptomyces subtilisin inhibitor

表 8.3　ソフトウェアごとの対応表（非結合構造のドッキング）

Unbound structures				Docking methods		
PDB	Res.	PDB	Res.	Nussinov	FTDOCK	BiGGER
Protease-inhibitor						
5cha(A)	1.67	1aap(A)	1.50	—	—	—
5cha(A)	1.67	1bpi	1.10	—	—	—
5cha(A)	1.67	1egl	NMR	—	—	—
5cha(A)	1.67	1omu	NMR	2/2289 (1.6)	11/86 (1.2)	6/1000 (2.9)
5cha(A)	1.67	2ovo	1.50	—	—	—
1ppg(E)	2.30	2ovo	1.50	—	—	—
2pka(AB)	2.50	1bpi	1.10	9/4222 (1.2)	130/364 (1.5)	Not found
2pka(AB)	2.05	4pti	1.50	—	—	—
2st1	1.80	2ci2(I)	2.00	92/3582 (2.6)	8/26 (1.8)	16/1000 (1.3)
1sbc	2.50	2ci2(I)	2.00	—	—	—
2st1	1.80	3ssi	2.30	—	Not found	15/1000 (3.3)
1sbc	2.50	1egl	NMR	—	—	—
1thm	1.37	1egl	NMR	—	—	—
5ptp	1.34	1aap(A)	1.50	—	—	—
5ptp	1.34	1bpi	1.10	1/3453 (1.2)	16/229 (1.5)	52/1000 (2.7)
2ptn	1.55	4pti	1.50	—	—	—
1ane	2.20	1bpi	1.10	—	—	—
1bra	2.20	1aap(A)	1.50	—	—	—
Enzyme-inhibitor						
2ace	2.50	1fsc	2.00	—	—	11/1000 (3.2)
1pif	2.30	2ait	NMR	—	—	—
1bao(A)	2.20	1bta	NMR	—	—	—
1a2p(A)	1.50	1a19(A)	2.76	—	—	35/1000 (1.9)
1rge(A)	1.15	1a19(A)	2.76	—	—	—
1akz	1.57	2ugi(A)	2.20	—	—	—
Electron transport (With HEM)						
1ccp	2.20	1hrc	1.90	—	—	18/1000 (2.4)
1ctm	2.30	1ag6	1.70	—	—	—
Antibody-antigen						
1mlb(AB)	2.10	1lza	1.60	—	41/590 (1.2)	Not found
1vfa(AB)	1.80	1lza	1.60	—	176/707 (2.1)	Not found

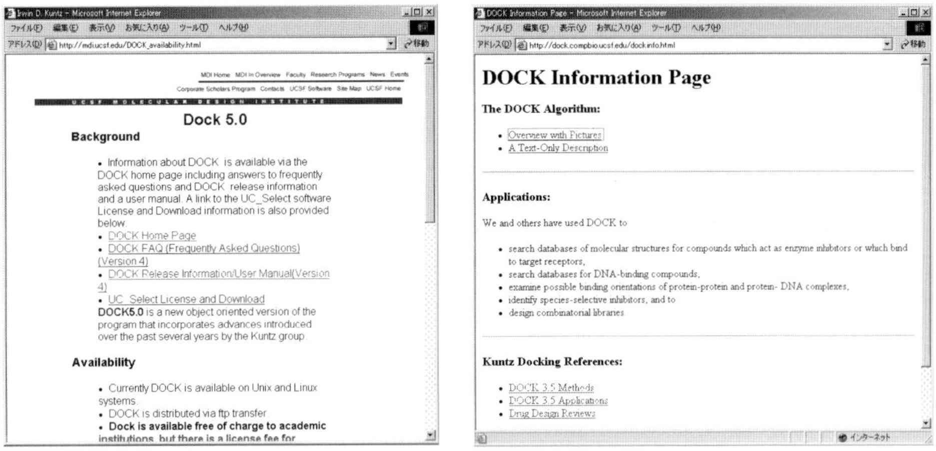

図 8.13

8.2 実　習

8.2.1 Web経由でのソフトウェアの取得（DOCKの場合）

(1) ホームページにアクセス

Web ブラウザを用いて，ソフトウェアを紹介しているホームページにアクセスする（**図 8.13**）．

URL　http://mdi.ucsf.edu/DOCK_availability.html

(2) ライセンス許諾について

ソフトウェアの有償，無償にかかわらず，使用する際にはライセンス契約を要するものが多い（**図 8.14**）．アカデミックユーザに対しては，ソースコードで提供されるものもある．商用ユーザに対しては，開発者側と利用の目的，形体などを直接交渉することになる．

(3) ソフトウェアダウンロード

ライセンス契約が成立すると開発者側からダウンロード方法が通知されるので，その手順に沿ってソフトウェアをダウンロードする．

(4) マニュアルダウンロード

ソフトウェアの紹介サイトにはマニュアルが整備されている．ライセンス契約の有無に関わらず閲覧可能なことが多い（**図 8.15**）．解析の詳細な手法が記述されているので参考にするとよい．

(5) インストール

開発者側から通知のあった文書またはマニュアルに沿ってソフトウェアをインストールする．

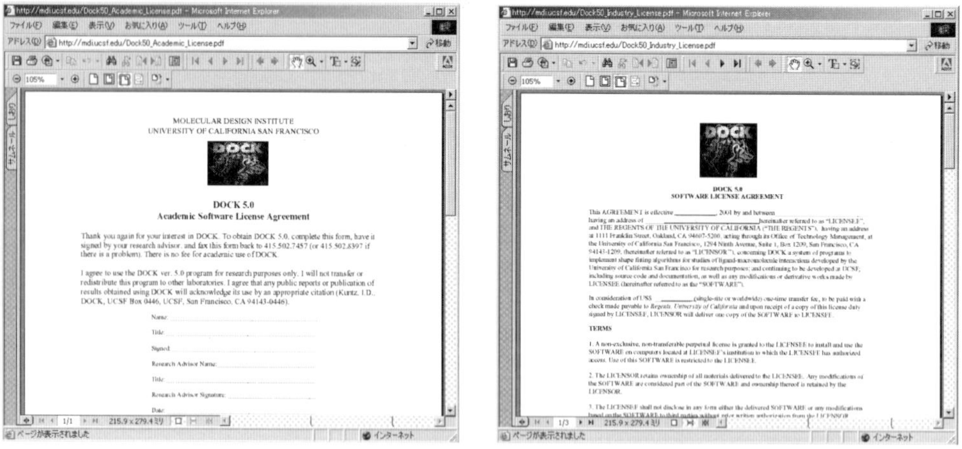

(a) アカデミックユーザ向けライセンス許諾申請書　(b) 商用ユーザ向けライセンス許諾申請書

図 8.14

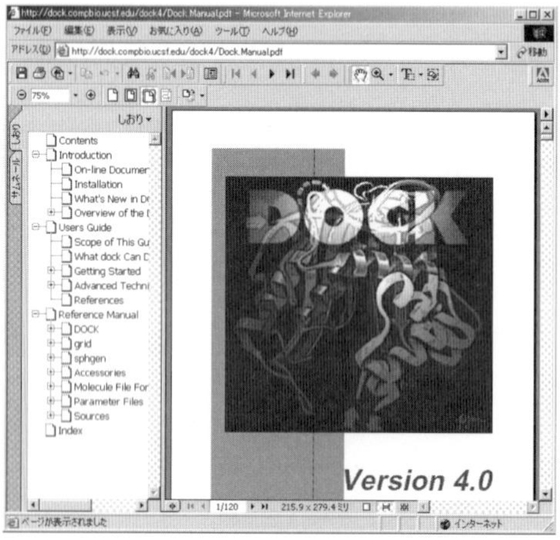

図 8.15

8.2.2 タンパク質-タンパク質相互作用の解析予測（GreenPepper 使用手順）

タンパク質-タンパク質複合体構造予測ソフトウェア GreenPepper は，2 つのタンパク質立体構造を PDB ファイル形式で指定すると，タンパク質表面の接触面積の大きいものが優位になるように順位づけを行い，入力したタンパク質の相対的な位置・配向の形式で多数のタンパク質複合体の候補を出力する（**図 8.16**）．ユーザはこれらの候補の中から必要な数だけ選択し，予測複合体立体構造の座標を求める．

本書添付 CD-ROM には，ソフトウェア GreenPepper，インストール動作確認手順書が付随している．以下に PDBcode:1bgs を例に使用手順を示す．

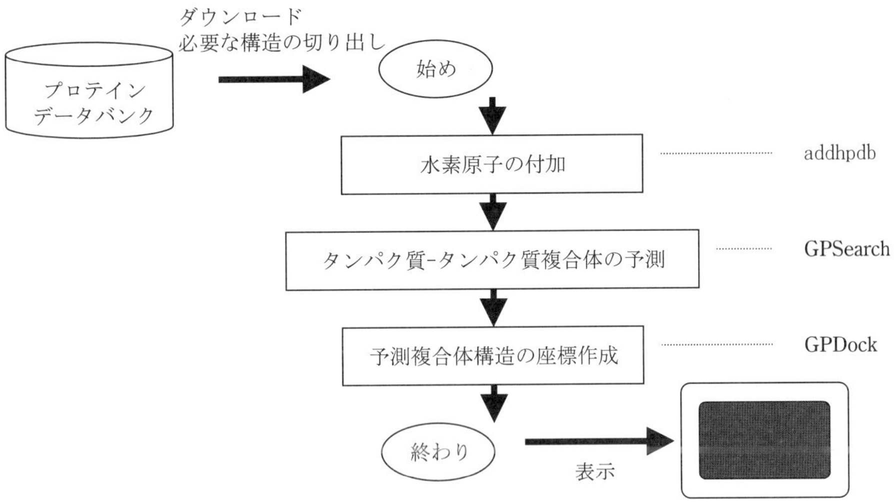

図 8.16　タンパク質複合体構造予測の流れ

(1)　水素原子の付加

タンパク質立体構造はX線結晶構造解析やNMRなどの手法で決定される．PDBファイルでは，NMRで決定された立体構造には水素原子を含めた座標が登録されているが，X線結晶構造解析から決定された立体構造には水素原子の座標が含まれていない．そこで，水素原子付加プログラム addhpdb を使用してPDBファイルに水素原子を追加する．

まず，PDBファイルである1bgsをダウンロードする．このオリジナルのPDBファイル(1bgs)からたとえばチェインA(Barnase)とE(Barster)を切り出し，これらのPDBファイルを1bgs_A.pdb，1bgs_E.pdbとする．以下の操作により水素原子が追加されたPDBファイル（1bgs_A-H.pdbと1bgs_E-H.pdb）ができる．

```
% addhpdb 1bgs_A.pdb > 1bgs_A-H.pdb
% addhpdb 1bgs_E.pdb > 1bgs_E-H.pdb
```

(2)　タンパク質-タンパク質複合体予測

入力データとして水素原子が付加された2つのPDBファイルを用意し，GreenPepperの主要プログラムであるGPSearchを起動する．GPSearchから以下のデータが要求されるので，対話的に入力していく．

```
% GPSearch
Input file name of molecule A: 1bgs_E-H.pdb ← タンパク質 A の PDB ファイル名
file name: 1bgs_E-H.pdb
chain names: E
Input chain name in the file: E ← タンパク質 A のチェイン ID
chain name: E
Input file name of molecule B: 1bgs_A-H.pdb ← タンパク質 B の PDB ファイル名
file name: 1bgs_A-H.pdb
chain names: A
Input chain name in the file: A ← タンパク質 B のチェイン ID
chain name: A
```

```
read files
file name: 1bgs_E-H.pdb
chain name: E
No.of Atoms 1438
(min,max)=(-25.404,3.93) (-5.23,24.371) (-13.788,22.22)
center of mol=(-10.737,9.5705,4.216)
file name: 1bgs_A-H.pdb
chain name: A
No.of Atoms 1725
(min,max)=(-24.843,4.129) (-2.903,43.262) (7.276,45.422)
center of mol=(-10.357,20.1795,26.349)
Input output file name: result.out ←結果の出力ファイル名
file name: result.out
Input rotation step(int): 30 ←回転角の刻み（度）
rotation step 30
Input translation step(int): 1 ←並進の刻み（Å）
translation step 1
Input flexible level(1, 21, 22, 23): 1 ←タンパク質側鎖アミノ酸のフレキシビリティオプション
flexible level 1
3D matrix making for protein shape
3D surface matrix making
step 1
(min,max)=(-24.843,4.129) (-2.903,43.262) (7.276,45.422)
center of mol=(-10.357,20.1795,26.349)
3D matrix making for protein shape
3D surface matrix making
```

(3) 予測複合体構造の座標作成

GPSearch の結果から予測複合体構造の座標を生成する．予測結果ファイルの中身を以下に示す．

```
angle 0 0 0 trans -0.561 -0.327 -0.064 score 0 0 651 651
angle 0 0 0 trans 0.439 -0.327 -0.064 score 0 0 648 648
angle 0 0 0 trans -0.561 0.673 -0.064 score 0 0 594 594
                    :
                    :
```

予測複合体構造の生成はプログラム GPDock を使用する．この処理は，1つの候補に対して一度行う．GPDock の終了方法は [Ctrl]+[C] である．

```
% GPDock
Input file name of molecule A: 1bgs_E-H.pdb
file name: 1bgs_E-H.pdb
chain names: E
Input chain name in the file: E
chain name: E
Input file name of molecule B: 1bgs_A-H.pdb
file name: 1bgs_A-H.pdb
chain names: A
Input chain name in the file: A
chain name: A
read files
file name: 1bgs_E-H.pdb
chain name: E
No.of Atoms 1438
(min,max)=(-25.404,3.93) (-5.23,24.371) (-13.788,22.22)
```

```
center of mol=(-10.737,9.5705,4.216)
file name: 1bgs_A-H.pdb
chain name: A
No.of Atoms 1725
(min,max)=(-24.843,4.129) (-2.903,43.262) (7.276,45.422)
center of mol=(-10.357,20.1795,26.349)
Input rotation angle for molecule B
     around x axis: 0
     around y axis: 0 ←予測結果ファイルの angle データを入力
     around z axis: 0
Input transfer vector for molecule B
     x direction: -0.561
     y direction: -0.327 ←予測結果ファイルの trans データを入力
     z direction: -0.064
(min,max)=(-24.843,4.129) (-2.903,43.262) (7.276,45.422)
center of mol=(-10.357,20.1795,26.349)
transfer (x,y,z)= -0.561 -0.327 -0.064
(min,max)=(-25.404,3.568) (-3.23,42.935) (7.212,45.358)
center of mol=(-10.918,19.8525,26.285)
Output file name for complex molecules : complex1.pdb
Input rotation angle for molecule B
     around x axis:
```

(4) 予測複合体構造の描画

各候補に対して必要な回数だけ GPDock を実行したら，複合体構造を描写して確認する．また，複合体構造が既知の場合は，適当なツールを用いて原子位置の根二乗平均（R.M.S.D, root mean square deviations）を計算することで予測精度を確認することができる．

【謝 辞】本章の執筆にあたり挿絵ならびに実習用 GreenPepper ソフトウェアの作成のために株式会社中電シーティアイの石田裕一さんにご協力をいただいた．ここに感謝の意を表したい．また，GreenPepper は，株式会社中電シーティーアイと郷通子教授が共同開発したプロトタイプに，中部経済産業局「地域新生コンソーシアム研究開発事業」から委託を受け実用化したソフトウェア GreenPepper03 をベースにしている．

文 献

タンパク質-低分子解析ソフトウェアについて：

GOLD (Cambridge Crystallographic Data Center)

[1] http://www.ccdc.cam.ac.uk/products/life_sciences/gold/

[2] Jones, G., Willett, P., Glen, R.C., Leach, A.R. and Taylor, R. "Development and validation of a genetic algorithm for flexible docking" *J. Mol. Biol.*, **267**: 727–748 (1997)

[3] Nissink, J.W., Murray, C., Hartshorn, M., Verdonk, M.L., Cole, J.C. and Taylor, R. "A new test set for validating predictions of protein-ligand interaction" *Proteins*, **49**: 457–471 (2002)

DOCK

[4] http://mdi.ucsf.edu/DOCK_availability.html

[5] Kuntz, I.D., Blaney, J.M., Oatley, S.J., Langridge, R. and Ferrin, T.E. "A geometric approach to macromolecule-ligand interactions" *J. Mol. Biol.*, **161**: 269–288 (1982)

[6] Kuntz, I.D. "Structure-based strategies for drug design and discovery" *Science*, **257**: 1078–

1082 (1992)

[7] Ewing, T.J., Makino, S., Skillman, A.G. and Kuntz, I.D. "DOCK 4.0: search strategies for automated molecular docking of flexible molecule databases" *J. Comput.-Aided Mol. Design*, **15**: 411–428 (2001)

AutoDock

[8] http://www.scripps.edu/pub/olson-web/doc/autodock/index.html

[9] Goodsell, D.S., Morris, G.M. and Olson, A.J. "Automated docking of flexible ligands: applications of AutoDock" *J. Mol. Recognit.*, **9**: 1–5 (1996)

[10] Osterberg, F., Morris, G.M., Sanner, M.F., Olson, A.J. and Goodsell, D.S. "Automated docking to multiple target structures: incorporation of protein mobility and structural water heterogeneity in AutoDock" *Proteins*, **46**: 34–40 (2002)

ADAM&EVE（株式会社医薬分子設計研究所）

[11] http://www.immd.co.jp/

[12] Mizutani, M.Y., Tomioka, N. and Itai, A. "Rational automatic search method for stable docking models of protein and ligand" *J. Mol. Biol.*, **243**: 310–326 (1994)

FlexX：パッケージ SYBYL 内 (Tripos)

[13] http://www.tripos.com/

[14] Rarey, M., Kramer, B. and Lengauer, T. "Time-efficient docking of flexible ligands into active sites of proteins" *Proc. Int. Conf. Intell. Syst. Mol. Biol.*, **3**: 300–308 (1995)

[15] Hindle, S.A., Rarey, M., Buning, C. and Lengaue, T. "Flexible docking under pharmacophore type constraints" *J. Comput. Aided Mol. Des.*, **16**: 129–149 (2002)

FlexiDock：パッケージ SYBYL 内 (Tripos)

[16] http://www.tripos.com/

[17] Illapakurthy, A.C., Sabins, Y.A., Avery, B.A., Avery, M.A. and Wyandt, C.M. "Interaction of artemisinin and its related compounds with hydroxypropyl-beta-cyclodextrin in solution state: experimental and molecular-modeling studies" *J. Pharm. Sci.*, **92**: 649–655 (2003)

Affinity：パッケージ InsightII 内 (Accelrys)

[18] http://www.accelrys.com/

[19] Kurinov, I.V., Myers, D.E., Irvin, J.D. and Uckun, F.M. "X-ray crystallographic analysis of the structural basis for the interactions of pokeweed antiviral protein with its active site inhibitor and ribosomal RNA substrate analogs" *Protein Sci.*, **8**: 1765–1772 (1999)

[20] Read, M.A., Wood, A.A., Harrison, J.R., Gowan, S.M., Kelland, L.R., Dosanjh, H.S. and Neidle, S. "Molecular modeling studies on G-quadruplex complexes of telomerase inhibitors: structure-activity relationships" *J. Med. Chem.*, **42**: 4538–4546 (1999)

MOE-Dock：パッケージ MOE 内 (Chemical Computing Group)

[21] http://www.chemcomp.com/

ICM-Docking(molsoft)

[22] http://www.molsoft.com/

Glide(infocom)

[23] http://www.infocom.co.jp/

その他

[24] Miranker, A. and Karplus, M. "An automated method for dynamic ligand design" *Proteins*, **23**: 472–490 (1995)

[25] Sudbeck, E.A., Mao, C., Vig, R., Venkatachalam, T.K., Tuel-Ahlgren, L. and Uckun, F.M. "Structure-based design of novel dihydroalkoxybenzyloxopyrimidine derivatives as potent nonnucleoside inhibitors of the human immunodeficiency virus reverse transcriptase" *Antimicrob. Agents*

Chemother, **42**: 3225–3233 (1998)

[26] Broughton, H.B. "A method for including protein flexibility in protein-ligand docking: improving tools for database mining and virtual screening" *J. Mol. Graph. Model.*, **18**: 247–257, 302–304 (2000)

[27] Claussen, H., Buning, C., Rarey, M. and Lengauer, T. J. "FlexE: efficient molecular docking considering protein structure variations" *Mol. Biol.*, **308**: 377–395 (2001)

[28] Sandak, B., Nussinov, R. and Wolfson, H.J. "A method for biomolecular structural recognition and docking allowing conformational flexibility" *J. Comp. Biol.*, **5**: 631–654 (1998)

[29] Leach, A.R. "Ligand docking to proteins with discrete side-chain flexibility" *J. Mol. Biol.*, **235**: 345–356 (1994)

[30] Leach, A.R. and Lemon, A.P. "Exploring the conformational space of protein side chains using dead-end elimination and the A* algorithm" *Proteins*, **33**: 227–239 (1998)

[31] Schaffer, L. and Verkhiver, G.M. "Predicting structural effects in HIV-1 protease mutant complexes with flexible ligand docking and protein side-chain optimization" *Proteins*, **33**: 295–310 (1998).

タンパク質-タンパク質解析ソフトウェアについて：

GRAMM

[32] http://reco3.ams.sunysb.edu/gramm/

[33] Katchalski-Katzir, E., Shariv, I., Eisenstein, M., Friesem, A.A., Aflalo, C. and Vakser, I.A. "Molecular surface recognition: determination of geometric fit between proteins and their ligands by correlation techniques" *Proc. Natl. Acad. Sci. USA*, **89**: 2195–2199 (1992)

PUZZLE

[34] Helmer-Citterich, M. and Tramonotano, A. "PUZZLE: a new method for automated protein docking based on surface shape complementarity" *J. Mol. Biol.*, **235**: 1021–1031 (1994)

ESCHER

[35] Ausiello, G., Cesareni, G. and Helmer-Citterich, M. "ESCHER: a new docking procedure applied to the reconstruction of protein tertiary structure" *Proteins*, **28**: 556–567 (1997)

FTDOCK

[36] http://www.bmm.icnet.uk/docking/ftdock.html

[37] Jackson, R.M., Gabb, H.A. and Sternberg, M.J. "Rapid refinement of protein interfaces incorporating solvation: application to the docking problem" *J. Mol. Biol.*, **276**: 265–285 (1998)

GA-TA

[38] Hou, T., Wang, J., Chen, L. and Xu, X. "Automated docking of peptides and proteins by using a genetic algorithm combined with a tabu search" *Protein Eng.*, **12**: 639–648 (1999)

BiGGER

[39] Palma, P.N., Krippahl, L., Wampler, J.E. and Moura, J.J. "BiGGER: a new (soft) docking algorithm for predicting protein interactions" *Proteins*, **39**: 372–384 (2000)

HEX

[40] Ritchie, D.W. and Kemp, G.J. "Protein docking using spherical polar Fourier correlations" *Proteins*, **39**: 178–194 (2000)

DARWIN

[41] Taylor, J.S. and Burnett, R.M. "DARWIN: a program for docking flexible molecules" *Proteins*, **41**: 173–191 (2000)

DOT

[42] http://www.sdsc.edu/CCMS/DOT/

[43] Mandell, J.G., Roberts, V.A., Pique, M.E., Kotlovyi, V., Mitchell, J.C., Nelson, E., Tsigelny,

I. and Ten Eyck, L.F. "Protein docking using continuum electrostatics and geometric fit" *Protein Eng.*, **14**: 105–113 (2001)

ZDOCK

[44] Chen, R. and Weng, Z. "Docking unbound proteins using shape complementarity, desolvation, and electrostatics" *Proteins*, **47**: 281–294 (2002)

D-DOCK：FTDock, RPScore, MultiDock を統合したソフトウェア群

[45] http://www.bmm.icnet.uk/docking/

[46] Smith, G.R. and Sternberg, M.J. "Evaluation of the 3D-Dock protein docking suite in rounds 1 and 2 of the CAPRI blind trial" *Proteins*, **52**: 74–79 (2003)

GAPDOCK

[47] Gardiner, E.J., Willett, P. and Artymiuk, P.J. "GAPDOCK: a Genetic Algorithm Approach to Protein Docking in CAPRI round 1" *Proteins*, **52**: 10–14 (2003)

SOFTDOCK

[48] Jiang, F., Lin, W. and Rao, Z. "SOFTDOCK: understanding of molecular recognition through a systematic docking study" *Protein Eng.*, **15**: 257–263 (2002)

MIAX

[49] Del Carpio-Munoz, C.A., Ichiishi, E., Yoshimori, A. and Yoshikawa, T. "MIAX: a new paradigm for modeling biomacromolecular interactions and complex formation in condensed phases" *Proteins*, **48**: 696–732 (2002)

PPD

[50] Norel, R., Petrey, D., Wolfson, H. and Nussinov, R. "Examination of shape complementarity in docking of unbound proteins" *Proteins*, **36**: 307–317 (1999)

[51] Norel, R., Sheinerman, F., Petrey, D. and Honig, B. "Electrostatic contributions to protein-protein interactions: fast energetic filters for docking and their physical basis" *Protein Sci.*, **10**: 2147–2161 (2001)

補　足

Ⅰ. UNIXの環境構築のための選択肢

1. MacOSX

MacOSX は UNIX をベースにした OS なので，すぐに UNIX 環境を使用できる．アプリケーション／ユーティリティのフォルダの中にあるターミナルというアイコンをダブルクリックするとウィンドウが出て来る．そこで UNIX 環境を使用できる．C シェルスクリプトも perl も使用できる．Blast や clustalW など，インターネット上には MacOSX 用にコンパイルされたソフトが多く配布されている．もしソースコードからコンパイルすることが必要の場合は，あらかじめ MacOSX に添付の Xcode Tools もインストールしておく必要がある．

2. Cygwin

Cygwin は Windows の上で手軽に UNIX 環境を実現する無料のパッケージである．動作速度は速くないが，Windows 上で UNIX のコマンドが使用できるようになり便利である．http://cygwin.com/ よりセットアッププログラム setup.exe をダウンロードして，ダブルクリックで実行すると，cygwin のインストールができる．また，cygwin を解説する書籍の中には添付 CD-ROM に cygwin が収録されている場合もある．インストールするパッケージを選択する場面において，Base，Devel，Editors，Interpreters，Shells カテゴリのパッケージをすべて選択するとよいであろう．これで C シェルや perl がインストールされ，他のソフトをソースコードからコンパイルしてインストールするためのコンパイラなどもインストールされる．Blast や clustalW など，インターネット上には Windows 用にコンパイルされたソフトが多く配布されており，Windows の上でダウンロードすれば，cygwin からも使用できる．

3. Linux

Cygwin では遅いという場合，無料の UNIX として人気のある linux を導入する選択肢が考えられる．Linux を解説する書籍や雑誌は多く出版されており，linux を収録した CD-ROM が添付されている場合が多く，それを使ってインストールするのが最も手軽な方法である．Linux には，Redhat（後継は Fedora）や Debian 等，異なる開発グループが異なるディストリビューションを配布しているので，好みによって選ぶとよい．ほとんどどのディストリビューションにも，C シェル，perl，mysql は含まれている．Blast など，インターネット上には linux 用にコンパイルされたソフトが多く配布されている．

4. Knoppix

Linux のインストール作業はハードウェアの知識が必要な場面もあり，ちょっと linux に触れてみたいという人にとっては大きな障壁となりがちである．そのような場合に，knoppix という，インストールせずに CD-ROM から立ち上げて手軽に使える linux を使用する選択肢もある（ただし，PC/AT 規格のパソコン（Windows で使われるパソコン）で使用可能であり，Macintosh などでは使えない）．Knoppix はドイツの Knopper 氏により開発・公開されており，日本の（独）産業技術総合研究所において日本語対応版として改良・公開されている (http://unit.aist.go.jp/it/knoppix)．Knoppix を解説する書籍や雑誌も出版されており，knoppix の CD-ROM が添付されている場合が多い．この本に添付された CD-ROM にも，日本語対応版をもとに一部パッケージを削除したものを収録してある．CD-ROM をパソコンのブート可能な CD-ROM ドライブに入れてコンピュータを再起動し，CD-ROM から起動させることにより knoppix が立ち上がる．

Ⅱ．実習で使うソフトウェアのダウンロード・インストールについて

第１章：

perl

UNIX の環境構築（上記）の時に同時に perl も使用可能となる場合が多い．

まだ perl がインストールされてない場合，以下の URL からダウンロードする．

http://www.perl.com/download.csp

blast のパッケージ（blastall，fastacmd，formatdb などを含む）

以下の URL からダウンロードできる．

ftp://ftp.ncbi.nih.gov/blast/executables/LATEST-BLAST/

使用している UNIX 環境に対応するものを選んでダウンロードする．

MacOSX :	blast-2.2.9-ppc32-macosx.tar.gz
Cygwin :	blast-2.2.9-ia32-win32.exe
Linux :	blast-2.2.9-ia32-linux.tar.gz

ファイル名中のバージョン番号（2.2.9）は最新版では異なる場合がある．ダウンロード後，解凍する（MacOSX や Windows において，自動解凍されない場合はダウンロードしたファイルのアイコンをダブルクリックする．Linux の場合は，tar zxf blast-2.2.9-ia32-linux.tar.gz と入力して解凍）．解凍後，README.bls（あるいは blast.txt）の説明にしたがってインストールを行う．

clustalW

以下の URL からダウンロードできる．

ftp://ftp.ebi.ac.uk/pub/software/

使用している UNIX 環境に対応するものを選んでダウンロードする．

MacOSX： mac/clustalw/clustalw1.83.MAC.sea.Hqx

Cygwin： dos/clustalw/ clustalw1.83.DOS.zip

Linux： unix/clustalw/clustalw1.83.UNIX.tar.Z

ファイル名中のバージョン番号（1.83）は最新版では異なる場合がある．解凍して，clustalw.doc の説明にしたがってインストールを行う．

第2章：

phred/phrap/consed

以下の URL にある説明にしたがってライセンス同意書を送ると，phred と phrap が電子メールで送られてきて，consed については Web でダウンロードするように指示が送られてくる．アカデミックユーザーは無料で，コマーシャルユーザーは約$10,000 で使用することが可能．再配布してはいけない．

http://www.phrap.org/consed/consed.html#howToGet

以下の URL にあるドキュメントにしたがいインストールを行う．

http://www.phrap.org/

blast のパッケージ（blastall，fastacmd，formatdb などを含む）

上述．

第4章：

PAML

以下の URL にある説明にしたがって，ダウンロードとインストールを行う．

http://abacus.gene.ucl.ac.uk/software/paml.html

TreeViewX および wxWindows/Gtk（今は wxGTK と改名されている）

以下の URL にある説明にしたがって，ダウンロードとインストールを行う．

http://darwin.zoology.gla.ac.uk/%7Erpage/treeviewx

http://www.wxwindows.org

rasmol

以下の URL にある説明にしたがって，ダウンロードとインストールを行う．

http://www.bernstein-plus-sons.com/software/rasmol/

第5章：

chimera

以下の URL にある説明にしたがって，ダウンロードとインストールを行う．

http://www.cgl.ucsf.edu/chimera/download.html

第6章：

MySQL

以下の URL よりダウンロードできる．

http://dev.mysql.com/downloads/

以下の URL の説明を参考にインストールを行う．

http://dev.mysql.com/doc/mysql/ja/Installing.html

第7章：

TINKER

以下の URL にある説明にしたがって，ダウンロードとインストールを行う．

http://dasher.wustl.edu/tinker/

MolMol

以下の URL にある説明にしたがって，ダウンロードとインストールを行う．

http://129.132.45.141/wuthrich/software/molmol/

ライブラリとして Motif，または lesstif が必要である．lesstif は以下の URL からダウンロードできる．

http://www.lesstif.org

第8章：

GreenPepper

添付の CD-ROM にソフトウェア本体とインストールや動作確認の説明書が収録されている．

Ⅲ. 付録 CD-ROM の中身と使い方について

・実習で使用するデータ

第 1，2，5，6 章の実習において使用するデータを，それぞれ，CD-ROM の中の Chapter1，Chapter2，Chapter5，Chapter6 という名前のフォルダ（ディレクトリ）に収めてある．使用方法は各章の実習の項目を参照のこと．このデータは，MacOSX，Windows（Cygwin 含む），Linux（Knoppix 含む）などの環境で使用できる．

・タンパク質複合体予測システム GreenPepper

第 8 章で紹介しているソフトウェア GreenPepper を，CD-ROM の中の GreenPepper という名前のフォルダ（ディレクトリ）に説明書とともに収めてある．CD-ROM 内の説明書，および，本文第 8 章の実習の項目にある使用方法を参照のこと．PC/AT 規格パソコン上の Redhat linux

7.X, 8.0, 9.0，Knoppix3.4 で動作確認済み．Windows，Macintosh には非対応である．

・Knoppix

Knoppix はインストールせずに CD-ROM から立ち上げて手軽に使える linux である．PC/AT 規格パソコン（Windows で使われるパソコン）でのみ動作する．Macintosh では使用できない．

ブート可能な CD-ROM ドライブに CD-ROM を入れてパソコンを再起動することで，CD-ROM から起動させる．数分程度で Knoppix が立ち上がり，その状態ですでにユーザー名：knoppix として login した状態になっている．

UNIX のコマンドを入力するためのウィンドウを出すには，画面最下段のアイコンの中のディスプレイのアイコン（「ターミナルプログラム」アイコン）をクリックする．UNIX のコマンドについては第 1 章を参照すること．

プログラムを書くために必要なエディタ（文書作成ソフト）を使うためには，画面最下段一番左の K マークのついた「アプリケーションを起動」アイコンをクリックして，出てくるメニューの中から「エディタ」を選ぶとエディタのリストが出てくるので，その中から好みで選ぶ．たとえば NEdit はふつうのワープロ感覚で使えるので，初めてでもすぐに使い方に慣れるであろう．注意点として，knoppix は CD-ROM だけで動くことを目的としているため，ファイルを作成（保存）してもパソコンの電源を落としたら消えてしまうので，その点はあらかじめ認識して使用すること．ハードディスクや外部記憶媒体に保存する方法はあるので，興味があれば knoppix 関係の本やインターネット上の情報を参照すること．

実習で使用するソフトウェアを knoppix 上でインストールする際に参考となるように，より詳しいインストール手順の説明文 how_to_install.html を CD-ROM に添付したので役立ててほしい．説明文を見るには，ターミナルを開いて（「ターミナルプログラム」アイコンをクリックして）how_to_install と入力する．または，Knoppix の画面上にある CD-ROM アイコンをクリックして，開くウィンドウの中の how_to_install.html をクリックする．

付録 CD-ROM について

本書の巻末には，本書の実習において手助けとなるようなコンテンツを収めた付録 CD-ROM が添付されています．中身と使い方については，本書 214 頁の「Ⅲ．付録 CD-ROM の中身と使い方について」をご参照ください．ご使用の前に，付録 CD-ROM 内の README ファイルに書かれた使用許諾契約書をお読みください．CD-ROM アイコンをクリックして開くウィンドウに README.txt，README.euc.txt があります。Windows から見る場合は，README.txt を，Knoppix などの UNIX から見る場合は，README.euc.txt を見てください．

GreenPepper 関連ソフトウェアの著作権

その他の著作権

Knoppix 関係：本書 212 頁を参照． wxGTK：213 頁を参照．LessTif：214 頁を参照．

索　引

アルファベット

あ行

は行

ま行

や行

ら行

わ行

Memorandum

Memorandum

基礎と実習　バイオインフォマティクス〔CD-ROM付〕

編　者

郷　通子（ごう みちこ）

略　歴　1967年　名古屋大学大学院理学研究科博士課程（物理学専攻）修了．九州大学理学部生物学科助手，名古屋大学大学院理学研究科生命理学専攻教授などを経て，2005年4月より現職．

現　在　お茶の水女子大学 学長・理学博士

専　攻　生命情報学，生物物理学，分子進化学

著　書　“Tracing Biological Evolution in Protein and Gene Structure”(M. Go & P. Schimmel eds.: Elsevier Science),『遺伝子の構造と機能』シリーズ・ニューバイオフィジックス②（共編，共著，共立出版),『生命の起源と進化の物理学』シリーズ・ニューバイオフィジックスII⑧（共著，共立出版）など

高橋健一（たかはし けんいち）

略　歴　1997年　名古屋大学大学院理学研究科博士課程後期課程生物学専攻修了．日本学術振興会研究員，名古屋大学大学院理学研究科生命理学専攻助手などを経て，2003年4月より現職．

現　在　長浜バイオ大学バイオサイエンス学部・助教授・博士（理学）（名古屋大学）

専　攻　分子生物物理学

NDC464.1, 007.6

2004年10月25日　初版1刷発行
2006年 6 月 1 日　初版3刷発行

編　者　郷　通子・高橋健一

発行者　南條光章

発行所　**共立出版株式会社**

〔URL〕http://www.kyoritsu-pub.co.jp/
〒112-8700 東京都文京区小日向 4-6-19　　電　話　03-3947-2511（代表）
F A X　03-3947-2539（販売）　　F A X　03-3944-8182（編集）

振替口座　00110-2-57035

印刷・製本　加藤文明社　　Printed in Japan

ISBN4-320-05618-3

社団法人
自然科学書協会
会員